零基础 C语言 学习笔记

明日科技 编著

电子工业出版社
Publishing House of Electronics Industry
北京·BEIJING

内容简介

本书以初学者为对象，通过学习笔记的方式，系统地介绍了使用 C 语言进行程序开发的各种技术。本书共有 20 章，包括 C 语言起步，算法基础，C 语言基础，运算符与表达式，流程控制语句，利用数组处理批量数据，用函数实现模块化程序设计，指针的使用，结构体和共用体，位运算，预处理命令，文件的输入与输出，内存空间管理，管理 SQL Server 2014，数据库表的创建与维护，SQL Server 数据表操作，SQL 语句，存储过程、触发器与视图，使用 C 语言操作数据库，俄罗斯方块游戏。本书内容丰富，并且以学习笔记的形式对学习中经常出现的各种问题和需要提示的重点、难点进行了提炼和总结，适合读者自学。

本书适用于 C 语言的爱好者、初学者和中级开发人员，可以作为专科院校和培训机构的教材。

图书在版编目（CIP）数据

零基础 C 语言学习笔记 / 明日科技编著 . —北京：电子工业出版社，2021.3

ISBN 978-7-121-40268-5

Ⅰ . ①零… Ⅱ . ①明… Ⅲ . ① C 语言—程序设计 Ⅳ . ① TP312.8

中国版本图书馆 CIP 数据核字（2020）第 256675 号

责任编辑：张　毅　　　　　　特约编辑：田学清
印　　刷：三河市兴达印务有限公司
装　　订：三河市兴达印务有限公司
出版发行：电子工业出版社
　　　　　北京市海淀区万寿路 173 信箱　　　　邮编：100036
开　　本：787×1092　　1/16　　印张：24.75　　字数：556 千字
版　　次：2021 年 3 月第 1 版
印　　次：2021 年 3 月第 1 次印刷
定　　价：108.00 元

凡所购买电子工业出版社图书有缺损问题，请向购买书店调换。若书店售缺，请与本社发行部联系，联系及邮购电话：（010）88254888，88258888。

质量投诉请发邮件至 zlts@phei.com.cn，盗版侵权举报请发邮件至 dbqq@phei.com.cn。

本书咨询联系方式：（010）57565890，meidipub@phei.com.cn。

前　言

C语言是一门基础且通用的计算机编程语言，它具有高级语言和汇编语言的特性。C语言可以应用于不同的操作系统中，如UNIX、Linux、Windows，还可以应用于硬件开发，如嵌入式系统开发。C语言是一门相对简单、易学的基础编程语言，一直受到广大编程人员的青睐，是编程初学者首选的编程语言。

本书内容

本书以C语言的爱好者、初学者和中级开发人员为对象，以学习笔记的形式系统地介绍了使用C语言进行程序开发的各种技术。本书共20章，大体结构如下：

本书知识结构图

第一篇 基础篇
- 第1章 C语言起步
- 第2章 算法基础
- 第3章 C语言基础
- 第4章 运算符与表达式
- 第5章 流程控制语句

第二篇 高级篇
- 第6章 利用数组处理批量数据
- 第7章 用函数实现模块化程序设计
- 第8章 指针的使用2
- 第9章 结构体和共用体
- 第10章 位运算
- 第11章 预处理命令
- 第12章 文件的输入与输出
- 第13章 内存空间管理

第二篇 数据库篇
- 第14章 管理 SQL Server 2014
- 第15章 数据库表的创建与维护
- 第16章 SQL Server 数据表操作
- 第17章 SQL 语句
- 第18章 存储过程、触发器与视图
- 第19章 使用 C 语言操作数据库

第三篇 项目篇
- 第20章 俄罗斯方块游戏

本书特点

由浅入深，循序渐进。本书首先讲解C语言的基础知识，然后讲解如何使用C语言进行文件的输入与输出、内存空间管理及数据库开发等技术，最后讲解如何开发一个完整的项目，讲解过程详尽、版式新颖，使读者在阅读时一目了然，从而快速掌握书中的内容。

教学视频，讲解详尽。本书每节均提供了声图并茂的教学视频，用于引导初学者快速入门，感受编程的快乐和成就感，从而使其增强进一步学习的信心。

实例典型，轻松易学。通过实例学习是最好的学习方式，本书通过"一个知识点、一个实例、一个结果"的模式，透彻、详尽地讲解了程序开发过程中所需的各类知识。此外，为了便于读者阅读程序代码、快速学习编程技能，书中大部分代码都提供了注释。

学习笔记，学记无忧。本书根据需要在各章安排了学习笔记栏目，让读者可以在学习过程中更轻松地理解相关知识点，并且更快地掌握相关应用技巧。

读者对象

- 初学编程的自学者
- 编程爱好者
- 专科院校的老师和学生
- 相关培训机构的老师和学员
- 毕业设计的学生
- 初、中级程序开发人员
- 程序测试及维护人员
- 参加实习的"菜鸟"程序员

读者服务

为了方便解决本书的疑难问题，我们提供了多种服务方式，并由作者团队提供在线技术指导和社区服务，服务方式如下：

- 服务网站：www.mingrisoft.com
- 服务邮箱：mingrisoft@mingrisoft.com
- 企业 QQ：4006751066
- QQ 群：539340057
- 服务电话：400-67501966、0431-84978981

致读者

本书由明日科技 Java 程序开发团队组织编写，主要人员包括王小科、申小琦、赵宁、李菁菁、何平、张鑫、周佳星、王国辉、李磊、赛奎春、杨丽、高春艳、冯春龙、张宝华、庞凤、宋万勇、葛忠月等。在编写过程中，我们以科学、严谨的态度，力求精益求精，但疏漏之处在所难免，敬请广大读者批评指正。

感谢您购买本书，希望本书能成为您编程路上的领航者。

祝读书快乐！

目　　录

第一篇　基础篇

第二篇　高级篇

第三篇　数据库篇

第一篇　基础篇

第 1 章　C 语言起步

你想做计算机底层开发吗？你想做嵌入式系统吗？你想开发属于自己的游戏吗？你想学 C++、Java 等编程语言吗？如果你的答案是"Yes"，那就从学习 C 语言开始吧！因为 C 语言能够让你了解编程的基本概念，让你感受编程带来的神秘感和成就感，让你轻松地踏进编程的大门，它是众多编程入门语言的首选。赶快开始你的 C 语言编程之旅吧！

1.1　认识 C 语言

C 语言是计算机专业的必修课之一，大学课程通常将 C 语言作为编程入门的首选语言，先学习 C 语言，再学习 C++、Java 等其他编程语言。C 语言是计算机二级考试的主要科目，许多高校将能否通过计算机二级考试作为衡量学生能否毕业的标准之一，由此可以看出 C 语言的重要性。

1.1.1　C 语言是什么

1970 年，UNIX 的开发者 Dennis Ritchie（丹尼斯·里奇，图 1.1 左）和 Ken Thompson（肯·汤普逊，图 1.1 右）开发了 BCPL 语言（简称 B 语言），而 C 语言是在 B 语言的基础上发展和完善起来的。

C 语言是一种面向过程的语言，同时具有高级语言和汇编语言的优点。对大多数程序员来说，C 语言是学习编程语言的首选语言，因为 C 语言可以让你了解底层开发，清楚系统与程序之间的"恩恩怨怨"。

图 1.1 丹尼斯·里奇和肯·汤普逊

C 语言使用简单、容易上手，通过几天的学习就能掌握其基础知识，因此一直倍受初学者的青睐，是许多程序员入门的首选编程语言。

1.1.2 学会了 C 语言能做什么

C 语言是最早的编程语言之一，它可以做到一次编写，处处编译，而且每个平台都有强大的编译器和集成开发环境支持，如 Windows 平台的 Visual Studio、IOS 平台的 XCode。

C 语言应用广泛，单片机领域、Linux 平台、嵌入式系统、游戏开发等都涉及 C 语言的应用。

首先看 C 语言在单片机领域的应用。图 1.2 是一个简单的单片机系统，单片机开发使用的编程语言主要有两种，一种是汇编语言、另一种是 C 语言。汇编语言比 C 语言更容易控制单片机，但是 C 语言的可移植性比汇编语言好，就算不太了解硬件的内部结构，编译器也能为这个硬件系统合理地分配内存空间，设计出简单的单片机程序。在将 C 语言应用于单片机领域时，只需做好代码优化。用 C 语言开发单片机系统可以提高工作效率，所以目前 C 语言是单片机系统开发的主流语言之一。

图 1.2 单片机系统

C 语言也广泛应用于 Linux 平台。Linux 操作系统是使用 C 语言开发的，所以 C 语言在 Linux 平台上有广泛的应用。

C 语言还可以应用于嵌入式系统。嵌入式系统涉及生活的方方面面，如汽车、家电、工业机器等。如图 1.3 所示，智能家居控制系统、五彩斑斓的霓虹灯及航拍飞行器系统等，都能用 C 语言实现。毫不夸张地说，学好 C 语言能"控制整个世界"。

图 1.3　嵌入式系统

C 语言还涉足游戏领域。如图 1.4 所示，无论是简单的游戏（如五子棋），还是复杂的大型游戏（如 Quake），都是可以用 C 语言编写的。

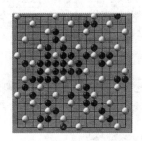

图 1.4　游戏领域

综上所述，C 语言的应用领域十分广泛，涉及我们生活的方方面面。

1.2　完整的 C 语言开发过程

俗话说"自己动手，丰衣足食"，了解 C 语言的开发环境是学习编程的第一步，熟悉并使用开发环境完成 C 语言的开发过程是编写程序的第二步。下面我们通过一个实例展示完整的 C 语言开发过程。

1.2.1　创建项目

下面我们使用 Visual Studio 2017 创建一个项目，具体步骤如下。

（1）打开 Visual Studio 2017，进入欢迎界面，如图 1.5 所示。

图 1.5　Visual Studio 2017 的欢迎界面

（2）在编写程序之前，首先需要创建一个新程序文件，具体方法如下：在 Visual Studio 2017 的欢迎界面选择"文件"→"新建"→"项目"命令，如图 1.6 所示，或者按快捷键 <Ctrl+Shift+N>，弹出"新建项目"对话框。

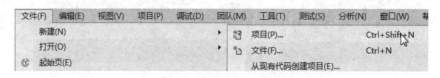

图 1.6　创建一个新程序文件

（3）在"新建项目"对话框的左侧选择"Visual C++"→"Windows 桌面"选项，即可在右侧列表框中显示可以创建的不同类型的文件夹，选择"Windows 桌面向导 Visual C++"选项，在下面的"名称"文本框中输入要创建的文件夹名称，如"Dome"，在"位置"文本框中输入文件夹的存储地址，可以通过单击右边的"浏览"按钮修改文件夹的存储地址。创建项目文件夹的操作过程如图 1.7 所示。

图 1.7　创建项目文件夹的操作过程

（4）在设置好文件夹的名称和存储地址后，单击"确定"按钮，打开"Windows 桌面项目"对话框，勾选"空项目"复选框，取消勾选"安全开发生命周期 (SDL) 检查"复选框，然后单击"确定"按钮，如图 1.8 所示。

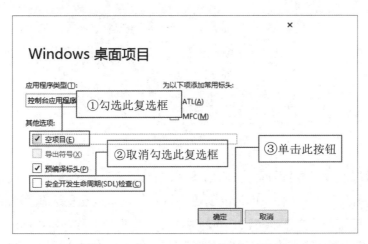

图 1.8　"Windows 桌面项目"对话框

（5）自动跳转到创建项目界面，如图 1.9 所示。

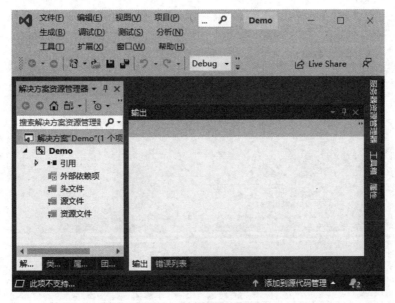

图 1.9　创建项目界面

（6）右击"解决方案资源管理器"中的"Demo"→"引用"→"源文件"选项，在弹出的快捷菜单中选择"添加"→"新建项"命令，如图 1.10 所示，或者按快捷键 <Ctrl+Shift+A>，弹出"添加新项"对话框。

图 1.10　添加新建项操作

（7）在"添加新项"对话框的左侧选择"Visual C++"选项，即可在右侧列表框中显示可以创建的不同类型的文件。因为要创建 C 源文件，所以这里选择"C++ 文件 (.cpp)"选项，在下面的"名称"文本框中输入要创建的 C 源文件的名称，如"dome.c"，在"位置"文本框中设置文件的存储地址，保持默认设置即可，单击"添加"按钮。具体操作如图 1.11 所示。

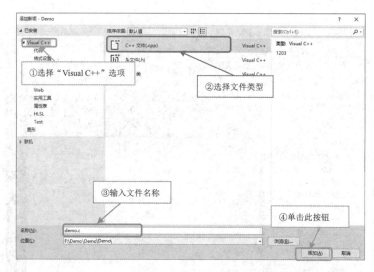

图 1.11　"添加新项"对话框中的具体操作

📋 **学习笔记**

　　因为要创建的是 C 源文件，所以在"名称"文本框中将默认的扩展名 .cpp 改为 .c。例如，创建名称为"demo"的 C 源文件，应该在"名称"文本框中输入"demo.c"。

（8）这样就创建了一个 C 源文件，如图 1.12 所示。

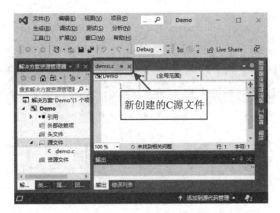

图 1.12　完成创建 C 源文件

至此，创建项目就完成了。

1.2.2　输入代码

前面我们创建了一个 C 源文件 dome.c，接下来我们在该文件中输入以下代码：

```
#include<stdio.h>                      // 头文件
int main()                            // 主函数
{
    printf("^_^~o 努力 \n");            // 输出字符画
    printf("\n");                      // 输出换行
    return 0;                          // 程序结束
}
```

将代码输入 demo.c 文件中，如图 1.13 所示。

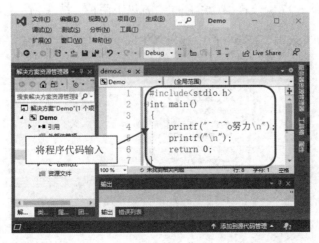

图 1.13　输入代码

学习笔记

在输入代码时，输入格式必须是英文半角格式。我们以搜狗输入法为例，如图 1.14 所示的输入格式是错误的，如图 1.15 所示的输入格式是正确的。

图 1.14　错误输入格式

图 1.15　正确输入格式

1.2.3　编译程序

我们不能保证编写的程序是正确的，而且程序员一般很难发现自己程序中的 bug，因此需要对编写的程序进行编译。如果程序有错，编译器就会报错。

编译程序的本质是将编写的代码编译成计算机能认识的机器语言，也就是说，将高级语言翻译成机器语言。人类对高级语言的辨识度高，而计算机对机器语言的辨识度高，为了使人与计算机沟通，编译程序是不可或缺的。编译程序的过程如图 1.16 所示。

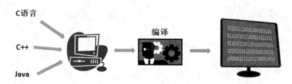

图 1.16　编译程序的过程

在 Visual Studio 2017 中怎样编译程序呢？有以下两种方法。

● 在 Visual Studio 2017 的菜单栏中选择"生成"→"编译"命令，如图 1.17 所示。

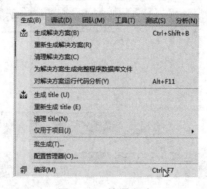

图 1.17　编译程序

● 按快捷键 <Ctrl+F7>。

在编译程序后，如果在"输出"窗格输出"生成：成功 1 个，失败 0 个，最新 0 个，跳过 0 个"，如图 1.18 所示，则表示编译程序成功。

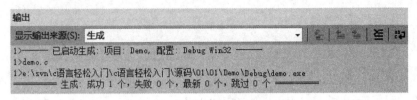

图 1.18　编译程序成功

1.2.4　运行程序

在 1.2.3 节已经完美地编译了程序，接下来运行程序。

在 Visual Studio 2017 中，运行程序的方法有以下两种。

● 在 Visual Studio 2017 的菜单栏中选择"调试"→"开始执行（不调试）"命令，如图 1.19 所示。

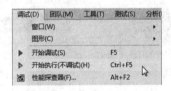

图 1.19　运行程序

● 按快捷键 <Ctrl+F5>。

程序的运行结果如图 1.20 所示。

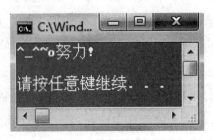

图 1.20　程序的运行结果

📋 **学习笔记**

如果你觉得程序没有错误，则可以直接运行程序。

1.2.5 调试程序

在编译程序后，如果在"输出"窗格输出"生成：成功 0 个，失败 1 个，最新 0 个，跳过 0 个"，如图 1.21 所示，则表示编译程序失败。

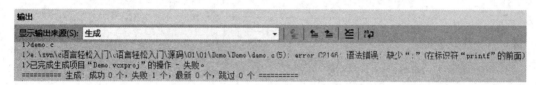

图 1.21 编译程序失败

编译程序失败说明程序中有错误，在 error 位置双击，error 提示就会变成蓝色，在代码中发生错误的位置会有一个 ▄，表示此处或附近的代码是错误的，如图 1.22 所示。

图 1.22 错误提示

根据图 1.22 中可知，这段代码中发生错误的位置在第 5 行，并且发生错误的代码下面会出现红色的波浪线。仔细观察程序，我们发现，在第 4 行的 printf() 函数后面没有加";"，在第 4 行的 printf() 函数后面加上";"，再次编译，即可编译成功，然后按照 1.2.4 节的方法运行程序。

这里我们发现一个问题，明明是第 4 行的 printf() 函数的语法错误，为什么错误提示在第 5 行的位置？这是因为在 C 语言程序中，在每行后面使用";"表示此句结束，在第 4 行漏写了";"，编译器认为第 4 行和第 5 行是一句话，所以在第 5 行提示语法错误。如果在提示错误的位置没有找到错误，那么一般会在上一行找到错误。

> 这是一个常见的错误，在编写程序时，会遇到各种各样的错误，编译程序能够提示错误的所在位置，大家在编写代码时也应该认真。

1.3　分析 C 语言程序的结构

大型的 C 语言程序就像一辆汽车，由各个零件组成，零件完美组合才能使汽车跑起来，这需要汽车组装工非常了解汽车各个零件的功能。在编写 C 语言程序时，程序员就相当于汽车组装工，需要知道 C 语言程序的结构，每行代码的作用。

1.3.1　头文件

万事从"头"开始，就像汽车的头部，包括车灯、车牌及车品牌名等，如图 1.23 所示。

图 1.23　汽车的头部

C 语言程序也有头文件，头文件就像人的大脑，里面记录了许多天生就存在、不需要记忆的函数库。函数库就是函数的仓库，只要引用某个函数库，该函数库中的函数就可以随便使用。例如，引入 stdio.h 函数库，代码如下：

```
#include<stdio.h>                          // 头文件
```

1. #include

#include 是使用头文件的命令，是头文件的重要组成部分。"#"表示预处理命令；"include"是包括、计入的意思，也就是包括后面的函数库。"include"后面的函数库名称用英文半角格式的尖括号"<>"或英文半角格式的双引号""""括起来。例如：

```
#include<stdio.h>                          // 头文件
#include "stdio.h"                         // 头文件
```

这两种头文件表示方法都是正确的，二者之间的区别如下：

- 如果使用尖括号，那么系统会到存储 C 语言函数库的目录中寻找要包含的头文件。这是标准方式；

- 如果使用双引号，那么系统会先在用户当前目录中寻找要包含的头文件，如果找不到，那么再到存储 C 语言函数库的目录中寻找要包含的头文件。

2. stdio.h

stdio.h 是内存空间中的函数库之一，是 C 语言中的输入 / 输出函数库，包含各种各样的输入 / 输出函数（如 printf()、gets()、putchar() 函数等），所以在进行输入或输出操作时都需要使用这个函数库。

📋 **学习笔记**

C 语言中除了 stdio.h 函数库，还有很多函数库，具体函数库及其包含的函数可以参考相关函数手册。

1.3.2　主函数

构成 C 语言程序的基本单位是函数。在众多函数中，需要从一个函数打入程序内部，这个函数就是主函数，即 main() 函数。main() 函数相当于汽车的车门，要驾驶汽车，首先需要从车门进入驾驶舱，也就是说，main() 函数是可执行程序的入口函数，程序都是从 main() 函数开始执行的。main() 函数的语法格式如下：

```
int main()                          // 不带参数形式
{
    // 程序代码
    return 0;
}


int main(int argc,char* argv[])     // 带参数形式
{
    // 程序代码
    return 0;
}
```

main() 函数前面的 int 表示主函数的返回类型，也就是需要返回一个整型数据，而程序的最后是 return 0，说明 0 是函数的返回值。return 0 是返回系统操作，表示程序正常退出。

return 语句通常写在程序的最后，表示这个程序结束了。

主函数可以不带参数，也可以带参数，如果使用带参数形式，那么需要有两个参数，第一个参数是 int 型，表示命令行中的字符串数，按照习惯（不是必须），将参数名称定义成 argc（Argument Count）；第二个参数是字符串型，表示一个指向字符串的指针数组，按照习惯（不是必须），将参数名称定义为 argv（Argument Value）。

1.3.3　输出函数

输出是从内部到外部的传递过程。输出设备的种类有很多，如图 1.24 所示，这些输出设备输出的东西我们能看得见。

图 1.24　输出设备

C 语言程序也是一样，代码在计算机内部进行编译，但是编译过程我们看不到，只有将编译结果输出到外部，我们才能看到。C 语言程序需要一个媒介输出，即输出函数——putchar() 函数、puts() 函数及 printf() 函数。

1. putchar() 函数

putchar() 函数每次只能输出单个字符，该函数是 stdio.h 函数库中的函数，它的语法格式如下：

```
int putchar(int ch);
```

其中的参数 ch 是要输出的字符，可以是字符型或整型变量，也可以是常量。例如：

```
putchar('A');                                    // 输出大写字母 A
putchar('5');                                    // 输出数字 5
putchar('\n');                                   // 输出转义字符 "\n"
```

📋 **学习笔记**

从这 3 行代码中可以看出，单个字符使用的是英文半角格式的单引号 """。

putchar() 函数的另一种形式是定义字符型变量并赋值，然后输出该字符。例如，利用 putchar() 函数输出字符拼成"小猪"的表情，具体代码如下（实例内容参考配套资源中的源码）：

```
#include<stdio.h>                                   // 头文件
int main()                                          // 主函数
{    // 定义字符型变量并赋值
     char c1 = '(',c2 = '-',c3 = 'o',c4 = ')';      // 定义变量并赋值
     putchar(c1);                                   // 输出字符
     putchar(c2);
     putchar(c1);
     putchar(c3);
     putchar(c3);
     putchar(c4);
     putchar(c2);
     putchar(c4);
     putchar('\n');                                 // 输出回车符
     return 0;                                      // 程序结束
}
```

运行上述程序，运行结果如图 1.25 所示。

图 1.25　输出"小猪"表情

学习笔记

　　char 是数据类型之一，表示字符型，具体知识将在第二章讲解；变量赋值是利用"="赋值，表示将等号右侧的值赋给等号左侧的变量。

2. puts() 函数

puts() 函数一次可以输出多个字符，主要用于输出一个字符串，它也是 stdio.h 函数库中的函数，它的语法格式如下：

```
int puts(char *str);
```

其中，字符指针变量 str 是形式参数，主要用于接收要输出的字符串。例如，使用 puts() 函数输出一个字符串常量，代码如下：

```
puts("Welcome to MingRi!");
```

这行代码可以输出一个字符串，之后会自动进行换行操作。这与 printf() 函数（下面讲解具体用法）有所不同，在 printf() 函数中进行换行时，要在字符串中添加转义字符"\n"。puts() 函数会在字符串中判断"\0"结束符，在遇到"\0"结束符后，后面的字符不再输出，并且自动换行。例如：

```
puts("Welcome\0 to MingRi!");
```

在加上"\0"结束符后，puts() 函数输出的字符串就变成了"Welcome"。

📋 学习笔记

- 字符串使用的是英文半角格式的双引号""""。
- 编译器会在字符串常量的末尾添加结束符"\0"，因此 puts() 函数会在输出字符串常量后自动进行换行操作。

3. printf() 函数

printf() 函数是控制格式输出函数，它也是 stdio.h 函数库中的函数，它的语法格式如下：

```
printf(格式控制,输出列表);
```

1）格式控制。

格式控制是用双引号括起来的字符串，又称为转换控制字符串，包括格式字符和普通字符共两种字符。

- 格式字符主要用于进行格式说明，作用是将数据转换为指定的格式输出。格式字符是以"%"字符开头的。
- 普通字符是需要原样输出的字符，包括双引号内的逗号、空格和换行符。

2）输出列表。

输出列表中列出的是要输出的数据，可以是变量，也可以是表达式。

例如：

```
int iInt = 521;
printf("%d I Love You", iInt);
```

运行以上代码，输出结果为"521 I Love You"。在格式控制的双引号中的字符是"%d I Love You"，其中的"I Love You"字符串中的字符是普通字符，而"%d"是格式字符，表示输出后面的 iInt 表示的数据。

printf() 函数常用的格式字符如表 1.1 所示。

表 1.1　printf() 函数常用的格式字符

格 式 字 符	功 能 说 明
d, i	以带符号的十进制形式输出整数
o	以八进制无符号形式输出整数
x, X	以十六进制无符号形式输出整数。如果使用 x,那么在输出十六进制数的 a～f 时以小写形式输出;如果使用 X,那么在输出十六进制数的 A～F 时以大写字母输出
c	以字符形式输出,只输出一个字符
s	输出字符串
f	以小数形式输出
e, E	以指数形式输出实数,如果使用 e,则指数用 "e" 表示;如果使用 E,则指数用 "E" 表示

1.3.4　输入函数

输入是从外部到内部的传递过程。C 语言程序使用输入函数实现输入功能。C 语言中的输入函数有 getchar() 函数、gets() 函数及 scanf() 函数。

1. getchar() 函数

getchar() 函数每次只能从终端(输入设备)输入一个字符,该函数是 stdio.h 函数库中的函数,它的语法格式如下:

```
int getchar();
```

getchar() 函数没有参数,该函数的值就是从输入设备得到的字符。例如,从输入设备得到一个字符,将其赋给字符变量 cChar,代码如下:

```
cChar=getchar();
```

学习笔记

getchar() 函数每次只能接收一个字符。getchar() 函数得到的字符可以赋给一个字符变量或整型变量,也可以不赋给任何变量,还可以作为表达式的一部分。例如,"putchar(getchar());" 表示将 getchar() 函数作为 putchar() 函数的参数,getchar() 函数从输入设备得到字符,然后 putchar() 函数将字符输出。

例如,使用 getchar() 函数输入一个小写字母,输出对应的大写字母,具体代码如下(实例内容参考配套资源中的源码):

```
#include<stdio.h>                              // 头文件
```

```
int main()                                          // 主函数
{
    char c1, c2;                                     // 定义字符变量
    printf(" 请输入一个小写字母：\n");                // 输出提示信息
    c1 = getchar();                                  // 输入一个小写字母并将其赋给变量 c1
    c2 = c1 - 32;     // 将小写字母的 ASCII 码值减 32，得到对应的大写字母的 ASCII 码值
    printf(" 转换以后的字母：%c,%d\n", c2, c2);        // 输出对应的大写字母及其 ASCII 码值
    return 0;                                         // 程序结束
}
```

运行上述程序，运行结果如图 1.26 所示。

图 1.26　将输入的小写字母转换为大写字母

⌨ **学习笔记**

小写字母的 ASCII 码值比大写字母的 ASCII 码值大 32。例如，小写字母 a 的 ASCII 码值是 95，将数值 95 减去 32 得到数值 65，ASCII 码值 65 对应的是大写字母 A。

2. gets() 函数

gets() 函数主要用于获取用户从终端（输入设备）输入的一个字符串，它也是 stdio.h 函数库中的函数，它的语法格式如下：

```
char *gets(char *str);
```

其中，字符指针变量 str 是形式参数，主要用于存储读取的字符串。在读取字符串的过程中，当出现新的一行时停止读取。新的一行的换行字符会转换为字符串中的结束符 "\0"。

例如，前面已经定义了字符数组变量 cString，使用 gets() 函数获取输入字符数组的方式如下：

```
gets(cString);
```

3. scanf() 函数

scanf() 函数主要用于按照指定的格式接收用户从终端（输入设备）输入的数据，并且

将输入的数据存储于指定的变量中，它也是 stdio.h 函数库中的函数，它的语法格式如下：

```
scanf ( 格式控制 , 地址列表 );
```

scanf() 函数的格式控制与 printf() 函数的格式控制相同。地址列表中的地址是接收数据变量的地址。例如，得到一个整型数据，具体代码如下：

```
scanf("%d",&iInt);                                    // 得到一个整型数据
```

在这一行代码中，"&" 符号表示取 iInt 变量的地址。在变量前加 "&" 符号，表示取该变量的地址。

学习笔记

scanf() 函数在读取数据时不检查边界，因此 Microsoft 公司的 Visual Studio 开发工具提供了 scanf_s() 函数，它的功能与 scanf() 函数相同，Visual Studio 开发工具认为 scanf_s() 函数更安全。

第 2 章　算法基础

通常，一个程序包含算法、数据结构、程序设计方法、编程语言工具和环境等，其中算法是核心。算法是解决某个问题的方法和步骤，通俗地说，算法用于解决"做什么"和"如何做"的问题。本章介绍算法的基本知识。

2.1　算法的基本概念

算法是解决问题的完整的步骤描述，是解决问题的策略、规则和方法。算法与程序设计、数据结构密切相关，正如著名计算机科学家 Niklaus Wirth 提出的公式：算法 + 数据结构 = 程序。

算法是程序不可缺少的部分。算法的描述形式有很多种，如传统流程图、结构化流程图、计算机程序语言等。下面介绍算法的几个特性，并且分析一个好的算法应该具备哪些特点。

2.1.1　算法的特性

算法是为解决某个特定类型的问题而设计的一个实现过程，它具有以下特性。

1. 有穷性

一个算法必须在执行有穷步之后结束，并且每一步都在有穷时间内完成，不能无限地执行下去。就像一条线段，有起点有终点，不能无限延长，如图 2.1 所示。

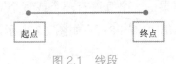

图 2.1　线段

例如，要编写一个整数由小到大累加的程序，一定要设置整数的上限，否则程序会无终止地运行下去，也就是常说的死循环。

2. 确定性

算法的每一步都应该是确切定义的，不能有二义性，要执行的每个步骤都必须有严格而清楚的规定。

3. 可行性

算法中的每一步都应该能有效地运行，也就是说算法是可执行的，并且要求最终能得到正确的结果。例如，如图 2.2 所示的程序，代码中的"z=x/y;"就是一个无效的语句，因为 0 不可以作分母。

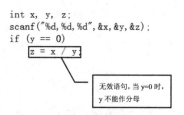

```
int x, y, z;
scanf("%d,%d,%d",&x,&y,&z);
if (y == 0)
    z = x / y;
```

无效语句，当 y=0 时，
y 不能作分母

图 2.2　不可行算法代码

4. 输入

一个算法可以有一个或多个输入，也可以没有输入，输入就是在执行算法时从外界获取的数据，如算法所需的初始量。有多个输入的算法代码如下：

```
int a,b,c;
scanf("%d,%d,%d",&a,&b,&c);                 // 有多个输入
```

没有输入的算法代码如下：

```
int main()
{
        printf("hello world!");             // 没有输入
}
```

5. 输出

输出是算法最终得到的结果，一个算法有一个或多个输出。编写程序的目的就是要得到输出。例如，在控制台中输出"MingRi"，如图 2.3 所示。

图 2.3　在控制台中输出"MingRi"

如果一个程序在运行后没有得到输出，那么这个程序就失去了意义。

2.1.2　算法的优劣

衡量一个算法的优劣，通常要从以下几个方面分析。

1. 正确性

正确性是指所写的算法能满足具体问题的要求，即对任何合法的输入，算法都会得出正确的输出。

2. 可读性

可读性是指算法被理解的难易程度。一个算法的可读性十分重要，如果一个算法比较抽象，难以理解，那么这个算法就不易交流和推广，在修改、扩展及维护时都十分不方便。因此在编写算法时，要尽量将该算法写得简明易懂。

3. 健壮性

在一个程序编写完成后，运行该程序的用户对程序的理解各不相同，并不能保证每个人都能按照要求进行输入。健壮性是指当输入的数据非法时，算法能够做出相应判断和反应，而不会因为输入错误造成程序瘫痪。例如，用积木搭建"高塔"，即使取下几块积木，"高塔"仍然不会倒，这就是"高塔"的健壮性。

4. 时间复杂度与空间复杂度

时间复杂度是指算法运行所需的时间。不同的算法具有不同的时间复杂度。如果一个程序比较小，就感觉不到时间复杂度的重要性；如果一个程序特别大，就会察觉到时间复杂度是十分重要的。因此，写出更高速的算法一直是算法不断改进的目标。空间复杂度是指算法运行所需的存储空间。

2.2　算法描述

算法包括算法设计和算法分析共两方面内容。算法设计主要研究怎样针对某个特定类型的问题设计出求解步骤，算法分析主要讨论设计出的算法步骤的正确性和复杂性。

算法描述是指解决某个特定类型的问题的具体描述。人们可以通过算法描述了解设计者的思路。常用的算法描述方法有自然语言、流程图、N-S 流程图，下面分别介绍这 3 种算法描述方法。

2.2.1　自然语言

自然语言是指人们日常生活中使用的语言，这种表达方式通俗易懂。例如，将大象装进冰箱需要几步？答案描述如下：

（1）将冰箱门打开；

（2）将大象放进冰箱；

（3）将冰箱门关上。

以上实例的实现过程就是使用自然语言描述的。从这个实例的描述中我们发现，使用自然语言进行描述的优点是易懂，缺点是容易产生歧义。因此，在一般情况下不使用自然语言进行描述。

2.2.2　流程图

流程图是算法的图形化表示方法，它使用一些图框表示各种不同性质的操作，使用流程线指示算法的执行方向。由于流程图直观、形象、易于理解，因此应用非常广泛。

1. 流程图符号

常用的流程图符号如表 2.1 所示。其中，起止框用于标识算法的开始和结束；判断框用于对一个给定的条件进行判断，根据该条件是否成立决定如何执行后续操作；连接点用于将不同位置的流程线连接起来。

表 2.1 常用的流程图符号

程 序 框	名 称	功 能
	起止框	表示算法的开始或结束
	输入 / 输出框	表示算法中的输入或输出
	判断框	表示算法的判断
	处理框	表示算法中变量的计算或赋值
或 ——	流程线	表示算法的流向
	注释框	表示算法的注释
	连接点	表示算法流向出口或入口的连接点

下面通过实例介绍这些流程图符号的使用方法。例如，用流程图表示将大象装进冰箱的实现过程，如图 2.4 所示。

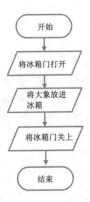

图 2.4 将大象装进冰箱的流程图

2. 3 种基本结构

1966 年，计算机科学家 Bohm 和 Jacopini 为了提高算法的质量，经过研究提出了 3 种基本结构，分别为顺序结构、选择结构和循环结构。任何算法都可以由这 3 种基本结构组成，可以并列，可以相互包含，但不允许交叉，不允许从一个基本结构直接转到另一个基本结构的内部。

1）顺序结构。

顺序结构是简单的线性结构。在顺序结构程序中，各操作是按照它们出现的先后顺序执行的。顺序结构的流程图如图 2.5 所示。

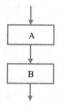

图 2.5　顺序结构的流程图

在执行完 A 语句后，继续执行 B 语句。在这个结构中只有一个入口点 A 和一个出口点 B。

2）选择结构。

选择结构又称为分支结构。在选择结构的流程图中必须包含一个判断框，如图 2.6 和图 2.7 所示。

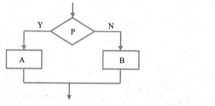
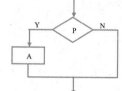

图 2.6　选择结构的流程图 1　　　图 2.7　选择结构的流程图 2

图 2.6 中的选择结构，首先判断给定的条件 P 是否成立，如果成立，则执行 A 语句，否则执行 B 语句。

图 2.7 中的选择结构，首先判断给定的条件 P 是否成立，如果成立，则执行 A 语句，否则什么也不做。

3）循环结构。

在循环结构中，程序会反复地执行一系列操作，直到条件不成立，才终止循环。根据判断条件的位置，将循环结构分为当型循环结构和直到型循环结构。

当型循环结构的流程图如图 2.8 所示。在当型循环结构的流程图中，首先判断条件 P 是否成立，如果成立，则执行 A 语句；在执行完 A 语句后，再次判断条件 P 是否成立，如果成立，则再次执行 A 语句；如此反复，直到条件 P 不成立，此时不再执行 A 语句，跳出循环。

直到型循环结构的流程图如图 2.9 所示。在直到型循环结构的流程图中，首先执行 A

语句，然后判断条件 P 是否成立，如果条件 P 成立，则再次执行 A 语句；然后再次判断
条件 P 是否成立，如果成立，则再次执行 A 语句；如此反复，直到条件 P 不成立，此时
不再执行 A 语句，跳出循环。

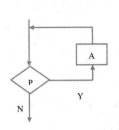

图 2.8　当型循环结构的流程图

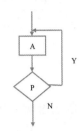

图 2.9　直到型循环结构的流程图

2.2.3　N-S 流程图

N-S 流程图是由美国人 I.Nassi 和 B.Shneiderman 共同提出的，其基本原理如下：既然
任何算法都是由顺序结构、选择结构及循环结构组成的，那么各基本结构之间的流程线就
是多余的，因此去掉了所有的流程线，将全部算法写在了一个矩形框内。N-S 流程图也是
算法的一种结构化描述方法，同样也有 3 种基本结构，下面分别进行介绍。

1. 顺序结构

顺序结构的 N-S 流程图如图 2.10 所示。例如，将大象装进冰箱，用 N-S 流程图表达
的效果如图 2.11 所示。

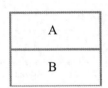

图 2.10　顺序结构的 N-S 流程图

图 2.11　将大象装进冰箱的 N-S 流程图

2. 选择结构

选择结构的 N-S 流程图如图 2.12 所示。例如，判断输入的数字是否是偶数，用 N-S
流程图表达的效果如图 2.13 所示。

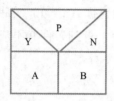

图 2.12　选择结构的 N-S 流程图　　　图 2.13　判断输入的数字是否是偶数的 N-S 流程图

3. 循环结构

当型循环结构的 N-S 流程图如图 2.14 所示。例如，计算 1 ～ 100 的所有整数的和，用当型循环结构的 N-S 流程图表达的效果如图 2.15 所示。

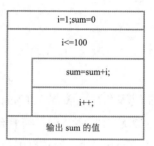

图 2.14　当型循环结构的 N-S 流程图　　　图 2.15　计算 1 ～ 100 的所有整数的和的
　　　　　　　　　　　　　　　　　　　　　当型循环结构的 N-S 流程图

直到型循环结构的 N-S 流程图如图 2.16 所示。例如，计算 1 ～ 100 的所有整数的和，用直到型循环结构的 N-S 流程图表达的效果如图 2.17 所示。

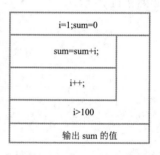

图 2.16　直到型循环结构的 N-S 流程图　　　图 2.17　计算 1 ～ 100 的所有整数的和的
　　　　　　　　　　　　　　　　　　　　　直到型循环结构的 N-S 流程图

学习笔记

　　这 3 种基本结构都只有一个入口和一个出口，结构内的每部分语句都有可能被执行，并且不会出现无终止循环的情况。

第 3 章　C 语言基础

想要熟练地掌握一门编程语言，最好的方法就是充分了解、掌握该编程语言的基础知识，并且亲自体验。本章会对 C 语言程序中的关键字、标识符、数据类型、常量、变量等基础内容进行详细讲解。在讲解的过程中，通过使用丰富的实例让读者掌握知识点的运用，带领读者逐步走进 C 语言的编程世界。在每个实例后都设置了练习题，让读者亲自动手，在练习中收获编程的乐趣。

3.1　关键字

在 C 语言中，关键字是指被赋予特定意义的单词。不可以将关键字作为标识符使用。C 语言中共有 32 个关键字，如表 3.1 所示，这些关键字的具体使用方法将在后面的章节中详细讲解。

表 3.1　C 语言中的关键字

auto	double	int	struct
break	else	long	switch
case	enum	register	typedef
char	extern	union	return
const	float	short	unsigned
continue	for	signed	void
default	goto	sizeof	volatile
do	while	static	if

3.2 标识符

1. 标识符的概念

标识符可以简单地理解为一个名字，用于标识变量名、常量名、函数名、数组名等。

2. 设置标识符的规则

在 C 语言中标识符需要遵循一定的规则，具体规则如下。

1）所有标识符必须以字母或下画线开头，不能以数字或符号开头。

例如，以下两种写法都是错误的：

```
int !number;                    /* 错误，标识符第一个字符不能为符号 */
int 2hao;                       /* 错误，标识符第一个字符不能为数字 */
```

以下两种写法都是正确的：

```
int number;                     /* 正确，标识符第一个字符为字母 */
int _hao;                       /* 正确，标识符第一个字符为下画线 */
```

2）在标识符中，除了开头外，其他位置都可以由字母、下画线或数字组成。

- 在标识符中有下画线的情况：

```
int good_way;                   /* 正确，标识符中可以有下画线 */
```

- 在标识符中有数字的情况：

```
int bus7;                       /* 正确，标识符中可以有数字 */
int car6V;                      /* 正确 */
```

3）在 C 语言中，英文字母是区分大小写的。也就是说，英文字母的大小写不同，代表不同的标识符。下面是一些正确的标识符：

```
int mingri;                     /* 全部是小写字母 */
int MINGRI;                     /* 全部是大写字母 */
int MingRi;                     /* 大小写字母混合 */
```

从上面列出的标识符中可以看出，只要标识符中有一个字符是不同的，它们所代表的就是不同的名称。

4）标识符不能是关键字。关键字是定义一种类型使用的特殊字符，不能使用关键字

作为标识符。例如:

```
int float;   /* 错误, float 是关键字, 不能作为标识符 */
int Float;  /* 正确, 改变标识符中字母的大小写, Float 不是关键字, 可以作为标识符 */
```

使用 int 关键字进行定义, 但定义的标识符不能使用关键字 float。但将 float 改为 Float, 就可以通过编译。

5) 标识符的命名最好具有相关的含义。将标识符设定成有一定含义的名称, 可以方便程序的编写, 并且在以后回顾或他人阅读时, 具有含义的标识符能使程序便于阅读和理解。例如, 定义一个长方体的长、宽和高, 可以简单地定义成如下代码:

```
int a;                              /* 代表长度 */
int b;                              /* 代表宽度 */
int c;                              /* 代表高度 */
```

或者定义成如下代码:

```
int iLong;
int iWidth;
int iHeight;
```

从上面列举出的标识符可以看出, 如果定义的标识符不具有一定的含义, 没有后面的注释, 那么使人很难理解该标识符的作用; 如果定义的标识符具有一定的含义, 那么通过直观地查看就可以了解该标识符的作用。

6) ANSI 标准规定, 标识符可以为任意长度, 但外部名必须能由前 8 个字符唯一地区分, 并且不区分大小写。这是因为某些编译程序(如 IBM PC 的 MS C)只能识别前 8 个字符。

常见错误:

- 标识符的大小写书写错误。在书写标识符时要注意英文字母大小写的区分。
- 标点符号中英文状态忘记切换。代码中的标点符号应该采用英文半角格式。

3.3　数据类型

程序在运行时的工作是处理数据。不同的数据都是以一种特定形式存在的(如整型、实型、字符型等), 不同数据类型的数据占用的存储空间不同。C 语言中有多种不同的数据类型, 包括基本类型、构造类型、指针类型和空类型等。

1. 基本类型

基本类型包括整型、字符型、实型（浮点型）和枚举型。例如：

```
int number;                                        /* 整型变量 */
float fFloat;                                       /* 浮点型变量 */
char cChar;                                         /* 字符型变量 */
enum Fruits(Watermelon,Mango,Grape,Orange,Apple);  /* 枚举型变量 */
```

2. 构造类型

构造类型是指为了满足待解决问题所需的数据类型，将基本类型或已经构造好的数据类型进行添加、设计，从而构造出的新的数据类型。

根据构造类型的定义可知，构造类型并不像基本类型那么简单，它是由多种数据类型组合而成的。组成构造类型的各部分称为构造类型的成员。构造类型包括数组类型、结构体类型和共用体类型。例如：

```
int array[5];                                      /* 数组变量 */
struct Student student;                            /* 结构体变量 */
union season s;                                     /* 共用体变量 */
```

3. 指针类型

指针类型与其他类型不同，它的特殊性在于指针的值是某个内存地址。例如：

```
int *p;                                            /* 指针变量 */
```

4. 空类型

定义空类型的关键字是 void。空类型的主要作用包括以下两点：

- 对函数返回值的限定。

- 对函数参数的限定。

也就是说，一般函数都具有返回值，将返回值返回给调用者。这个返回值应该属于特定的数据类型，如整型。但是当函数不必返回一个值时，就可以使用空类型作为返回值的数据类型。例如：

```
void input()                         /* 自定义无返回值的函数 */
{
    语句;
}
```

3.4　常量

常量是指在程序运行过程中值不会改变的数值。例如，我们每个人的身份证号码，这串数字就是一个常量，是不能被更改的。

常量可以分为以下 3 类：

- 数值型常量，包括整型常量和实型常量。
- 字符型常量。
- 符号常量。

下面对这 3 种类型的常量进行详细介绍。

3.4.1　整型常量

整型常量是指直接使用的整型常数，如 0、100、-200 等。

整型常量的数据类型如表 3.2 所示。

表 3.2　整型常量的数据类型

数 据 类 型	长　　度	取 值 范 围
unsigned short	16 位	0 ～ 65 535
signed short	16 位	-32 768 ～ 32 767
unsigned int	32 位	0 ～ 4 294 967 295
signed int	32 位	-2 147 483 648 ～ 2 147 483 647
unsigned long	64 位	0 ～ 18 446 744 073 709 551 615
signed long	64 位	-9 223 372 036 854 775 808 ～ 9 223 372 036 854 775 807

📋 **学习笔记**

使用不同的编译器，整型常量的数据类型的取值范围有可能是不一样的，有可能在 32 位的计算机中整型常量为 32 位，在 64 位的计算机中整型常量为 64 位。

在书写整型常量时，可以在常量的后面加上符号 L 或 U 进行修饰。L 表示该常量是长整型数据，U 表示该常量为无符号整型数据。例如：

```
LongNum= 1000L;                          /*L 表示长整型 */
UnsignLongNum=500U;                      /*U 表示无符号整型 */
```

📋 **学习笔记**

> 表示长整型和无符号整型的后缀字母 L 和 U 可以使用大写字母，也可以使用小写字母。

整型常量的表示形式有 3 种，分别为八进制形式、十进制形式和十六进制形式。

1. 八进制整型常量

使用八进制形式表示整型常量，需要在整型常数前面加个 0 作为前缀。八进制整型常量中包含数字 0～7。例如：

```
OctalNumber1=0520;                       /* 加上前缀 0，表示该常量为八进制整型常量 */
```

以下是八进制整型常量的错误写法：

```
OctalNumber3=520;                        /* 没有前缀 0*/
OctalNumber4=0296;                       /* 包含非八进制数 9*/
```

2. 十六进制整型常量

在整型常量前面加个 0x 作为前缀（0x 中的 0 是数字 0，而不是字母 O），表示该整型常量是用十六进制表示的。十六进制整型常量中包含数字 0～9 及字母 A～F。例如：

```
HexNumber1=0x460;                        /* 加上前缀 0x，表示该常量为十六进制整型常量 */
HexNumber2=0x3ba4;
```

📋 **学习笔记**

> 其中字母 A～F 可以使用大写形式，也可以使用小写形式（a～f）。

3. 十进制整型常量

十进制整型常量无须在常量前面添加前缀。十进制整型常量中包含数字 0～9。例如：

```
AlgorismNumber1=569;
AlgorismNumber2=385;
```

整型数据都是以二进制的形式存储于计算机内存空间中的，其数值是以补码的形式表示的。正数的补码与其原码的形式相同，负数的补码是将该数绝对值的二进制形式按位取反再加 1。例如，一个十进制数 11 在内存空间中的存储形式如图 3.1 所示。

0	0	0	0	0	0	0	0	0	0	0	0	1	0	1	1

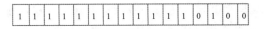

图 3.1　十进制数 11 在内存空间中的存储形式

十进制数 -11 在内存空间中的存储形式是怎样的呢？负数是以补码的形式表示的，首先求出其绝对值，然后对该绝对值进行取反操作，如图 3.2 所示。

1	1	1	1	1	1	1	1	1	1	1	1	0	1	0	0

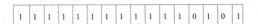

图 3.2　进行取反操作

在进行取反操作后，进行加 1 操作，即可得到十进制数 -11 在内存空间中的存储形式，如图 3.3 所示。

1	1	1	1	1	1	1	1	1	1	1	1	0	1	0	1

图 3.3　十进制数 -11 在内存空间中的存储形式

学习笔记

有符号整数在内存空间中最左面的一位是符号位，如果该位为 0，则说明该数为正数；如果该位为 1，则说明该数为负数。

3.4.2　实型常量

实型又称为浮点型。实型常量由整数部分和小数部分组成，并且用小数点分隔。例如，超市小票中的应收金额就是实型常量，如图 3.4 所示。

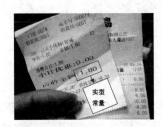

图 3.4　实型常量

在 C 语言中，表示实型常量的方式有以下两种。

1. 小数表示方式

小数表示方式就是使用十进制的小数表示实型常量。例如：

```
SciNum1=123.45;                            /* 小数表示方式 */
SciNum2=0.548;                             /* 小数表示方式 */
```

2. 指数表示方式（科学记数表示方式）

当实型常量非常大或非常小时，使用小数表示方式表示实型常量是不利于观察的，这时可以使用指数表示方式表示实型常量。其中，使用字母 e 或 E 进行指数显示。例如，514e2 表示 51400，514e-2 表示 5.14。使用指数表示方式表示上面的 SciNum1 和 SciNum2 代表的实型常量，如下所示：

```
SciNum1=1.2345e2;                          /* 指数表示方式 */
SciNum2=5.48e-1;                           /* 指数表示方式 */
```

在书写实型常量时，可以在实型常量的后面加上符号 F 或 L 作为后缀。F 表示该常量是 float（单精度）类型的数据，L 表示该常量为 long double（长双精度）类型的数据。例如：

```
FloatNum=5.193e2F;                         /* 单精度类型的数据 */
LongDoubleNum=3.344e-1L;                   /* 长双精度类型的数据 */
```

学习笔记

如果不在实型常量的后面加后缀，在默认情况下，实型常量为 double（双精度）类型的数据。在实型常量后面添加的后缀不区分大小写。

3.4.3 字符型常量

字符型常量与前面介绍的常量有所不同，要对字符型常量使用指定的定界符进行限制。字符型常量可以分成两种，一种是字符常量，另一种是字符串常量。下面分别对这两种字符型常量进行介绍。

1. 字符常量

字符常量是指用一对英文半角格式的单引号括起来的一个字符，如 'A'、'#'、'b' 和 '1' 都是正确的字符常量。

📋 **学习笔记**

- 字符常量中只能包括一个字符，不是字符串。例如，'A' 是正确的，但是用 'AB' 表示字符常量就是错误的。
- 字符常量是区分大小写的。例如，'A' 字符和 'a' 字符是不一样的，这两个字符代表不同的字符常量。
- 这对单引号代表定界符，不属于字符常量中的一部分。

📋 **学习笔记**

　　在书写字符常量时不可以使用 3 个单引号，因为编译器会不知道从哪里开始，到哪里结束。例如：

```
char cChar='A'';                    /* 在书写字符常量时使用 3 个单引号 */
```

　　会出现如下所示的错误。

```
error C2001: newline in constant
```

2. 字符串常量

　　字符串常量是指用一对英文半角格式的双引号括起来的若干个字符的序列，如 "ABC"、"abc"、"1314" 和 " 您好 " 都是正确的字符串常量。

　　如果在字符串中一个字符都没有，即 ""，则将其称为空字符串，此时字符串的长度为 0。

　　在 C 语言中存储字符串常量时，系统会在字符串的末尾自动加一个结束符"\0"作为字符串的结束标志。例如，字符串 "welcome" 在内存空间中的存储形式如图 3.5 所示。

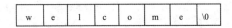

图 3.5　字符串 "welcome" 在内存空间中的存储形式

📋 **学习笔记**

　　在程序中书写字符串常量时，不必在字符串的末尾添加结束符"\0"，系统会自动添加结束符"\0"。

3. 字符常量和字符串常量的区别

　　前面介绍了字符常量和字符串常量，那么它们有什么区别呢？字符常量和字符串常量的区别具体体现在以下几方面：

- 定界符不同。字符常量使用英文半角格式的单引号作为定界符，而字符串常量使用英文半角格式的双引号作为定界符。

- 长度不同。字符常量只能有一个字符，因此字符常量的长度是 1。字符串常量的长度可以是 0，但是需要注意的是，即使字符串常量中的字符数量只有 1 个，长度也不是 1。例如，字符串常量 "H" 的长度为 2，因为系统会在 "H" 末尾自动加一个结束符 "\0"，字符串常量 "H" 在内存空间中的存储形式如图 3.6 所示。

图 3.6　字符串常量 "H" 在内存空间中的存储形式

- 存储形式不同。在字符常量中存储的是字符的 ASCII 码值。例如，'A' 的 ASCII 码值为 65，'a' 的 ASCII 码值 97。在字符串常量中，不仅要存储有效的字符，还要存储末尾的结束符 "\0"。

4. ASCII 码

前面提到过有关 ASCII 码的内容，那么 ASCII 码是什么呢？C 语言中使用的字符被一一映射到一个表中，这个表称为 ASCII 码表。十进制的 ASCII 码表如表 3.3 所示。

表 3.3　十进制的 ASCII 码表

ASCII	缩写 / 字符	ASCII	缩写 / 字符	ASCII	缩写 / 字符
0	NUL 空字符	13	CR 回车键	26	SUB 替补
1	SOH 标题开始	14	SO 不用切换	27	ESC 溢出
2	STX 正文开始	15	SI 启用切换	28	FS 文件分隔符
3	ETX 正文结束	16	DLE 数据链路转义	29	GS 分组符
4	EOT 传输结束	17	DC1 设备控制 1	30	RS 记录分隔符
5	ENQ 请求	18	DC2 设备控制 2	31	US 单元分隔符
6	ACK 收到通知	19	DC3 设备控制 3	32	（space）空格
7	BEL 响铃	20	DC4 设备控制 4	33	! 叹号
8	BS 退格	21	NAK 拒绝接收	34	" 双引号
9	HT 水平制表符	22	SYN 同步空闲	35	# 井号
10	LF 换行键	23	ETB 传输块结束	36	$ 美元符
11	VT 垂直制表符	24	CAN 取消	37	% 百分号
12	FF 换页键	25	EM 媒介中断	38	& 和号

ASCII	缩写 / 字符	ASCII	缩写 / 字符	ASCII	缩写 / 字符
39	' 单引号	69	大写字母 E	99	小写字母 c
40	(开小括号	70	大写字母 F	100	小写字母 d
41	) 闭小括号	71	大写字母 G	101	小写字母 e
42	* 星号	72	大写字母 H	102	小写字母 f
43	+ 加号	73	大写字母 I	103	小写字母 g
44	, 逗号	74	大写字母 J	104	小写字母 h
45	- 减号 / 连接号	75	大写字母 K	105	小写字母 i
46	. 句点	76	大写字母 L	106	小写字母 j
47	/ 斜杠	77	大写字母 M	107	小写字母 k
48	数字 0	78	大写字母 N	108	小写字母 l
49	数字 1	79	大写字母 O	109	小写字母 m
50	数字 2	80	大写字母 P	110	小写字母 n
51	数字 3	81	大写字母 Q	111	小写字母 o
52	数字 4	82	大写字母 R	112	小写字母 p
53	数字 5	83	大写字母 S	113	小写字母 q
54	数字 6	84	大写字母 T	114	小写字母 r
55	数字 7	85	大写字母 U	115	小写字母 s
56	数字 8	86	大写字母 V	116	小写字母 t
57	数字 9	87	大写字母 W	117	小写字母 u
58	: 冒号	88	大写字母 X	118	小写字母 v
59	; 分号	89	大写字母 Y	119	小写字母 w
60	< 小于号	90	大写字母 Z	120	小写字母 x
61	= 等号	91	[开中括号	121	小写字母 y
62	> 大于号	92	\ 反斜杠	122	小写字母 z
63	? 问号	93	] 闭中括号	123	{ 开大括号
64	@ 电子邮件符号	94	^ 脱字符	124		垂线
65	大写字母 A	95	_ 下画线	125	} 闭大括号
66	大写字母 B	96	` 全形抑音符	126	~ 浪纹号
67	大写字母 C	97	小写字母 a	127	DEL 删除
68	大写字母 D	98	小写字母 b		

3.4.4　转义字符

前面介绍了 "\n" 符号，这种符号称为转义字符。

转义字符是一种特殊的字符，它以反斜杠 "\" 开头，后面跟着一个或多个字符。常用的转义字符如表 3.4 所示。

表 3.4　常用的转义字符

转 义 字 符	意　　义	ASCII 码值	转 义 字 符	意　　义	ASCII 码值
\n	换行	10	\\	反斜杠 "\"	92
\t	横向跳到下个制表位置	9	\'	单引号	39
\v	竖向跳到下个制表位置	11	\a	响铃	7
\b	退格	8	\ddd	1～3 位八进制数所代表的字符	
\r	回车	13	\xhh	1～2 位十六进制数所代表的字符	
\f	换页	12			

3.4.5　符号常量

使用一个符号代替固定的常量，就是符号常量，如下面代码中的 PAI 就是一个符号常量（实例内容参考配套资源中的源码）。

```c
#include<stdio.h>                          /* 包含头文件 */
#define PAI 3.14                           /* 定义符号常量 */
int main()                                 /* 主函数 main() */
{
    double fRadius;                        /* 定义半径变量 */
    double fResult = 0;                    /* 定义结果变量 */
    printf("请输入圆的半径 :");            /* 提示 */
    scanf("%lf", &fRadius);                /* 输入数据 */
    fResult = fRadius * fRadius*PAI;       /* 进行计算 */
    printf("圆的面积为: %lf\n", fResult);  /* 输出结果 */
    return 0;                              /* 程序结束 */
}
```

运行上述程序，运行结果如图 3.7 所示。

图 3.7　圆的面积运行结果

3.5　变量

我们在前面的实例中已经接触过变量了。变量是指在程序运行期间值可以变化的量。在定义变量时，系统会根据数据的需求（数据类型）为该变量申请一块合适的内存空间。如果将内存空间比喻成一个宾馆，那么房间号就相当于变量名，房间类型就相当于变量类型，入住的客人就相当于变量值，如图 3.8 所示。

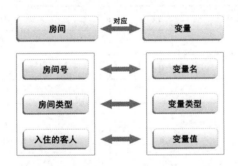

图 3.8　宾馆与内存空间的对应图

C 语言中的变量类型有整型变量、实型变量和字符型变量，接下来分别介绍这几种变量类型。

3.5.1　整型变量

整型变量是指用于存储整型数据的变量。整型变量的数据类型有 6 种，如表 3.5 所示。

表 3.5　整型变量的数据类型

数据类型名称	关 键 字
有符号基本整型	[signed] int

续表

数据类型名称	关　键　字
无符号基本整型	unsigned [int]
有符号短整型	[signed] short [int]
无符号短整型	unsigned short [int]
有符号长整型	[signed] long [int]
无符号长整型	unsigned long [int]

学习笔记

在表 3.5 中，用中括号 [] 括起来的部分为可选部分，如 [signed] int 表示在编写时可以省略 signed 关键字。

整型变量的数据类型及其详细信息如表 3.6 所示。

表 3.6　整型变量的数据类型及其详细信息

数 据 类 型	长　　度	取 值 范 围
unsigned short	2 字节	0 ～ 65 535
[signed] short	2 字节	−32 768 ～ 32 767
unsigned int	4 字节	0 ～ 4 294 967 295
[signed] int	4 字节	−2 147 483 648 ～ 2 147 483 647
unsigned long	8 字节	0 ～ 18 446 744 073 709 551 615
[signed] long	8 字节	−9 223 372 036 854 775 808 ～ 9 223 372 036 854 775 807

学习笔记

通常说的整型是指有符号基本整型 [signed] int。

默认整数类型是 int，在给 long 型变量赋值时，如果没在整型常量后添加 L 或 l，则会按照默认的 int 类型进行赋值：

```
long number = 123456789 * 987654321;
```

正确的写法如下：

```
long number = 123456789L * 987654321L;
```

📋 **学习笔记**

在编写程序时，在给变量赋值前必须先定义所有变量，否则会发生错误。通过下面两段代码进行对比。

```
/* 错误的写法：*/
int iNumber1;                          /* 定义变量 */
iNumber1=6;                            /* 给变量赋值 */
int iNumber2;                          /* 定义变量 */
iNumber2=7;                            /* 给变量赋值 */

/* 正确的写法：*/
int iNumber1;                          /* 先定义所有变量 */
int iNumber2;
iNumber1=6;                            /* 再给变量赋值 */
iNumber2=7;
```

3.5.2　实型变量

实型变量又称为浮点型变量，是指用于存储实型数据的变量。实型数据分为两部分，分别为整数部分和小数部分。C 语言中的实型变量的数据类型根据实型的精度还可以分为单精度类型、双精度类型和长双精度类型，如表 3.7 所示。

表 3.7　实型变量的数据类型

数据类型名称	关　键　字
单精度类型	float
双精度类型	double
长双精度类型	long double

1. 单精度类型

单精度类型的关键字是 float，它在内存空间中占 4 字节，取值范围是 $-3.4 \times 10^{38} \sim 3.4 \times 10^{38}$。定义一个单精度类型变量的方法是在变量前使用关键字 float。例如，定义一个单精度类型变量 fFloatStyle，并且将其赋值为 3.14，方法如下：

```
float fFloatStyle;                              /* 定义单精度类型变量 */
fFloatStyle=3.14f;                              /* 给变量赋值 */
```

📋 **学习笔记**

> 在给单精度类型变量赋值时，需要在数值后面添加 F 或 f，表示该数值的数据类型是单精度类型，否则默认为双精度类型。

2. 双精度类型

双精度类型的关键字是 double，它在内存空间中占 8 字节，取值范围是 $-1.7 \times 10^{308} \sim 1.7 \times 10^{308}$。定义一个双精度类型变量的方法是在变量前使用关键字 double。例如，定义一个双精度类型变量 dDoubleStyle，并且将其赋值为 5.321，方法如下：

```
double dDoubleStyle;                        /* 定义双精度类型变量 */
dDoubleStyle=5.321;                         /* 给变量赋值 */
```

3.5.3　字符型变量

字符型变量是指用于存储字符的变量。将一个字符存储于一个字符变量中，实际上是将该字符的 ASCII 码值（无符号整数）存储于内存空间中。

字符型变量在内存空间中占 1 字节，取值范围是 -128 ～ 127。定义一个字符型变量的方法是在变量前使用关键字 char。例如，定义一个字符型变量 cChar，并且将其赋值为 'a'，方法如下：

```
char cChar;                                 /* 定义字符型变量 */
cChar= 'a';                                 /* 给变量赋值 */
```

📋 **学习笔记**

> 字符数据在内存空间中存储的是字符的 ASCII 码值，即一个无符号整数，其存储形式与整型数据的存储形式一样，因此 C 语言允许字符型数据与整型数据通用。例如：
> ```
> char cChar1;                                /* 定义字符型变量 cChar1*/
> char cChar2;                                /* 定义字符型变量 cChar2*/
> cChar1='a';                                 /* 给变量赋值 */
> cChar2=97;
> printf("%c\n",cChar1);/* 输出结果为 "a"，此处的 %c 是格式字符，表示以字符形式输出 */
> printf("%c\n",cChar2);/* 输出结果为 "a" */
> ```
> 在上面的代码中，首先定义两个字符型变量，将一个变量赋值为 'a'，将另一个变量赋值为 97，最后的输出结果都是 "a"。

3.5.4　变量总结

前面讲解了整型变量、实型变量和字符型变量的相关知识，本节对这 3 种类型变量的相关知识进行总结，如表 3.8 所示。

表 3.8　整型变量、实型变量和字符型变量的相关知识总结

类　　型	关　键　字	字　　节	数　值　范　围
整型	[signed] int	4	$-2\ 147\ 483\ 648 \sim 2\ 147\ 483\ 647$
无符号整型	unsigned [int]	4	$0 \sim 4\ 294\ 967\ 295$
短整型	[signed] short [int]	2	$-32\ 768 \sim 32\ 767$
无符号短整型	unsigned short [int]	2	$0 \sim 65\ 535$
长整型	[signed] long [int]	8	$-9\ 223\ 372\ 036\ 854\ 775\ 808 \sim 9\ 223\ 372\ 036\ 854\ 775\ 807$
无符号长整型	unsigned long [int]	8	$0 \sim 18\ 446\ 744\ 073\ 709\ 551\ 615$
单精度型	float	4	$-3.4 \times 10^{38} \sim 3.4 \times 10^{38}$
双精度型	double	8	$-1.7 \times 10^{308} \sim 1.7 \times 10^{308}$
字符型	[signed] char	1	$-128 \sim 127$
无符号字符型	unsigned char	1	$0 \sim 255$

学习笔记

输入、输出的数据类型要与所用的格式字符一致。例如：

```
int num=520;                    /* 定义整型变量 */
printf("%d\n",num);             /* 以整型数据的形式输出 */
```

3.6　变量的存储方式

在 C 语言程序中可以选择变量的存储方式。变量的存储方式包括自动（auto）、静态（static）、寄存器（register）和外部（extern）共 4 种，可以通过存储方式告诉编译器要处理什么类型的变量。

3.6.1　auto 变量

　　auto 变量又称为自动变量。在 C 语言程序中，每次执行定义局部 auto 变量的操作，都会产生一个新的变量，并且对这个变量重新进行初始化。

　　例如，在 AddOne() 函数中定义一个 auto 类型的整型变量 iInt，并且对变量 iInt 进行加 1 操作，然后在主函数 main() 中调用两次 AddOne() 函数，代码如下（实例内容参考配套资源中的源码）：

```c
#include<stdio.h>
void AddOne()
{
    auto int iInt = 1;                      /* 定义 auto 类型的整型变量 */
    iInt = iInt + 1;                        /* 变量加 1*/
    printf("%d\n", iInt);                   /* 输出结果 */
}
int main()
{
    printf(" 第一次调用：");                 /* 输出调用 AddOne() 函数的提示 */
    AddOne();                               /* 调用 AddOne() 函数 */
    printf(" 第二次调用：");                 /* 输出调用 AddOne() 函数的提示 */
    AddOne();                               /* 调用 AddOne() 函数 */
    return 0;                               /* 程序结束 */
}
```

　　运行上述程序，运行结果如图 3.9 所示。

图 3.9　auto 变量程序的运行结果

　　根据运行结果可知，每次调用 AddOne() 函数，都会重新定义一个 iInt 变量，并且对该变量进行初始化。也就是说，在 AddOne() 函数中定义整型变量时，系统会为其分配内存空间；在函数调用结束后，系统会自动释放这些内存空间。

📖 学习笔记

　　auto 关键字可以省略，如果不特别指定，那么局部变量的存储方式默认为自动。

3.6.2　static 变量

static 变量又称为静态变量。将函数的内部变量和外部变量定义为 static 变量的意义是不一样的。对于局部变量，static 变量和 auto 变量是相对而言的，尽管二者的作用域都是仅限于声明变量的函数中，但是在语句块执行期间，static 变量会始终保持它的值，并且初始化操作只在第一次执行时起作用，在随后的运行过程中，static 变量会保持上一次执行该语句块时的值。

3.6.3　register 变量

register 变量又称为寄存器变量。使用 register 变量的目的是让程序员将某个指定的局部变量存储于计算机的某个硬件寄存器中，而不是存储于内存空间中。这样做的优点是可以提高程序的运行速度。

用户无法获得 register 变量的地址，因为大部分计算机的硬件寄存器都不占用内存空间。而且，即使编译器将 register 变量存储于可设定的内存空间中，用户也是无法获取变量的地址的。

下面来看一个实例，使用 register 关键字修饰整型变量，代码如下（实例内容参考配套资源中的源码）：

```
#include<stdio.h>

int main()
{
    register int iInt;                  /* 定义 register 类型的整型变量 */
    iInt = 100;
    printf("%d\n",iInt);                /* 输出结果 */
    return 0;                           /* 程序结束 */
}
```

运行上述程序，运行结果如图 3.10 所示。

图 3.10　register 变量程序的运行结果

3.6.4　extern 变量

extern 变量又称为外部变量。extern 关键字用于定义程序中将要用到但尚未定义的外部变量。通常，外部存储类都用于声明在另一个文件中定义的变量。

一个项目是由多个 C 语言文件组成的，系统对这些 C 语言文件分别进行编译，然后将其链接成一个可执行模块。将这些 C 语言文件作为一个工程进行管理，并且生成一个工程文件，用于记录所包含的所有 C 语言文件。

下面来看一个实例，在 Extern2 文件中定义 iExtern 变量并给其赋值，在 Extern1 文件中声明该变量并输出该变量的值（实例内容参考配套资源中的源码）。

在 Extern1.c 文件中编写代码如下：

```
#include<stdio.h>

int main()
{
    extern int iExtern;                 /* 定义 extern 类型的整型变量 */
    printf("%d\n", iExtern);            /* 输出变量值 */
    return 0;                           /* 程序结束 */
}
```

在 Extern2.c 文件中编写代码如下：

```
#include<stdio.h>

int iExtern = 100;
```

运行上述程序，运行结果如图 3.11 所示。

图 3.11　extern 变量程序的运行结果

3.7　混合运算

不同数据类型的数据也可以进行混合运算，如 10+'a'-1.5+3.2×6。

在进行不同数据类型的数据的混合运算时，首先要将不同数据类型的数据转换为相同数据类型的数据，然后进行运算。数据类型的转换规律如图 3.12 所示。

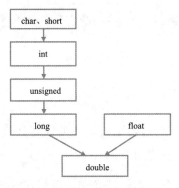

图 3.12　数据类型的转换规律

下面来看一个实例，计算 1+'A'+2.2 的值。在具体实现时，将 int 型变量与 char 型变量、float 型变量进行相加，将结果存储于 double 型变量 result 中，最后使用 printf() 函数将其输出。具体代码如下（实例内容参考配套资源中的源码）：

```c
#include<stdio.h>                            /* 包含头文件 */
int main()                                   /* 主函数 main() */
{
    int    iInt = 1;                         /* 定义 int 型变量并赋值 */
    charcChar = 'A';                /* 定义 char 型变量并赋值，ASCII 码值为 65 */
    float fFloat = 2.2f;                     /* 定义 float 型变量并赋值 */
    double result = iInt + cChar + fFloat;   /* 得到相加的结果 */
    printf("%f\n", result);                  /* 输出变量值 */
    return 0;                                /* 程序结束 */
}
```

第4章　运算符与表达式

在了解了 C 语言程序中的数据类型后，还要懂得如何操作数据，因此需要掌握 C 语言中各种运算符及相关表达式的使用方法。

本章主要讲解表达式的概念、运算符及相关表达式的使用方法，并且通过实例深入讲解运算符及相关表达式的应用，使读者进行相应的练习，从而加深对相关知识的理解。

4.1　表达式

看到"表达式"就会不由自主地想到数学表达式。数学表达式由数字、运算符和括号等组成，如图 4.1 所示。

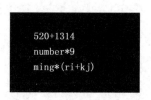

图 4.1　数学表达式

数学表达式在数学计算中是至关重要的，同理，表达式在 C 语言中也是至关重要的，它是 C 语言的主体。在 C 语言中，表达式由运算符和运算数组成。根据表达式中运算符的个数，可以将表达式分为简单表达式和复杂表达式两种，简单表达式是只包含一个运算符的表达式，复杂表达式是包含两个或两个以上运算符的表达式，如图 4.2 所示。

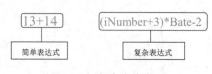

图 4.2　表达式分类

表达式主要用于返回结果。在程序对返回的结果不进行任何操作的情况下，返回的结果不起任何作用。

表达式返回的结果在以下两种情况下会产生作用。

- 放在赋值语句的右侧。
- 放在函数的参数中。

表达式返回的结果的数据类型取决于组成表达式中的变量和常量的数据类型。

📋 学习笔记

> 　　有的表达式的返回值具有逻辑特性。如果返回值不为 0，那么该表达式返回真值，否则返回假值。根据这个特点，可以将表达式放在用于控制程序流程的语句中，这样就构成了条件表达式。

4.2 赋值运算符与赋值表达式

在程序中常常遇到的符号"="就是赋值运算符。赋值运算符的作用是将一个数值赋给一个变量。在 C 语言中，赋值运算的语法格式如图 4.3 所示。

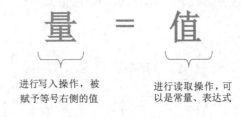

图 4.3 赋值运算的语法格式

例如，将常量 520 赋给变量 iAge，代码如下：

```
iAge=520;
```

也可以将一个表达式的结果赋给一个变量。例如：

```
Total=Counter*3;
```

4.2.1　给变量赋初值

给变量赋初值是指在定义变量时，可以为其赋一个初值，就是将一个常数或一个表达式的结果赋给一个变量，变量中存储的内容就是这个常数或这个表达式的结果。

用常数给变量赋初值的语法格式如下：

数据类型　变量名　=　常数 ；

其中的变量名又称为变量的标识符。用常数给变量赋初值的语法格式如图 4.4 所示。

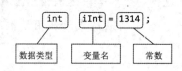

图 4.4　用常数给变量赋初值

以下是其他代码实例：

```
char cChar ='A';
int iFirst=100;
float fPlace=1450.78f;
```

用表达式的结果给变量赋初值的语法格式如下：

数据类型　变量名　=　表达式 ；

可以看到，用表达式的结果给变量赋初值的语法格式与用常数给变量赋初值的语法格式类似，如图 4.5 所示。

图 4.5　用表达式的结果给变量赋初值

在图 4.5 中，得到赋值的变量 fPrice 称为左值，因为它出现的位置在赋值语句的左侧。产生值的表达式称为右值，因为它出现的位置在表达式的右侧。

先声明变量，再进行变量的赋值操作也是可以的。例如：

```
int iMonth;                          /* 定义变量 */
iMonth= 12;                          /* 给变量赋值 */
```

4.2.2　自动类型转换

数据类型有很多种，如字符型、整型、实型等，因为这些数据类型的长度和符号特性都不同，所以取值范围也不同。

在 C 语言中，如果将较短的数据类型变量的值赋给较长的数据类型变量，那么该值的数据类型会转换为较长的数据类型，数据信息不会丢失；如果将较长的数据类型变量的值赋给较短的数据类型变量，那么该值的数据类型就会转换为较短的数据类型，当该值的大小超过较短的数据类型的取值范围时，就会发生数据截断。就像倒水，如果将小杯中的水倒入大杯，如图 4.6 所示，那么水不会流失；如果将大杯中的水倒入小杯，如图 4.7 所示，那么水会溢出来。

图 4.6　将小杯中的水倒入大杯　　　　　图 4.7　将大杯中的水倒入小杯

例如：

```
float i=10.1f;
int j=i;
```

在遇到这种情况时系统会发出警告，警告信息如图 4.8 所示。

```
warning C4244: 'initializing' : conversion from 'float ' to 'int ', possible loss of data
```

图 4.8　警告信息

4.2.3　强制类型转换

要将较长的数据类型变量的值赋给较短的数据类型变量，如果通过强制类型转换告知编译器，就不会出现如图 4.8 所示的警告。强制类型转换的语法格式如下：

（类型名）变量 |（表达式）

例如：

```
float i=10.1f;
int j= (int)i;                    /* 对变量进行强制类型转换 */
float x=2.5f,y=4.7f;              /* 定义 2 个 float 型变量并给其赋值 */
int z=(int)(x+y);                 /* 将表达式 x+y 的结果强制转换为整型 */
```

在上述代码中可以看到：

- 在变量前使用括号包含要转换为的数据类型，即可对变量进行强制类型转换。

- 如果要对某个表达式的结果进行强制类型转换，那么需要将表达式用括号括起来，否则会只对第一个变量进行强制类型转换。

4.3　算术运算符与算术表达式

4.3.1　算术运算符

在现实生活中常常遇到各种各样的计算问题。例如，某超市老板每天需要计算本日的销售金额，需要将每种产品的销售额相加，此处的"相加"就是数学运算符中的"+"，"+"在 C 语言中称为算术运算符。

算术运算符包括 2 个单目算术运算符（正运算符和负运算符）和 5 个双目算术运算符（乘法运算符、除法运算符、取模运算符、加法运算符、减法运算符），如表 4.1 所示。

表 4.1　算术运算符

符　号	描　述	符　号	描　述
+	单目正	%	取模
-	单目负	+	加法
*	乘法	-	减法
/	除法		

在表 4.1 中，取模运算符"%"的两侧均为整数，该运算符主要用于计算两个整数相除得到的余数，如 7%4 的结果是 3。

单目正运算符是冗余的，它是为了与单目负运算符形成对比而存在的。单目正运算符不会改变任何数值，如不会将一个负值表达式的值改为正值。

运算符"−"可作为单目负运算符，如 −5；"−"也可作为减法运算符，此时为双目运算符，如 5−3。

4.3.2　算术表达式

如果表达式中的运算符都是算术运算符，则将该表达式称为算术表达式。以下表达式中的运算符都是算术运算符，它们都是算术表达式。

```
(3+5)/Rate
Top-Bottom+1
Height * Width
```

需要说明的是，两个整数相除的结果为整数，如 7/4 的结果为 1，舍去的是小数部分。但是，当其中的一个数是负数时会出现什么情况呢？此时机器会采取"向零取整"的方法，如 −7/4 的结果为 −1，在取整后向 0 靠拢。

如果使用"+""−""*""/"进行运算的两个数中有一个为实数（包含 float、double、long double 共 3 种数据类型），那么结果是 double 型数据，因为所有实数都按 double 型数据进行运算。

4.3.3　算术运算符的优先级与结合性

C 语言中规定了各种运算符的优先级与结合性。

1. 算术运算符的优先级

在算术表达式求值时，会按照运算符的优先级的高低次序进行运算。在算术运算符中，单目正运算符和单目负运算符的优先级最高；在双目运算符中，乘法运算符、除法运算符和取模运算符比加法运算符、减法运算符的优先级高。如果在表达式中同时出现"*"和"+"，那么先进行乘法运算，再进行加法运算。例如：

```
x + y * z
```

在上述表达式中，因为"*"比"+"的优先级高，所以先进行 y*z 的运算，再加上 x。

📋 学习笔记

> 在算术表达式中，如果要先计算 a+b，再将结果与 c 相乘，那么可以使用小括号"()"将 a+b 括起来，因为小括号"()"在运算符中的优先级是最高的。因此这个算术表达式应该写成 (a+b)*c。

2. 算术运算符的结合性

当算术运算符的优先级相同时，结合性为自左向右。例如：

```
a - b + c
```

因为"-"和"+"的优先级是相同的，所以先进行 a-b 的运算，再加上 c。

4.3.4 自增 / 自减运算符

C 语言中有两个特殊的运算符，即自增运算符"++"和自减运算符"--"。自增运算符的作用是使变量值增加 1。例如，在公交车上，每上来一位乘客，乘客就会增加一位，此时的乘客数量就可以使用自增运算符进行计算。自减运算符的作用是使变量值减少 1。例如，客车的座位，每上来一位乘客，客车的座位就会减少一个，此时的座位数量就可以使用自减运算符进行计算。

自增运算符和自减运算符可以放在变量前面，称为前缀；也可以放在变量后面，称为后缀。使用自增运算符的算术表达式和使用自减运算符的算术表达式的语法格式及计算结果如图 4.9 所示。

	自增运算符	自减运算符
前置形式 ▷	++a	--a
后置形式 ▷	a++	a--
计算的结果 ⟹	a + 1	a - 1

图 4.9　使用自增运算符的算术表达式和使用自减运算符的算术表达式的语法格式及计算结果

根据图 4.9 可知，将自增运算符或自减运算符放在变量的前面和后面所得到的结果是一样的。使用自增运算符的结果是在变量原值的基础上加 1，使用自减运算符的结果是在变量原值的基础上减 1。

学习笔记

在表达式内部，作为运算的一部分，自增运算符和自减运算符的用法可能有所不同。如果将自增运算符或自减运算符放在变量前面，那么该变量会先进行自增或自减运算，再进行其他运算；如果将自增运算符或自减运算符放在变量后面，那么该变量会先进行其他运算，再进行自增或自减运算。以自增运算符为例，自增运算符在变量前面和变量后面的效果对比如图 4.10 所示。

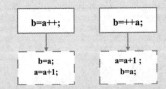

图 4.10　自增运算符在变量前面和变量后面的效果对比

学习笔记

自增运算符和自减运算符都是单目运算符，因此常量和表达式不可以使用这两个运算符，如 5++ 和（a+5）++ 都是不合法的。

4.4　关系运算符与关系表达式

在数学中经常比较两个数的大小。例如，小明的数学成绩是 90 分，小红的数学成绩是 95 分，小红的数学成绩比小明的数学成绩高，如图 4.11 所示。在比较成绩时，需要使用关系运算符。在 C 语言中，关系运算符主要用于判断两个运算数的大小关系。

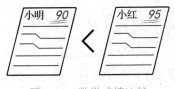

图 4.11　数学成绩比较

4.4.1　关系运算符

关系运算符包括大于运算符、大于或等于运算符、小于运算符、小于或等于运算符、等于运算符和不等于运算符。关系运算符的符号及功能如表 4.2 所示。

表 4.2　关系运算符

符　号	功　能	符　号	功　能
>	大于	<=	小于或等于
>=	大于或等于	==	等于
<	小于	!=	不等于

4.4.2　关系表达式

关系运算符主要用于对两边表达式的值进行大小比较，返回一个真值（1）或假值（0），返回真值表示指定的关系成立，返回假值表示指定的关系不成立。例如：

```
7>5                 /* 因为 7 大于 5，所以该关系成立，返回真值 */
7>=5                /* 因为 7 大于 5，所以该关系成立，返回真值 */
7<5                 /* 因为 7 大于 5，所以该关系不成立，返回假值 */
7<=5                /* 因为 7 大于 5，所以该关系不成立，返回假值 */
7==5                /* 因为 7 不等于 5，所以该关系不成立，返回假值 */
7!=5                /* 因为 7 不等于 5，所以该关系成立，返回真值 */
```

关系表达式通常被用作控制程序流程的语句中的条件表达式。例如，在 if 语句的流程图中，如果关系表达式 i==10 返回的是真值，则执行下面的语句，否则不执行该语句，如图 4.12 所示。

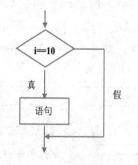

图 4.12　if 语句的流程图

注意关系运算符 "==" 与赋值运算符 "=" 的区别。例如，i==3 中的 "==" 是关系运算符，i=3 中的 "=" 不是关系运算符，而是赋值运算符。

4.4.3　关系运算符的优先级与结合性

关系运算符的结合性都是自左向右的。关系运算符主要用于判断其两边的表达式的值的大小关系，但是由于关系运算符与其两边表达式中的运算符的优先级不同，因此容易导致错误。下面我们来看一个实例，先将变量 NewNum 的值赋给变量 Number，再判断变量 Number 的值是否不等于常数 10，错误的代码如下：

```
if(Number=NewNum!=10){...}
```

因为 "!=" 的优先级比 "=" 的优先级高，所以 "NewNum!=10" 的判断运算会在赋值运算之前进行，变量 Number 得到的就是关系表达式的真值或假值。括号运算符的优先级最高，因此可以使用括号将要优先计算的表达式括起来，修改后的代码如下：

```
if((Number=NewNum)!=10){...}
```

4.5　逻辑运算符与逻辑表达式

在招聘信息上常常会看到对年龄的要求。例如，要求年龄高于 18 岁，并且低于 35 岁，在 C 语言中，表示该要求的表达式如下：

```
age>18&&age<35
```

上述表达式就是一个逻辑表达式，该表达式中的 "&&" 是一个逻辑运算符。

4.5.1　逻辑运算符

逻辑运算符有 3 个，如表 4.3 所示。

表 4.3　逻辑运算符的符号及功能

符　号	功　能
&&	逻辑与
||	逻辑或
!	逻辑非

📋 **学习笔记**

> 在表 4.3 中，逻辑与运算符 "&&" 和逻辑或运算符 "||" 都是双目运算符，逻辑非运算符 "!" 是单目运算符。

4.5.2　逻辑表达式

前面介绍过关系运算符可以判断两个表达式的大小关系，使用逻辑运算符可以将多个关系表达式的结果合并在一起进行判断，其语法格式如下：

表达式　逻辑运算符　表达式

逻辑运算的结果如表 4.4 所示。

表 4.4　逻辑运算的结果

A	B	A&&B	A||B	!A
0	0	0	0	1
0	1	0	1	1
1	0	0	1	0
1	1	1	1	0

逻辑与运算符 "&&" 和逻辑或运算符 "||" 可以用于非常复杂的表达式中。逻辑表达式通常被用作控制程序流程的语句中的条件表达式。

在程序中，通常使用逻辑非运算符 "!" 将一个变量的值转换为相应的逻辑真值（1）或逻辑假值（0）。例如：

```
Result= !!Value;                                        /* 转换成逻辑值 */
```

4.5.3　逻辑运算符的优先级与结合性

逻辑运算符的优先级从高到低依次为逻辑非运算符 "!"、逻辑与运算符 "&&"、逻辑或运算符 "||"。

当逻辑运算符的优先级相同时，结合性为自左向右。

4.6　逗号运算符与逗号表达式

在 C 语言中，可以用逗号将多个表达式分隔开。用逗号分隔的表达式被分别计算，并且整个表达式的值是最后一个表达式的值。

逗号表达式的语法格式如下：

```
表达式1，表达式2，...，表达式n
```

逗号表达式的求解过程如下：先求解表达式 1，再求解表达式 2，以此类推，一直求解到表达式 n，逗号表达式的值是表达式 n 的值。逗号运算符又称为顺序求值运算符，就像数学中求解几何问题，需要按顺序写解题步骤。

下面我们来看一个逗号表达式的实例，代码如下：

```
Value=2+5,1+2,5+7;
```

在上述代码中，Value 的值为 7，而非 12。这是因为赋值运算符的优先级比逗号运算符的优先级高，所以先进行赋值运算。如果要先进行逗号运算，则可以使用括号运算符，代码如下：

```
Value=(2+5,1+2,5+7);
```

4.7　复合赋值运算符

复合赋值运算符是 C 语言中独有的，这种操作实际上是一种缩写形式，可以使变量操作的描述方式更简洁，如将 "+" 和 "=" 复合，如图 4.13 所示。

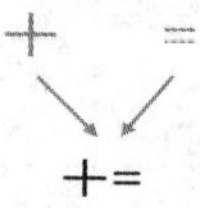

图 4.13　复合赋值运算符

给一个变量赋值，代码如下：

```
Value=Value+3 ;
```

上述代码是对一个变量进行赋值操作，值为这个变量本身与一个整型常量 3 相加的结果。使用复合赋值运算符可以实现同样的操作，代码如下：

```
Value+=3;
```

这种描述更为简洁。对于上述实现相同操作的两种方法，复合赋值运算符的优点如下：

- 可以简化程序，使程序更简洁。
- 可以提高编译效率。

如果使用简单赋值运算符，如 Func=Func+1，那么表达式会计算两次；如果使用复合赋值运算符，如 Func+=1，那么表达式仅计算一次。对于简单的计算，这种区别对程序运行没有太大影响，但是如果表达式中存在某个函数的返回值，那么函数被调用两次与被调用一次对程序运行的影响会比较明显。

4.8　C 语言中运算符的优先级与结合性

为了方便读者学习，本节按照优先级从低到高的排列顺序列出了 C 语言中运算符的优先级与结合性，如表 4.5 所示。

表 4.5　C 语言中运算符的优先级与结合性

优 先 级	运 算 符	含 义	结 合 性
1	()	小括号	自左向右
	[]	下标运算符	
	->	指向结构体成员运算符	
	.	结构体成员运算符	

优 先 级	运 算 符	含 义	结 合 性
2	!	逻辑非运算符（单目运算符）	自右向左
	~	按位取反运算符（单目运算符）	
	++	自增运算符（单目运算符）	
	--	自减运算符（单目运算符）	
	-	负号运算符（单目运算符）	
	*	指针运算符（单目运算符）	
	&	地址与运算符（单目运算符）	
	sizeof	长度运算符（单目运算符）	
3	*、/、%	乘法、除法、取模运算符	自左向右
4	+、-	加法、减法运算符	
5	<<、>>	左移、右移运算符	
6	<、<=、>、>=	小于、小于或等于、大于、大于或等于运算符	
7	==、!=	等于、不等于运算符	
8	&	按位与运算符	
9	^	按位异或运算符	
10	|	按位或运算符	
11	&&	逻辑与运算符	
12	||	逻辑或运算符	
13	?:	条件运算符（三目运算符）	自右向左
14	=、+=、-=、*=、/=、%=、>>=、<<=、&=、^=、|=	赋值运算符	
15	,	逗号运算符（顺序求值运算符）	自左向右

第 5 章 流程控制语句

做任何事情都要遵循一定的原则。例如，到图书馆借书，就必须有借书证，并且借书证不能过期，这两个条件缺一不可。程序设计也是如此，需要利用流程控制语句实现与用户的交流，并且根据用户的需求决定程序"做什么""怎么做"。

流程控制语句对于任何一门编程语言都是至关重要的，它提供了控制程序执行顺序的方法。如果没有流程控制语句，那么程序会按照线性顺序执行，而不能根据用户的需求决定程序执行的顺序。本章会对 C 语言中的流程控制语句进行详细讲解。

5.1 认识 if 语句

在日常生活中，为了使交通畅通有序，一般会在路口设立交通信号灯，在信号灯显示为绿色时车辆可以行驶通过，在信号灯显示为红色时车辆就要停止行驶。可见，信号灯给出了信号，人们对不同的信号进行判断，然后根据判断的结果进行相应的操作。

在 C 语言程序中，使用 if 语句完成这样的判断操作。if 语句的功能就像路口的信号灯，通过判断的结果，决定是否进行操作。下面讲解 if 语句的相关内容。

5.2 if 语句的基本形式

if 语句可以判断表达式的值，然后根据该值的情况控制程序流程。if 语句有 if、if...else 和 else if 共三种语句形式，下面讲解每种语句形式的具体使用方式。

5.2.1 if 语句

if 语句主要用于对表达式进行判断，并且根据判断的结果决定是否进行相应的操作。if 语句的语法格式如下：

```
if(表达式)  {语句块}
```

if 语句的执行流程图如图 5.1 所示。

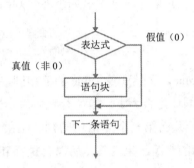

图 5.1 if 语句的执行流程图

例如：

```
if(iNum) printf("The true value");
```

上述代码的含义：判断变量 iNum 的值，如果变量 iNum 的值为真，则执行后面的输入语句；如果变量 iNum 的值为假，则不执行后面的输入语句。

在 if 语句的括号中，不仅可以判断一个变量的值是否为真，还可以判断表达式的结果是否为真。例如：

```
if(iSignal==1) printf("the Signal Light is%d:",iSignal);
```

上述代码的含义：判断表达式 iSignal==1 的结果，如果表达式 iSignal==1 的结果为真，则执行后面的输出语句；如果表达式 iSignal==1 的结果为假，则不执行后面的输出语句。

上述两行代码中的 if 语句的执行部分只调用了一条语句，如果执行部分要调用两条语句，则可以使用大括号将执行部分括住，使之成为语句块。例如：

```
if(iSignal==1)
{
        printf("the Signal Light is%d:\n",iSignal);
        printf("Cars can run");
}
```

将执行的语句都放在大括号中，当 if 语句的判断条件为真时，就可以全部执行。使用这种方法的优点是可以更规范、清楚地表示 if 语句中执行语句的范围，因此建议大家在使用 if 语句时使用大括号将执行语句括起来。

📋 **学习笔记**

在使用 if 语句处理问题时，一定要将条件描述清楚，如下面的语句是错误的。

```
if(i/6< >0){}
```

初学编程的人在程序中使用 if 语句时常常将如下两个判断弄混。

```
if(value){...}                          /* 判断变量的值 */
if(value==0){...}                       /* 判断表达式的结果 */
```

这两行代码中都有变量 value，虽然变量 value 的值相同，但是判断的结果却不同。第一行代码表示判断变量 value 的值是否为真，第二行代码表示判断表达式 value==0 是否成立。假设变量 value 的值为 0，那么第一个 if 语句的判断结果为假，所以不会执行 if 语句后的语句；但是第二个 if 语句的判断结果为真，所以会执行 if 语句后的语句。

5.2.2　if...else 语句

除了可以指定在条件为真时执行某些语句，还可以指定在条件为假时执行其他语句，这在 C 语言中是利用 else 语句完成的。例如，买彩票，如果中奖了，就买轿车，否则买自行车。彩票中奖示意图如图 5.2 所示，对应的彩票中奖流程图如图 5.3 所示。

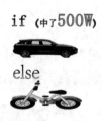

图 5.2　彩票中奖示意图

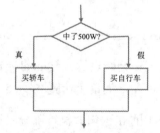

图 5.3　彩票中奖流程图

从图 5.3 可以看出，if...else 语句的语法格式如下：

```
if(表达式)
    {语句块 1}
else
```

第 5 章 流程控制语句

if...else 语句的执行流程图如图 5.4 所示。

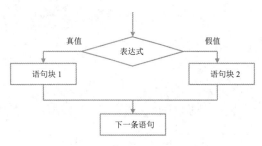

图 5.4 if...else 语句的执行流程图

在 if 后的括号中判断表达式的结果，如果表达式的结果为真，则执行语句块 1；如果表达式的结果为假，则执行语句块 2。例如：

```
if(value)
{
        printf("the value is true");
}
else
{
        printf("the value is false");
}
```

在上面的代码中，如果判断变量 value 的值为真，则执行 if 后面的语句块。如果判断变量 value 的值为假，则执行 else 后面的语句块。

 学习笔记

else 语句必须跟在 if 语句后面。

5.2.3 else if 语句

else if 语句主要用于对一系列互斥的条件进行检验。例如，某 4S 店进行大转轮抽奖活动，根据中奖的金额可以获得不同类型的车，中奖的金额段之间是互斥的，每次抽奖结果都只能出现一个中奖的金额段。这个抽奖过程可以使用 else if 语句实现。

else if 语句的语法格式如下：

```
if( 表达式 1) ｛语句块 1}
```

```
else if( 表达式 2) { 语句块 2}
else if( 表达式 3) { 语句块 3}
...
else if( 表达式 m) { 语句块 m}
else { 语句块 n}
```

else if 语句的执行流程图如图 5.5 所示。

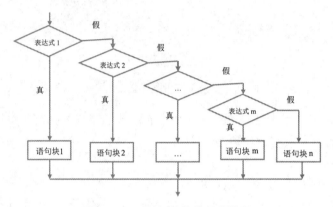

图 5.5　else if 语句的执行流程图

在图 5.5 中，首先对 if 语句中的表达式 1 进行判断，如果表达式 1 的结果为真，那么执行语句块 1，然后跳过 else if 语句和 else 语句；如果表达式 1 的结果为假，那么对 else if 语句中的表达式 2 进行判断，如果表达式 2 的结果为真，那么执行语句块 2，然后跳过后面的 else if 语句和 else 语句；以此类推，当所有表达式的结果都为假时，执行 else 后的语句块 n。例如：

```
if(iSelection==1)
{...}
else if(iSelection==2)
{...}
else if(iSelection==3)
{...}
else
{...}
```

上述代码的含义如下：

- 使用 if 语句判断表达式 iSelection==1 的结果是否为真，如果结果为真，那么执行 if 后面的语句块，然后跳过后面的 else if 语句和 else 语句。
- 如果表达式 iSelection==1 的结果为假，那么使用 else if 语句判断表达式 iSelection==2 的结果是否为真，如果结果为真，则执行第一个 else if 后面的语句块，然后跳过后面的 else if 语句和 else 语句。

- 如果表达式 iSelection==2 的结果为假，那么使用 else if 语句判断表达式 iSelection==3 的结果是否为真，如果结果为真，则执行第二个 else if 后面的语句块，否则执行 else 后面的语句块。也就是说，当前面的所有判断都不成立（为假值）时，执行 else 后面的语句块。

5.3　if 语句的嵌套

在 if 语句中可以包含一个或多个 if 语句，这种情况称为 if 语句的嵌套，语法格式如下：

```
if ( 表达式 1)
{
        if ( 表达式 2)  { 语句块 1}
        else      { 语句块 2}
}
else
{
        if ( 表达式 3)  { 语句块 3}
        else      { 语句块 4}
}
```

使用 if 语句的嵌套功能是对判断的条件进行细化，然后进行相应的操作。

例如，笔者在每天早上醒来时会想一下今天是星期几，如果是周末，就休息；如果不是周末，就去上班，并且星期一要开会；对于周末，如果是星期六，就和朋友逛街；如果是星期日，就在家陪家人。

实现上述实例的主要代码如图 5.6 所示。

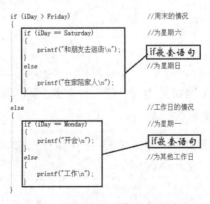

图 5.6　日期选择程序

在图 5.6 中，if 语句嵌套的具体操作过程如下：

（1）使用 if 语句判断表达式 iDay>Friday 的结果是否为真。

（2）如果表达式 iDay>Friday 的结果为真，则判断表达式 iDay==Saturday 的结果是否为真，即判断今天是否为星期六。如果 iDay==Saturday 的结果为真，则输出"和朋友去逛街"，否则输出"在家陪家人"。

（3）如果表达式 iDay>Friday 的结果为假，则判断表达式 iDay==Monday 的结果是否为真，即判断今天是否为星期一。如果 iDay==Monday 的结果为真，则输出"开会"，否则输出"工作"。

学习笔记

在使用 if 语句的嵌套时，应注意 if 语句与 else 语句的配对情况。else 语句总是与其上面最近的未配对的 if 语句配对。

学习笔记

if 语句的嵌套其实是多分支选择。

5.4 条件运算符

条件运算符主要用于检验一个表达式的结果是否为真，然后根据检验结果返回另外两个表达式中的一个。

条件运算符的语法格式如下：

表达式 1？表达式 2：表达式 3

在条件运算中，首先对表达式 1 的结果进行判断，如果表达式 1 的结果为真，则返回表达式 2 的结果，如果表达式 1 的结果为假，则返回表达式 3 的结果。例如，使用条件运算符判断出租车的计费情况，主要代码如下：

```
int jour,fee;                      /* 定义变量，jour 是公里数，fee 是所花费用 */
printf("the mileage is taxi go:\n");       /* 出租车走的公里数 */
scanf("%d",&jour);                 /* 输入公里数 */
fee=(jour<3)?6:6+(jour-3)*2;       /* 根据条件进行运算 */
printf("the costs of get a taxi is %d\n",fee); /* 输出所花费用 */
```

5.5　switch 语句

前面提到，if语句只有两个分支可供选择，而在实际问题中，经常需要用到多分支选择。就像买衣服，可以有多种选择。当然，使用 if 语句的嵌套也可以实现多分支选择，但是分支越多，嵌套的 if 语句层数越多，会使程序冗余，并且降低可读性。在 C 语言中，可以使用 switch 语句直接处理多分支选择的情况，从而提高程序的可读性。

5.5.1　switch 语句的基本形式

switch 语句是多分支选择语句，它的语法格式如下：

```
switch(表达式)
{
      case 情况1:
            语句块1;
      case 情况2:
            语句块2;
      ...
      case 情况n:
            语句块n;
      default:
            默认情况语句块;
}
```

switch 语句的流程图如图 5.7 所示。

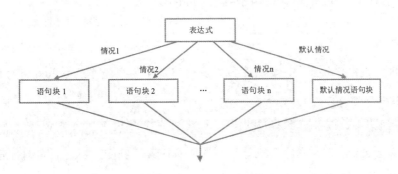

图 5.7　switch 语句的流程图

switch 语句后面括号中的表达式就是要进行判断的条件。在 switch 语句块中，使用 case 关键字表示检验条件符合的各种情况，其后的语句块是相应的操作；在没有符合条件的情况下，执行 default 关键字后的语句块。

📋 学习笔记

switch 语句判断的条件必须是一个整型表达式，可以包含运算符和函数。case 语句检验的值必须是整型常量（可以是常量表达式）。

下面通过如下代码分析 switch 语句的使用方法：

```
switch(selection)
{
    case 1:
            printf("Processing Receivables\n");
            break;
    case 2:
            printf("Processing Payables\n");
            break;
    case 3:
            printf("Quitting\n");
            break;
    default:
            printf("Error\n");
            break;
}
```

使用 switch 语句判断 selection 变量的值，使用 case 语句检验 selection 值的不同情况。如果 selection 的值为 2，那么执行 case 为 2 时的语句块，然后跳出 switch 语句。如果 selection 的值不是 case 中列出的任何情况，那么执行 default 后面的语句块。在每个 case 或 default 后都有一条 break 语句，用于跳出 switch 语句。

📋 学习笔记

在使用 switch 语句时，如果没有一条 case 语句中的值能匹配 switch 语句中的条件，就执行 default 语句后面的代码。任意两个 case 语句都不能使用相同的常量值。每个 switch 语句结构中只能有一条 default 语句，并且 default 语句可以省略。

如果没有 break 语句，程序会执行后面的所有内容。例如，将上面实例程序中的 break 注释掉，运行程序，输入数字 1，运行结果如图 5.8 所示。

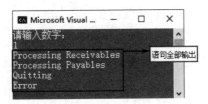

图 5.8 去掉 break 语句后的运行图

从图 5.8 可以看出，在去掉 break 语句后，会输出 case 检验相符情况后的所有语句。因此，在这种情况下，break 语句在 switch 语句中是不能缺少的。

5.5.2 多路开关模式的 switch 语句

在前面的实例中，在去掉 break 语句后，会执行符合检验条件的语句及其后的所有语句。利用这个特点，可以设计多路开关模式的 switch 语句。多路开关模式的 switch 语句的语法格式如下：

```
switch( 表达式 )
{
    case 1:
        语句 1
        break;
    case 2:
    case 3:
        语句 2
        break;
    ...
    default:
        默认语句
        break;
}
```

因为在 case 2 后未使用 break 语句，所以在符合 case 2 检验条件时与符合 case 3 检验条件时的效果是一样的。也就是说，使用多路开关模式，可以使多个检验条件执行同一个语句块。

5.6 if...else 语句和 switch 语句的区别

if...else 语句和 switch 语句都可以检验条件的不同情况，并且根据不同的情况执行不同的语句，二者的流程图分别如图 5.9 和图 5.10 所示。

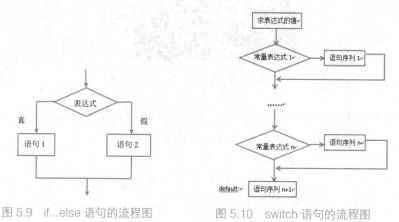

图 5.9　if...else 语句的流程图　　　图 5.10　switch 语句的流程图

下面通过比较 if...else 语句和 switch 语句的语法和效率讲解二者的区别。

1. 语法的比较

if 语句是配合 else 语句使用的，而 switch 语句是配合 case 语句使用的；if 语句先对条件进行判断，而 switch 语句后对条件进行判断。

2. 效率的比较

使用 if...else 语句可以判断表达式，但是不容易进行后续的添加扩展操作。

switch 语句对每条 case 语句的检验速度都是相同的。

当判定的情况占少数时，if...else 语句比 switch 语句的检验速度快、效率高。也就是说，如果分支不多于 4 个，则使用 if...else 语句，否则使用 switch 语句。

5.7　循环语句

程序在运行时不仅可以通过判断、检验条件选择不同分支，还可以重复执行一段代码，直到满足某个条件为止，这个重复的过程称为循环。C 语言中有 3 种循环语句，分别为 while 语句、do...while 语句和 for 语句。循环结构是结构化程序设计的基本结构之一，因此，熟练掌握循环结构是程序设计的基本要求。

5.8　while 语句

while 语句的语法格式如下：

```
while ( 表达式 )
{
    循环体语句
}
```

while 语句的流程图如图 5.11 所示。

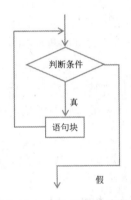

图 5.11　while 语句的流程图

如果判断条件永远为真，则循环无法终止，这种循环称为死循环或无限循环。例如，单细胞细菌繁殖，每一代细菌数量都会成倍数增长，这里的细菌繁殖就类似无限循环。描述细菌繁殖的代码如下：

```
int num=1
while(num>0)
{
    num*=2;
}
```

在上述代码中，while 语句首先判断变量 num 的值是否大于常量 0，如果大于 0，那么执行循环体语句；如果不大于 0，那么跳过循环体语句，直接执行下面的程序代码。在循环体语句中，对变量 num 进行乘 2 运算，永远满足变量 num 的值大于 0 的条件，所以程序会一直循环下去。

学习笔记

> 在 while 语句的小括号后加分号是错误的，错误示例代码如下：
>
> ```
> while(表达式);
> {
>     循环体语句
> }
> ```

5.9 do...while 语句

在有些情况下，无论是否满足循环条件，都必须至少执行一次循环体语句，这时可以采用 do...while 语句。do...while 语句的特点是先执行循环体语句，再判断循环条件是否成立。do...while 语句的语法格式如下：

```
do
{
    循环体语句
}
while(表达式);
```

do...while 语句的流程图如图 5.12 所示。

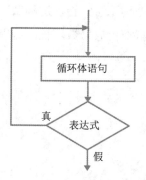

图 5.12 do...while 语句的流程图

do...while 语句首先执行一次循环体语句，然后判断表达式，如果表达式的结果为真，则再次执行循环体语句，如此循环，直到表达式的判断结果为假，退出循环。

例如：

```
do
{
    iNumber++;
} while(iNumber<100);
```

在上述代码中，首先执行 iNumber++ 操作，也就是说，无论 iNumber 是否小于 100，都会执行一次循环体语句，然后判断 while 语句中的条件表达式，如果 iNumber 小于 100，则再次执行循环体语句，如此循环，直到 iNumber 不小于 100，退出循环。

📋 学习笔记

在使用 do...while 语句时，循环条件要放在 while 关键字后面的小括号中，最后必须加上一个分号，这是许多初学者容易忘记的。

5.10　for 语句

在 C 语言中，使用 for 语句也可以控制一个循环，并且在每次循环时修改循环变量。在循环语句中，for 语句的应用最灵活，不仅适用于循环次数已经确定的情况，而且适用于循环次数不确定而只给出循环结束条件的情况。下面对 for 语句进行详细的介绍。

5.10.1　for 语句的基本形式

for 语句基本形式的语法格式如下：
```
for( 表达式 1; 表达式 2; 表达式 3)
{
    循环体语句
}
```

在 for 语句基本形式的语法格式中，for 关键字后的小括号中包含 3 个用分号隔开的表达式，表达式 1 用于给循环变量赋初值，表达式 2 是循环条件，表达式 3 用于对循环变量进行变化操作。

for 语句基本形式的流程图如图 5.13 所示。

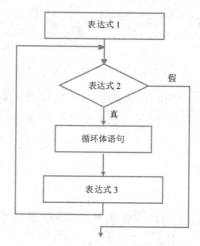

图 5.13　for 语句基本形式的流程图

（1）执行表达式 1，即给循环变量赋初值；

（2）执行表达式 2，即判断循环变量是否满足循环条件，如果循环变量满足循环条件，则执行循环体语句，并且执行步骤（3）；如果循环变量不满足循环条件，则退出循环，并且执行步骤（5）；

（3）执行表达式 3，即对循环变量进行相应的变化操作；

（4）回到步骤（2）继续执行；

（5）循环结束，执行 for 语句下面的语句。

例如：

```
for(i=1;i<100;i++)
{
        printf("the i is:%d",i);
}
```

在上述代码中，首先给循环变量 i 赋初值为 1，然后判断循环条件 i ＜ 100 是否为真，如果为真，则执行循环体语句，否则跳出循环。因为 i 的初值为 1，小于 100，所以执行循环体语句。在每次循环后，将循环变量 i 进行加 1 操作，然后继续判断循环条件 i ＜ 100 是否为真，以此类推。

📋 **学习笔记**

在使用 for 语句时，常常犯的错误是将 for 关键字后面的小括号中的表达式用逗号隔开。

5.10.2　for 语句的变体

在 for 语句的基本形式中，for 关键字后面的小括号中一般有 3 个表达式，但是在实际程序的编写过程中，这 3 个表达式可以根据情况省略。

1. 在 for 语句中省略表达式 1

在 for 语句中，表达式 1 的作用是给循环变量赋初值。如果省略表达式 1，就需要在 for 语句之前给循环变量赋值。在 for 语句中省略表达式 1 的示例代码如下：

```
for(;iNumber<10;iNumber++)
```

 学习笔记

在省略表达式 1 时，其后的分号不能省略。

2. 在 for 语句中省略表达式 2

在 for 语句中，如果省略表达式 2，即不判断循环条件，则循环会无终止地进行下去，即默认表达式 2 始终为真。例如：

```
for(iCount=1; ;iCount++)
{
    sum=sum+iCount;
}
```

在 for 语句中省略表达式 2，相当于使用 while 语句，代码如下：

```
iCount=1;
while(1)
{
    sum=sum+iCount;
    iCount++;
}
```

3. 在 for 语句中省略表达式 3

在 for 语句中，表达式 3 也可以省略，但此时程序设计人员应该保证循环能正常结束，否则循环会无终止地进行下去。例如：

```
for(iCount=1;iCount<50;)
{
```

```
        sum=sum+iCount;
        iCount++;
}
```

5.10.3　for 语句中的逗号应用

for 语句中的表达式 1 和表达式 3，除了可以使用简单的表达式，还可以使用逗号表达式，即包含两个或更多个简单表达式，中间用逗号隔开。例如，在表达式 1 处为变量 iSum 和 iCount 设置初始值，代码如下：

```
for(iSum=0,iCount=1; iCount<100; iCount++)
{
        iSum=iSum+iCount;
}
```

或者在表达式 3 处执行循环变量自加操作两次，代码如下：

```
for(iCount=1;iCount<100;iCount++,iCount++)
{
        iSum=iSum+iCount;
}
```

在逗号表达式中按照自左向右的顺序求解，整个逗号表达式的值为最右边的表达式的值。例如：

```
for(iCount=1;iCount<100;iCount++,iCount++)
```

相当于：

```
for(iCount=1;iCount<100;iCount+=2)
```

5.11　3 种循环语句的比较

前面介绍了 3 种循环语句，在一般情况下，这 3 种循环语句可以相互代替。

下面对这 3 种循环语句进行比较。

- while 语句和 do...while 语句只在 while 关键字后面的小括号中指定循环条件，在循环体语句中包含使循环趋于结束的语句（如 i++、i = i + 2 等）；for 语句中的表达式 3 是使循环趋于结束的语句，可以将循环体语句全部放在表达式 3 中。因此 for 语句的功能更强，while 语句能完成的，都能用 for 语句完成。

- 在使用 while 语句和 do...while 语句时，循环变量初始化的操作应在 while 语句和 do...while 语句之前完成；而 for 语句可以在表达式 1 中实现循环变量的初始化。
- while 语句、do...while 语句和 for 语句都可以使用 break 语句跳出循环，使用 continue 语句结束本次循环。

5.12 循环嵌套

一个循环结构内包含另一个完整的循环结构，称为循环嵌套。在内嵌的循环结构中还可以嵌套循环结构，这就是多层循环。无论在什么编程语言中，关于循环嵌套的概念都是一样的。循环嵌套类似于在电影院找座位号，需要知道第几排第几列，才能准确地找到自己的座位号。例如，寻找如图 5.14 所示的座位号，首先寻找第 2 排，然后在第 2 排寻找第 3 列。

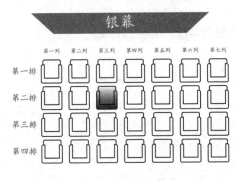

图 5.14 电影院座位号

while 语句、do...while 语句和 for 语句之间可以互相嵌套。下面几种嵌套方式都是正确的。

- 在 while 语句中嵌套 while 语句。例如：

```
while(表达式)
{
      语句
      while(表达式)
      {
            语句
      }
}
```

- 在 do...while 语句中嵌套 do...while 语句。例如：

```
do
{
        语句
        do
        {
                语句
        }while（表达式）；
}while（表达式）；
```

- 在 for 语句中嵌套 for 语句。例如：

```
for（表达式；表达式；表达式）
{
        语句
        for（表达式；表达式；表达式）
        {
                语句
        }
}
```

- 在 do...while 语句中嵌套 while 语句。例如：

```
do
{
        语句
        while（表达式）
        {
                语句
        }
}while（表达式）；
```

- 在 do...while 语句中嵌套 for 语句。例如：

```
do
{
        语句
        for（表达式；表达式；表达式）
        {
                语句
        }
}while（表达式）；
```

　　还有其他结构的循环嵌套，此处不再一一列举，读者只要掌握这 3 种循环语句，就可以正确地写出循环嵌套。

5.13　转移语句

转移语句包括 goto 语句、break 语句和 continue 语句，这 3 种转移语句可以使程序转移执行流程。下面对这 3 种转移语句的使用方式进行详细介绍。

5.13.1　break 语句

在程序运行过程中，有时需要强行终止循环，这时可以使用 break 语句。break 语句的作用是终止并跳出循环。

break 语句的语法格式如下：

```
break;
```

例如，在 while 语句中使用 break 语句，代码如下：

```
while(1)
{
    printf("Break");
    break;
}
```

在上述代码中，虽然 while 语句是一个条件永远为真的循环，但是在循环体语句中使用 break 语句，可以使程序流程跳出循环。

break 语句不能在除循环语句和 switch 语句外的语句中使用。

📋 **学习笔记**

如果遇到循环嵌套的情况，break 语句只会使程序流程跳出包含它的最内层的循环，即只跳出一层循环。

5.13.2　continue 语句

在某些情况下，程序需要返回循环头部继续执行，而不是跳出循环，此时可以使用 continue 语句。continue 语句的作用是结束本次循环，即跳过循环体语句中尚未执行的部分，继续执行下一次循环操作。

continue 语句的语法格式如下：

continue;

例如，一位妈妈教孩子数 0 ～ 9 这 10 个数字，当孩子数到 5 时，妈妈给孩子喝水，孩子喝完继续数，代码如下（实例内容参考配套资源中的源码）：

```c
#include<stdio.h>

int main()
{
    int iCount;                                    /* 循环变量 */
    for (iCount = 0; iCount<10; iCount++)          /* 执行 10 次循环 */
    {
        if (iCount == 5)        /* 判断条件，如果 iCount 等于 5，则跳出本次循环 */
        {
            printf("Feed the children to drink water\n");/* 提示喂孩子喝水 */
            continue;                              /* 跳出本次循环 */
        }
        printf("%d\n", iCount);                    /* 输出循环的次数 */
    }
    return 0;
}
```

运行上述程序，结果如图 5.15 所示。

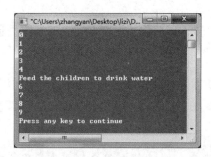

图 5.15　教孩子数数的运行结果

5.13.3　goto 语句

goto 语句为无条件转移语句，可以使程序立即跳转到函数内部的任意一条可执行语句。例如，吃午饭的时间到了，人们就会放下工作去吃午饭，这里的放下工作去吃午饭就可以用 goto 语句实现。

goto 语句的语法格式如下：

goto 标识符；

goto 关键字后面的标识符是同一个函数中某条可执行语句的标号，表示要跳转的目标。该标识符可以出现在同一个函数中任意一条可执行语句的前面，并且以一个冒号 ":" 为后缀。例如，使用 goto 语句模拟停止工作去吃午饭，代码如下：

```
goto Eat;
printf("Work hard!");
Eat:
        printf("Eat lunch together!");
```

在上述代码中，第 1 行代码中的 "Eat" 为跳转的标识符，第 3 行代码中的 "Eat:" 表示 goto 语句要跳转的位置。因此不会执行第 2 行代码中的 printf() 函数，而会执行第 4 行代码中的 printf() 函数。

📋 **学习笔记**

跳转的方向可以向前，也可以向后；可以跳出一个循环，也可以跳入一个循环。

第二篇 高级篇

第 6 章 利用数组处理批量数据

在编写程序的过程中，经常遇到使用很多数据的情况，处理每个数据都要有一个相应的变量，如果每个变量都要单独定义，那么程序会很烦琐。可以使用数组解决这个问题。

本章会讲解一维数组、二维数组、字符数组、多维数组的使用方法，以及数组的排序算法和字符串的处理函数。

6.1 一维数组

数组是指由若干个同类型变量组成的集合，它由连续的存储单元组成，最低地址对应数组的第一个元素，最高地址对应数组的最后一个元素。数组可以是一维数组，也可以是多维数组。

6.1.1 一维数组的定义和一维数组元素的引用

一维数组的示意图如图 6.1 所示。

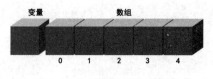

图 6.1 一维数组的示意图

1. 一维数组的定义

一维数组是指由一列数据组成的数组。定义一维数组的语法格式如下：

类型说明符　数组标识符［常量表达式］；

- 类型说明符表示数组中的元素类型。
- 数组标识符表示数组变量的名称，命名规则与变量的命令规则相同。
- 常量表达式定义了数组中存储的元素个数，即数组长度。

例如，定义一个数组：

```
int iArray[5];
```

上述代码中的 int 为数组中的元素类型，iArray 为数组变量名，中括号中的 5 为数组中的元素个数。

学习笔记

> 在数组 iArray[5] 中，只能使用 iArray[0]、iArray[1]、iArray[2]、iArray[3]、iArray[4]，不能使用 iArray[5]，如果使用 iArray[5]，就会发生下标越界错误。

2. 一维数组元素的引用

可以通过引用数组元素的方式使用该数组中的元素。引用一维数组元素的语法格式如下：

数组标识符［下标］

例如，引用数组变量 iArray 中的第 3 个元素，代码如下：

```
iArray[2];
```

iArray 是数组变量的名称，2 为数组元素的下标。前面介绍过，数组元素的下标是从 0 开始的，也就是说，第 1 个数组元素的下标为 0，因此第 3 个数组元素的下标为 2。

学习笔记

> 数组元素的下标可以是整型常量，也可以是整型表达式。

6.1.2　一维数组的初始化

可以使用以下几种方法对一维数组进行初始化。

1. 直接赋值

在定义数组时直接给数组元素赋初值。

例如：

```
int iArray[6]={1,2,3,4,5,6};
```

该方法是将数组中的元素值依次放在一对大括号中，然后将其赋给数组变量 iArray。数组变量 iArray 中的元素如下：

```
iArray[0]=1，iArray[1]=2，iArray[2]=3，iArray[3]=4，iArray[4]=5，iArray[5]=6。
```

2. 部分赋值

只给一部分元素赋值，未赋值的元素的值为 0。

例如：

```
int iArray[6]={1,2,3};
```

数组变量 iArray 中包含 6 个元素，但在初始化时只给出了 3 个值，因此数组变量 iArray 中的前 3 个元素的值对应括号中给出的值，而没有得到值的元素默认被赋值为 0。

3. 不指定长度赋值

在给全部数组元素赋初值时可以不指定数组长度。

前面 2 个实例在定义数组时，都在数组变量后指定了数组长度。C 语言还允许在定义数组时不指定数组长度。例如：

```
int iArray[]={1,2,3,4};
```

在上述代码中，大括号中有 4 个元素，系统会根据给定的初始化元素值的个数定义数组的长度，因此数组变量 iArray 的长度为 4。

📋 学习笔记

如果在定义数组时定义数组长度为 10，就不能使用省略数组长度的定义方法了，必须写成：

```
int iArray[10]={1,2,3,4};
```

6.2　二维数组

在 C 语言中，将有两个下标的数组称为二维数组。一个宾馆的房间布局如图 6.2 所示，利用二维数组可以准确地找到某个房间。

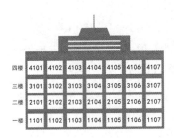

图 6.2　一个宾馆的房间布局

6.2.1　二维数组的定义和二维数组元素的引用

二维数组本质上是一维数组的数组。二维数组的第一维是数据的起始地址，第二维是某行数据中的某个值。例如，将图 6.2 中的房间号定义成一个二维数组 a[7][4]，如果要找 4104 房间，则可以找 a[3][3] 的位置，即先找第一维的第 4 行，再找第二维的第 4 列，即可准确地找到 4104 房间。

1. 二维数组的定义

定义二维数组的语法格式如下：

数据类型　数组标识符 [常量表达式 1][常量表达式 2];

其中，"常量表达式 1"称为行下标，"常量表达式 2"称为列下标。如果有二维数组 array[n][m]，则二维数组的下标取值范围如下：

- 行下标的取值范围为 0 ～ n-1。
- 列下标的取值范围为 0 ～ m-1。
- 二维数组的最大下标的元素是 array[n-1][m-1]。

例如，定义一个 3 行 4 列的整型数组，代码如下：

```
int array[3][4];
```

上述代码定义了一个 3 行 4 列的数组，数组名为 array，数组元素的类型为整型。数组变量 array 共有 3×4 个元素，分别为 array[0][0]、array[0][1]、array[0][2]、array[0][3]、array[1][0]、array[1][1]、array[1][2]、array[1][3]、array[2][0]、array[2][1]、array[2][2]、array[2][3]。

在 C 语言中，二维数组是按行排列的，即按行顺次存储，先存储 array[0] 行，再存储 array[1] 行，最后存储 array[2]；每行中的 4 个元素也是依次存储的。

2. 二维数组元素的引用

引用二维数组元素的语法格式如下：

数组名 [下标] [下标]；

学习笔记

> 二维数组的下标可以是整型常量或整型表达式。

例如，引用二维数组 array 中第 2 行的第 3 个元素，代码如下：

```
 array[1][2];
```

学习笔记

> 无论是行下标，还是列下标，都是从 0 开始的。

与一维数组类似，二维数组也需要注意下标越界的问题。例如：

```
int array[2][4];
...                                              /* 对数组元素进行赋值 */
array[2][4]=9;                                   /* 错误！ */
```

因为 array 是一个 2 行 4 列的二维数组，它的行下标的最大值为 1，列下标的最大值为 3，所以 array[2][4] 超过了数组元素的范围，下标越界。

6.2.2　二维数组的初始化

可以使用以下 4 种方法对二维数组进行初始化。

1. 直接赋值

将所有数据写在一个大括号内，按照数组元素排列顺序给数组元素赋值。例如：

```
int array[2][2]={1,2,3,4};
```

如果大括号中的数据少于数组元素的个数，则系统默认后面未被赋值的元素的值为 0。

2. 省略行下标赋值

在给数组中的所有元素赋初值时，可以省略行下标，但是不能省略列下标。例如：

```
int array[][3]={1,2,3,4,5,6};
```

系统会根据数据的个数和二维数组的列数进行分配。一共有 6 个数据，而二维数组变量 array 中的每行分为 3 列，因此可以确定 array 有 2 行。

3. 分行赋值

可以分行给数组元素赋值。例如：

```
int array[2][3]={{1,2,3},{4,5,6}};
```

在分行赋值时，可以只对部分元素赋值。例如：

```
int array[2][3]={{1,2},{4,5}};
```

在上述代码中，只对二维数组变量 array 每行的前 2 列元素赋值，未被赋值的元素的值为 0。因此 array 中各元素的值如下：a[0][0] 的值是 1，a[0][1] 的值是 2，a[0][2] 的值是 0，a[1][0] 的值是 4，a[1][1] 的值是 5，a[1][2] 的值是 0。

学习笔记

> 如果只给一部分元素赋值，则未被赋值的元素的值为 0。

4. 给数组元素赋值

二维数组也可以直接给数组元素赋值。例如：

```
int a[2][3];
a[0][0] = 1;
a[0][1] = 2;
```

6.3 字符数组

如果一个数组中的元素的数据类型为字符型，那么将该数组称为字符数组。字符数组中的每个元素可以存储一个字符。字符数组与其他数据类型的数组的定义和使用方法类似。

6.3.1 字符数组的定义和字符数组元素的引用

在 C 语言中，没有专门的字符串变量，没有 string 数据类型，通常使用字符数组存储字符串。字符数组实际上是一系列字符的集合，不严谨地说就相当于字符串。定义一个字符数组 iArray[6] 并初始化，如图 6.3 所示。

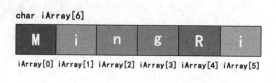

图 6.3　定义一个字符数组 iArray[6] 并初始化

1. 字符数组的定义

字符数组的定义方法与其他数据类型的数组的定义方法类似，语法格式如下：

```
char 数组标识符 [ 常量表达式 ]
```

因为字符数组中的元素的值为字符型数据，所以在数组标识符前的数据类型是 char，后面括号中的常量表达式是数组元素的数量。

例如，定义字符数组 cArray，代码如下：

```
char cArray[5];
```

其中，cArray 是数组标识符，5 表示该数组中包含 5 个元素。

2. 字符数组元素的引用

字符数组元素的引用方法与其他数据类型的数组元素的引用方法一样，也是使用下标的形式。例如，引用数组变量 cArray 中的元素，代码如下：

```
cArray[0]='H';
cArray[1]='e';
cArray[2]='l';
cArray[3]='l';
cArray[4]='o';
```

上述代码依次引用数组变量 cArray 中的元素并给其赋值。

6.3.2　字符数组的初始化

可以使用以下 3 种方法对字符数组进行初始化。

1. 直接赋值

将字符逐个赋给数组中的各元素，这是最容易理解的字符数组的初始化方法。例如：

```
char cArray[5]={'H','e','l','l','o'};
```

上述代码定义了一个包含 5 个元素的字符数组 cArray，并且将大括号中的字符逐个赋给字符数组 cArray 中的元素。

2. 不指定长度赋值

如果在定义字符数组时进行初始化，可以省略数组长度，系统会自动根据初值个数确定数组的长度。例如：

```
char cArray[]={'H','e','l','l','o'};
```

在上述代码中，定义的字符数组 cArray 中没有给出数组的长度，但是根据初值的个数可以确定该数组的长度为 5。

3. 使用字符串赋值

因为通常使用字符数组存储字符串，所以可以使用字符串给字符数组赋值。例如：

```
char cArray[]={"Hello"};
```

或者将"{}"去掉，写成如下形式：

```
char cArray[]="Hello";
```

6.3.3　字符数组的结束标志

在 C 语言中，使用字符数组存储字符串，也就是使用一个一维数组存储字符串中的每个字符，此时系统会自动在该字符数组末尾添加一个结束符"\0"作为结束标志。例如，初始化一个字符数组，代码如下：

```
char cArray[]="Hello";
```

字符串总是以结束符"\0"作为结束标志，因此在将一个字符串存储入一个字符数组时，也会将结束符"\0"存储入该字符数组，并且以此为该字符数组的结束标志。

📋 **学习笔记**

> 在有了结束符"\0"后，字符数组的长度就不那么重要了。但是在定义字符数组时还是应该估计字符串的实际长度，保证数组长度始终大于字符串的实际长度。如果在一个字符数组中先后存储了多个不同长度的字符串，则应使数组长度大于最长的字符串的长度。

用字符串方式赋值比用字符逐个赋值要多占 1 字节，多占的这个字节用于存储结束符
"\0"。前面初始化的字符数组 cArray 在内存空间中的实际存储情况如图 6.4 所示。

图 6.4　cArray 在内存空间中的实际存储情况

结束符 "\0" 是由 C 语言编译系统自动加上的。因此前面的初始化语句等价于：

```
char cArray[]={'H','e','l','l','o','\0'};
```

字符数组并不要求最后一个字符为 "\0"，甚至可以不包含 "\0"。例如，下面的写法
也是合法的。

```
char cArray[5]={'H','e','l','l','o'};
```

由于 C 语言编译系统会在字符串末尾自动添加一个结束符 "\0"，因此，为了使处理
方法一致，便于测定字符串的实际长度，以及在程序中进行相应的处理，在字符数组中也
常常人为地加上一个结束符 "\0"。例如：

```
char cArray[6]= {'H','e','l','l','o','\0'};
```

6.3.4　字符数组的输入或输出

字符数组的输入或输出有两种方法。

1. 使用格式符 "%c" 进行输入或输出

使用格式符 "%c" 可以将字符数组中的元素逐个输入或输出。例如，循环输出字符
数组中的元素，代码如下：

```
for(i=0;i<5;i++)                              /* 进行循环 */
{
    printf("%c",cArray[i]);                   /* 输出字符数组中的元素 */
}
```

其中变量 i 为循环变量，并且在循环中作为数组的下标进行循环输出。

2. 使用格式符 "%s" 进行输入或输出

使用格式符 "%s" 可以将字符数组以字符串的形式输入或输出。例如，输出一个字符串，
代码如下：

```
char cArray[]="GoodDay!";                     /* 初始化字符数组 */
```

```
printf("%s",cArray);                              /* 输出字符串 */
```

使用格式符 "%s" 将字符数组以字符串的形式输出需要注意以下几种情况：

- 输出的字符不包括结束符 "\0"。
- 在使用格式符 "%s" 输出字符串时，printf() 函数中的输出项是字符数组名 cArray，而不是数组中的元素名（如 cArray[0]）。
- 如果数组长度大于字符串的实际长度，则只输出到结束符 "\0"。
- 如果一个字符数组中包含多个结束符 "\0"，则在遇到第一个结束符 "\0" 时停止输出。

6.4　多维数组

多维数组的定义方法与二维数组的定义方法相同，只是下标更多，语法格式如下：

数据类型　数组标识符 [常量表达式 1][常量表达式 2]...[常量表达式 n]；

例如，分别定义一个三维数组 iArray1 和一个四维数组 iArray2，代码如下：

```
int iArray1[3][4][5];
int iArray2[4][5][7][8];
```

由于数组元素的位置都可以通过偏移量计算，因此对三维数组 a[m][n][p] 来说，元素 a[i][j][k] 所在的地址是 a[0][0][0] 的地址向后移（i*n*p+j*p+k）个单位的地址。

6.5　数组的排序算法

通过学习前面的内容，我们已经了解了数组的理论知识。虽然数组是一组有序数据的集合，但是这里的有序指的是数组元素在数组中所处的地址是有序的，而不是根据数组元素的数值大小进行排列的。本节讲解将数组元素按照数值大小进行排序的算法。

6.5.1　选择法排序

选择法排序是指每次选择所要排序的数组中值最小的数组元素（按从小到大的顺序排

序，如果按从大到小的顺序排序，则选择值最大的数组元素），将这个数组元素的值与最前面没有进行排序的数组元素的值互换。以数字 9、6、15、4、2 为例，使用选择法将这些数字按从小到大的顺序排序，具体排序的示意图如图 6.5 所示。

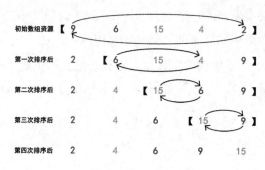

图 6.5　使用选择法排序的示意图

在图 6.5 中，在第一次排序过程中，将第一个数字和最小的数字进行位置互换；在第二次排序过程中，将第二个数字和剩余的数字中最小的数字进行位置互换；以此类推，每次都将下一个数字和剩余的数字中最小的数字进行位置互换，直到将这组数字按从小到大的顺序排序。

下面通过实例讲解如何使用选择法将数组元素按从大到小的顺序排序。

在本实例中定义了一个整型数组和两个整型变量，这个整型数组用于存储用户输入的数字，这两个整型变量分别用于存储值最大的数组元素的值和该数组元素的位置，然后通过双层循环嵌套进行选择法排序，最后将排好序的数组输出，具体代码如下（实例内容参考配套资源中的源码）：

```c
#include <stdio.h>                  /* 包含头文件 */
int main()                         /* 主函数 main()*/
{
    int i, j;                       /* 定义变量 */
    int a[10];
    int iTemp;
    int iPos;
    printf(" 为数组元素赋值：\n");
    /* 用从键盘输入的数值给数组元素赋值 */
    for (i = 0; i<10; i++)
    {
            printf("a[%d]=", i);
            scanf("%d", &a[i]);
    }
    /* 按从大到小的顺序排序 */
    for (i = 0; i<9; i++)           /* 设置外层循环元素下标为 0 ～ 8*/
```

```
{
        iTemp = a[i];              /* 设置外层循环当前元素为最大值 */
        iPos = i;                  /* 记录元素位置 */
        for (j = i + 1; j<10; j++) /* 设置内层循环元素下标为 i+1 ～ 9*/
        {
                if (a[j]>iTemp)     /* 如果内层循环当前元素的值比最大值大 */
                {
                        iTemp = a[j]; /* 重新设置最大值 */
                        iPos = j;     /* 记录元素位置 */
                }
        }
        /* 交换两个元素的值 */
        a[iPos] = a[i];
        a[i] = iTemp;
}

/* 输出数组 */
for (i = 0; i<10; i++)
{
        printf("%d\t", a[i]);      /* 输出制表位 */
        if (i == 4)                /* 如果是第 5 个元素 */
                printf("\n");      /* 换行 */
}

return 0;                          /* 程序结束 */
}
```

运行上述程序，运行结果如图 6.6 所示。

图 6.6　使用选择法排序的运行结果

从该实例代码和运行结果可以看出：

（1）定义一个整型数组 a，并且用从键盘输入的数值给数组元素赋值。

（2）设置一个双层循环嵌套。第一层循环为前 9 个数组元素，并且在每次循环时将当前循环对应的数组元素的值设置为最大值（如果当前是第 3 次循环，那么将数组中第 3 个元素的值设置为当前的最大值）。在第二层循环中，循环比较最大值与之后的各数组元素的值，并且将每次比较结果中较大的数设置为最大值，在第二层循环结束后，将最大值与开始时设置为最大值的数组元素的值互换。在所有循环都完成后，数组元素就按照从大到小的顺序排序了。

（3）循环输出数组中的元素，并且在输出 5 个元素后换行，在下一行输出后面的 5 个元素。

6.5.2　冒泡法排序

冒泡法排序是指在排序时，每次比较数组中相邻的两个数组元素的值，将较小的数（按从小到大的顺序排序）排在较大的数前面。以数字 9、6、15、4、2 为例，使用冒泡法将这几个数字按从小到大的顺序排序，具体排序的示意图如图 6.7 所示。

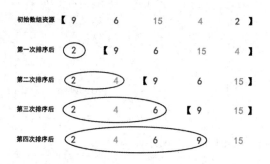

图 6.7　使用冒泡法排序的示意图

在图 6.7 中，在第一次排序过程中，将最小的数字移动到第一位，并且将其他数字依次向后移动；在第二次排序过程中，在从第二个数字开始的剩余数字中选择最小的数字，将其移动到第二位，并且将其他数字依次向后移动；以此类推，每次都将剩余数字中最小的数字移动到当前剩余数字的最前方，直到将这组数字按从小到大的顺序排序。

下面通过实例讲解如何使用冒泡法将数组元素按从小到大的顺序排序。

在本实例中，定义了一个整型数组和一个整型变量，这个整型数组用于存储用户输入的数字，这个整型变量是在交换两个元素的值时的中间变量，然后通过双层循环嵌套进行冒泡法排序，最后将排好序的数组输出，具体代码如下（实例内容参考配套资源中的源码）：

```c
#include<stdio.h>
int main()
```

```
{
    int i, j;
    int a[10];
    int iTemp;
    printf(" 为数组元素赋值: \n");
    /* 用从键盘输入的数值给数组元素赋值 */
    for (i = 0; i<10; i++)
    {
            printf("a[%d]=", i);
            scanf("%d", &a[i]);
    }

    /* 按从小到大的顺序排序 */
    for (i = 1; i<10; i++)                 /* 设置外层循环元素下标为 1 ~ 9*/
    {
            for (j = 9; j >= i; j--)       /* 设置内层循环元素下标为 i ~ 9*/
            {
                    if (a[j]<a[j - 1])     /* 如果当前元素的值比前一个元素的值小 */
                    {
                            /* 交换两个数组元素的值 */
                            iTemp = a[j - 1];
                            a[j - 1] = a[j];
                            a[j] = iTemp;
                    }
            }
    }

    /* 输出数组 */
    for (i = 0; i<10; i++)
    {
            printf("%d\t", a[i]);          /* 输出制表位 */
            if (i == 4)                    /* 如果是第 5 个元素 */
                    printf("\n");          /* 换行 */
    }

    return 0;                              /* 程序结束 */
}
```

运行上述程序, 运行结果如图 6.8 所示。

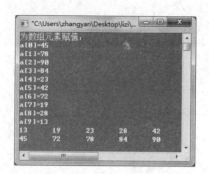

图 6.8 使用冒泡法排序的运行结果

从该实例代码和运行结果可以看出：

（1）定义一个整型数组 a，并且用从键盘输入的数值给数组元素赋值。

（2）设置一个双层循环嵌套。第一层循环为后 9 个数组元素。在第二层循环中，从最后一个数组元素开始向前循环，假设第一层循环当前循环第 a 次，那么第二层循环就循环后 10-a 个数组元素，循环比较当前数组元素与前一个数组元素的值，如果当前数组元素的值小于前一个数组元素的值，则将两个数组元素的值互换。在所有循环都完成后，数组元素就按照从小到大的顺序排序了。

（3）循环输出数组中的元素，并且在输出 5 个元素后换行，在下一行输出后面的 5 个元素。

6.5.3 交换法排序

交换法排序是指将数列中每个位置的数与其后的所有数进行比较，如果发现符合条件（大于或小于该数）的数，则交换数据位置。以数字 9、6、15、4、2 为例，使用交换法将这几个数字按从小到大的顺序排序，具体排序的示意图如图 6.9 所示。

初始数组资源	【 9	6	15	4	2 】
第一次排序后	2	【 9	15	6	4 】
第二次排序后	2	4	【 15	9	6 】
第三次排序后	2	4	6	【 15	9 】
第四次排序后	2	4	6	9	15

图 6.9 使用交换法排序的示意图

在图 6.9 中，在第一次排序过程中，将第一个数字与后边的数字依次进行比较，首先比较 9 和 6，9 大于 6，交换两个数字的位置，数字 6 成为第一个数字；然后用 6 和第三个数字 15 进行比较，6 小于 15，保持原来的位置；然后用 6 和第四个数字 4 进行比较，6 大于 4，交换两个数字的位置，数字 4 成为第一个数字；再用 4 与最后一个数字 2 进行比较，4 大于 2，交换两个数字的位置，从而得到图 6.9 中第一次排序后的结果。然后使用相同的方法，从当前第二个数字 9 开始，继续和后面的数字进行比较，如果遇到比当前数字小的数字，则交换两个数字的位置，以此类推，直到将这组数字按从小到大的顺序排序。

下面通过实例讲解如何使用交换法将数组元素按从大到小的顺序排序。

在本实例中，定义了一个整型数组和一个整型变量，这个整型数组用于存储用户输入的数字，这个整型变量是在交换两个元素的值时的中间变量，然后通过双层循环嵌套进行交换法排序，最后将排好序的数组输出，具体代码如下（实例内容参考配套资源中的源码）：

```c
#include<stdio.h>
int main()
{
    int i, j;
    int a[10];
    int iTemp;
    printf(" 数据如下: \n");
    /* 用从键盘输入的数值给数组元素赋值 */
    for (i = 0; i<10; i++)
    {
        printf("a[%d]=", i);
        scanf("%d", &a[i]);
    }

    /* 按从大到小的顺序排序 */
    for (i = 0; i<9; i++)                          /* 设置外层循环元素下标为 0 ～ 8*/
    {
        for (j = i + 1; j<10; j++)                /* 设置内层循环元素下标为 i+1 ～ 9*/
        {
            if (a[j] > a[i])/* 如果内层循环当前元素的值比外层循环当前元素的值大 */
            {
                /* 交换两个元素的值 */
                iTemp = a[i];
                a[i] = a[j];
                a[j] = iTemp;
            }
        }
    }

    /* 输出数组 */
```

```
for (i = 0; i<10; i++)
{
        printf("%d\t", a[i]);                /* 输出制表位 */
        if (i == 4)                          /* 如果是第 5 个元素 */
                printf("\n");                /* 换行 */
}

return 0;                                    /* 程序结束 */
}
```

运行上述程序，运行结果如图 6.10 所示。

图 6.10　使用交换法排序的运行结果

从该实例代码和运行结果可以看出：

（1）定义一个整型数组 a，并且用从键盘输入的数值给数组元素赋值。

（2）设置一个双层循环嵌套，第一层循环为前 9 个数组元素。在第二层循环中，首先比较第一个数组元素与其后面的数组元素的值，如果后面的数组元素的值大于第一个数组元素的值，则交换两个数组元素的值。然后继续比较交换后的第一个数组元素与其后面的数组元素的值，直到本次循环结束，即可将最大的数组元素的值与第一个数组元素的值交换位置。继续比较第二个数组元素与其后面的数组元素的值。以此类推，直到所有循环结束，数组元素就按照从大到小的顺序排序了。

（3）循环输出数组中的元素，并且在输出 5 个元素后换行，在下一行输出后面的 5 个元素。

6.5.4　插入法排序

插入法排序较为复杂，其基本工作原理是抽出一个数据，在前面的数据中寻找相应的位置插入，直到完成排序。以数字 9、6、15、4、2 为例，使用插入法将这几个数字按从小到大的顺序排序，具体排序的示意图如图 6.11 所示。

初始数组资源	【 9	6	15	4	2 】
第一次排序后	9				
第二次排序后	6	9			
第三次排序后	6	9	15		
第四次排序后	4	6	9	15	
第五次排序后	2	4	6	9	15

图 6.11　使用插入法排序的示意图

　　在图 6.11 中，在第一次排序过程中，将第一个数字取出来并放置在第一位；然后取出第二个数字并将其与第一个数字进行比较，如果第二个数字小于第一个数字，则将第二个数字排在第一个数字前面，否则将第二个数字排在第一个数字后面；然后取出第三个数字，先与第二个数字进行比较，如果第三个数字比第二个数字大，则将其排在第三位；如果第三个数字比第二个数字小，则将其与第一个数字进行比较，如果第三个数字比第一个数字小，则将其排在第一位，将另外两个数字依次向后移动一位，否则将其排在第二位，将原来第二位的数字排在第三位。以此类推，不断取出未进行排序的数字与排序好的数字进行比较，并且根据比较结果将该数字插入相应的位置，直到将这组数字按从小到大的顺序排序。

　　下面通过实例讲解如何使用插入法将数组元素按从小到大的顺序排序。

　　在本实例中，定义了一个整型数组和两个整型变量，这个整型数组用于存储用户输入的数字，这两个整型变量分别用于存储在交换两个元素的值时的中间变量及该中间变量的位置，然后通过双层循环嵌套进行插入法排序，最后将排好序的数组输出，具体代码如下（实例内容参考配套资源中的源码）：

```
#include <stdio.h>                   /* 包含头文件 */
int main()                          /* 主函数 main()*/
{
    int i;                          /* 定义变量 */
    int a[10];
    int iTemp;
    int iPos;
    printf(" 输入数据: \n");          /* 提示信息 */
    for (i = 0; i<10; i++)          /* 输入数据 */
    {
        printf("a[%d]=", i);
        scanf("%d", &a[i]);
```

```
        }

        /* 按从小到大的顺序排序 */
        for (i = 1; i<10; i++)                              /* 循环数组中元素 */
        {
                iTemp = a[i];                               /* 设置插入值 */
                iPos = i - 1;
                while ((iPos >= 0) && (iTemp<a[iPos]))       /* 寻找插入值的位置 */
                {
                        a[iPos + 1] = a[iPos];               /* 插入数值 */
                        iPos--;
                }
                a[iPos + 1] = iTemp;
        }

        /* 输出数组 */
        for (i = 0; i<10; i++)
        {
                printf("%d\t", a[i]);                       /* 输出制表位 */
                if (i == 4)                                  /* 如果是第 5 个元素 */
                        printf("\n");                        /* 换行 */
        }
        printf("\n");

        return 0;                                            /* 程序结束 */
}
```

运行上述程序，运行结果如图 6.12 所示。

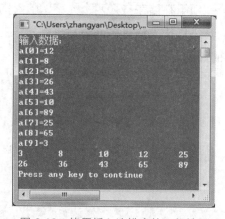

图 6.12 使用插入法排序的运行结果

从该实例代码和运行结果可以看出：

（1）定义一个整型数组 a，并且用从键盘输入的数值给数组元素赋值。

（2）设置一个双层循环嵌套，第一层循环为后 9 个数组元素，将当前数组元素的值赋给中间变量，并且记录前一个数组元素的下标。在第二层循环中，首先判断是否符合循环的条件，允许循环的条件是记录的数组元素下标必须大于或等于 0，并且中间变量的值小于记录的数组元素的值，如果满足循环条件，则将记录的数组元素的值赋给后一个数组元素的值。

（3）然后将记录的数组元素下标位置向前移动一位，继续进行循环判断。在内层循环结束后，将中间变量中存储的数值赋给当前记录的数组元素的后一个数组元素，继续进行外层循环，将数组中后一个数组元素的值赋给中间变量，再通过内层循环进行排序。

（4）以此类推，直到所有循环结束，数组元素就按照从小到大的顺序排序了。

（5）循环输出数组中的元素，并且在输出 5 个元素后换行，在下一行输出后面的 5 个元素。

6.5.5　折半法排序

折半法排序又称为快速排序，是指选择一个中间值 middle（在程序中使用数组中间值），然后将比中间值小的数据放在左边，比中间值大的数据放在右边（具体的实现是从两边找，在找到一对后进行交换），然后对两边分别递归使用这个过程。

📋 **学习笔记**

折半法又称为二分法，在 n 个数中排序，只需要排 $\log(n)$ 次。

以数字 9、6、15、4、2 为例，使用折半法将这几个数字按从小到大的顺序排序，具体排序的示意图如图 6.13 所示。

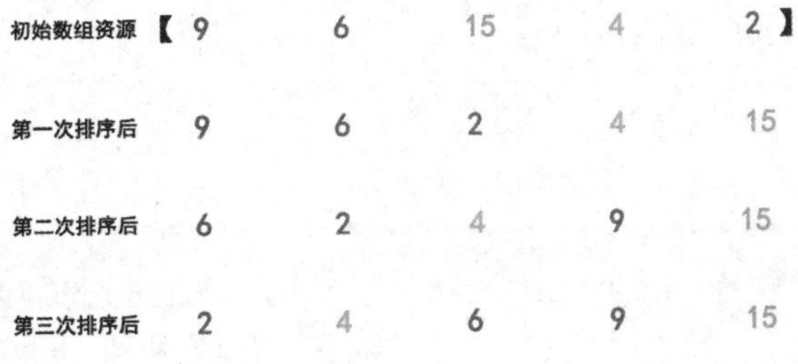

初始数组资源	【 9	6	15	4	2 】
第一次排序后	9	6	2	4	15
第二次排序后	6	2	4	9	15
第三次排序后	2	4	6	9	15

图 6.13　使用折半法排序的示意图

在图 6.13 中，在第一次排序过程中，首先获取中间数字 15，从左右两侧分别取出数字与中间数字进行比较，如果左侧取出的数字比中间数字小，则取下一个数字与中间数字进行比较；如果左侧取出的数字比中间数字大，则交换两个数字的位置；右侧的比较正好与左侧相反，如果右侧取出的数字比中间数字大，取前一个数字与中间数字进行比较，如果右侧取出的数字比中间数字小，则交换两个数字的位置。在将中间数字与两侧的数字都比较一遍后，将这 5 个数字分为两部分，左侧以第一个数字为起点，以中间数字为终点，继续按照上述方法进行比较；右侧以中间数字为起点，以最后一个数字为终点，继续按照上述方法进行比较。在比较完成后，继续以折半法进行比较，直到将一组数字按从小到大的顺序排序为止。

下面通过实例讲解如何使用折半法将数组元素按从小到大的顺序排序。

在本实例中，定义了一个整型数组和一个函数，这个整型数组用于存储用户输入的数字，这个函数用于对数组元素进行排序，最后将排好序的数组元素输出，具体代码如下（实例内容参考配套资源中的源码）：

```c
#include <stdio.h>                              /* 包含头文件 */
/* 声明函数 */
void CelerityRun(int left, int right, int array[]);

int main()                                       /* 主函数 main() */
{
    int i;                                       /* 定义变量 */
    int a[8];
    printf(" 输入数据：\n");
    for (i = 0; i<8; i++)                        /* 输入得票数据 */
    {
            printf("a[%d]=", i);
            scanf("%d", &a[i]);
    }

    /* 按从小到大的顺序排序 */
    CelerityRun(0, 8, a);
    printf(" 从小到大排序如下：\n");

    /* 输出数组 */
    for (i = 0; i<8; i++)
    {
            printf("%d\t", a[i]);                /* 输出制表位 */
            if (i == 4)                          /* 如果是第 5 个元素 */
                    printf("\n");                /* 换行 */
    }
```

```c
        printf("\n");
        return 0;                                    /* 程序结束 */
}

void CelerityRun(int left, int right, int array[])   /* 定义函数 */
{
        int i, j;                                    /* 定义变量 */
        int middle, iTemp;
        i = left;
        j = right;
        middle = array[(left + right) / 2];          /* 求中间值 */
        do
        {
                while ((array[i]<middle) && (i<right))   /* 从左找小于中间元素值的元素值 */
                        i++;
                while ((array[j]>middle) && (j>left))    /* 从右找大于中间元素值的元素值 */
                        j--;
                if (i <= j)                              /* 找到了一对值 */
                {
                        iTemp = array[i];                /* 交换这对数组元素值 */
                        array[i] = array[j];
                        array[j] = iTemp;
                        i++;
                        j--;
                }
        } while (i <= j);                /* 如果两边的下标交错，就停止（完成一次）*/
        /* 递归左半边 */
        if (left<j)
                CelerityRun(left, j, array);
        /* 递归右半边 */
        if (right>i)
                CelerityRun(i, right, array);
}
```

📋 **学习笔记**

　　为了实现折半法排序，需要使用函数的递归，这部分内容将在第 7 章讲解，读者可以参考后面的内容进行学习。

　　运行上述程序，运行结果如图 6.14 所示。

图 6.14　使用折半法排序的运行结果

从该实例代码和运行结果可以看出：

（1）定义一个整型数组 a，并且用从键盘输入的数值给数组元素赋值。

（2）定义一个函数 CelerityRun()，用于对数组元素进行排序，函数的 3 个参数分别表示在递归调用时，数组中第一个元素的下标、最后一个元素的下标及要进行排序的数组。定义两个整型变量 i 和 j，作为控制排序算法循环的条件，将第一个元素的下标赋给变量 i，将最后一个元素的下标赋给变量 j。

（3）首先使用 do...while 语句设计外层循环，循环条件为 i 小于或等于 j，表示如果两边的下标交错（当 i 大于 j 时），就停止循环，然后使用 while 语句设计了两个内层循环，第一个内层循环用于比较左侧的元素值与中间元素值的大小，如果左侧的元素值小于中间元素值，则向右取下一个元素的值与中间元素值进行比较，否则退出第一个内层循环；第二个内层循环用于比较右侧的元素值与中间元素值的大小，如果右侧的元素值大于中间元素值，则向左取下一个元素的值与中间元素值进行比较，否则退出第二个内层循环。

（4）然后判断 i 的值是否小于或等于 j，如果是，则交换以 i 和 j 为下标的两个元素的值，继续进行外层循环。在外层循环结束后，将数组分为两部分，左侧以第一个元素为起点，以下标为 j 的元素为终点，继续调用该函数；右侧以下标为 i 的元素为起点，以最后一个元素为终点，继续调用该函数。

（5）以此类推，直到所有循环结束，数组元素就按照从小到大的顺序排序了。循环输出数组中的元素，并且在输出 5 个元素后换行，在下一行输出后面的 3 个元素。

6.5.6　排序算法的比较

前面已经介绍了 5 种排序算法，这 5 种排序算法的比较（n 为排序的数据量）如表 6.1 所示，在进行数组排序时应该根据需要选择。

表 6.1 5 种排序算法的比较

选择法排序	冒泡法排序	交换法排序	插入法排序	折半法排序
选择法排序在排序过程中一共需要进行 $n(n-1)/2$ 次比较,互相交换 $n-1$ 次。选择法排序简单、容易实现,适用于 n 较小的排序。	最好的情况是正序,只需比较一次;最坏的情况是逆序,需要比较 n^2 次。冒泡法排序是稳定的排序算法,当待排序的数据有序时,效果比较好。	交换法排序和冒泡法排序类似,当正序时最快,当逆序时最慢,当排列有序数据时效果较好。	插入法排序需要经过 $n-1$ 次插入过程,如果数据恰好应该插入到序列的最后端,则不需要移动数据,可以节省时间,因此如果原始数据基本有序,此排序算法具有较快的运算速度。	当 n 较大时,折半法排序是速度最快的排序算法;但当 n 很小时,折半法排序往往比其他排序算法还慢。折半法排序是不稳定的,对于相同的记录,排序后的结果可能会颠倒次序。

插入法排序、冒泡法排序、交换法排序的速度较慢,当进行排序的序列局部或整体有序时,这 3 种排序算法都能达到较快的速度,但在这种情况下,折半法排序反而显得速度慢了。当 n 较小时,如果对稳定性没有要求,则可以使用选择法排序;如果对稳定性有要求,则可以使用插入法排序或冒泡法排序。

6.6 字符串处理函数

在编写程序时,经常需要对字符串进行操作,如转换字符串的大小写、获取字符串长度等,这些都可以使用字符串处理函数实现。C 语言标准函数库提供了一系列字符串处理函数。在编写程序的过程中合理、有效地使用字符串处理函数可以提高编程效率和程序性能。下面讲解字符串处理函数。

6.6.1 字符串复制

字符串复制是比较常用的字符串操作。例如,在淘宝登录界面中,常常会忘记登录密码,如图 6.15 所示,这时我们采取的方法是重新设置密码,实际上就是字符串复制。

在 C 语言中,使用 strcpy() 函数完成上述重新设置密码的操作。strcpy() 函数的作用是复制特定长度的字符串到另一个字符串中,其语法格式如下:

```
strcpy( 目的字符数组名,源字符数组名 )
```

功能:将源字符数组中的字符串复制到目的字符数组中。字符串结束符 "\0" 也会一同复制。

图 6.15 忘记淘宝登录密码

📋 **学习笔记**

- 目的字符数组应该有足够的长度，否则不能完整存储所复制的字符串。
- 目的字符数组名必须写成数组名形式；而源字符数组名可以是字符数组名，也可以是一个字符串常量（这时相当于将一个字符串赋给一个字符数组）。
- 不能用赋值语句将一个字符串常量或字符数组直接赋给一个字符数组。

6.6.2 字符串连接

字符串连接是指将一个字符串连接到另一个字符串的末尾，使其组合成一个新的字符串。在 C 语言中，使用 strcat() 函数进行字符串连接，其语法格式如下：

strcat (目的字符数组名，源字符数组名)

功能：将源字符数组中的字符串连接到目的字符数组中的字符串末尾，并且删去目的字符数组中原有的字符串结束符"\0"。

📋 **学习笔记**

目的字符数组应该有足够的长度，否则不能完整存储连接后的字符串。

📋 **学习笔记**

字符串复制实质上是用源字符数组中的字符串覆盖目的字符数组中的字符串，而字符串连接则不存在覆盖的问题，只是单纯地将源字符数组中的字符串连接到目的字符数组中的字符串的末尾。

6.6.3　字符串比较

字符串比较是指将一个字符串与另一个字符串从首字母开始，按顺序对各个字符的 ASCII 码值进行比较。

在 C 语言中，使用 strcmp() 函数进行字符串比较，其语法格式如下：

```
strcmp(字符数组名1,字符数组名2)
```

功能：将两个字符数组中的字符串从首字母开始，按顺序对各个字符的 ASCII 码值进行比较，并且由函数返回值返回比较结果。

返回值如下：

- 如果字符串 1= 字符串 2，则返回值为 0。
- 如果字符串 1> 字符串 2，则返回值为正数。
- 如果字符串 1< 字符串 2，则返回值为负数。

📋 **学习笔记**

在对两个字符串进行比较时，如果出现不同的字符，则将第一组不同字符的比较结果作为整个比较的结果。

📋 **学习笔记**

在对两个字符串进行比较时，绝对不能使用关系运算符，也不能使用赋值运算符。例如，下面的两行代码都是错误的。

```
if(str[2]=="mingri")...
str[2]="mingri";...
```

6.6.4　字符串大小写转换

在注册账号时，通常需要输入验证码，如图 6.16 所示。在处理验证码时，一般需要进行字符串的大小写转换，因此在图 6.16 中的"验证码"文本框中输入"yynd"和"YYND"都是可以注册的。在 C 语言中，使用 strupr() 函数和 strlwr() 函数进行字符串的大小写转换。

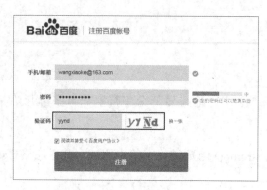

图 6.16　注册百度账号

strupr() 函数的语法格式如下：

```
strupr(字符数组名)
```

功能：将字符数组中的字符串中的小写字母转换为大写字母，其他字母不变。

strlwr() 函数的语法格式如下：

```
strlwr(字符数组名)
```

功能：将字符数组中的字符串中的大写字母转换为小写字母，其他字母不变。

6.6.5　获取字符串长度

在使用字符串时，有时需要动态获取字符串的长度。例如，在注册账号时要求输入的密码长度为 6 ～ 16 个字符，如图 6.17 所示。

图 6.17　注册账号时的密码长度要求

在 C 语言中，虽然可以使用循环语句判断字符串结束符 "\0"，从而获取字符串的长度，但是这种方法比较烦琐，可以使用 strlen() 函数获取字符串的长度。strlen() 函数的语法格式如下：

```
strlen(字符数组名)
```

功能：计算字符数组中字符串的实际长度（不含字符串结束符 "\0"），函数返回值为字符串的实际长度。

第 7 章　用函数实现模块化程序设计

一个较大的程序一般会分为若干个程序模块，不同的程序模块用于实现不同的功能。所有的高级语言中都有子程序，用于实现程序模块的功能。在 C 语言中，子程序的功能是由函数实现的。

本章致力于使读者了解函数的概念，掌握函数的定义及其组成部分；熟悉函数的调用方式；了解内部函数和外部函数的作用范围，区分局部变量和全局变量的不同；能够将函数应用于程序中，从而将程序分成不同的程序模块。

7.1　函数概述

在 C 语言中，函数是构成 C 语言程序的基本单元，包含程序的可执行代码。

每个 C 语言程序的入口和出口都位于 main() 函数中。在编写程序时，并不是将所有内容都放在主函数 main() 中。为了方便规划、组织、编写和调试，一般的做法是将一个程序划分成若干个程序模块，每个程序模块都完成一部分功能。不同的程序模块可以由不同的人来完成，从而提高软件开发的效率。也就是说，主函数 main() 可以调用其他函数，其他函数也可以相互调用。在主函数 main() 中调用其他函数，在被调用的函数执行完毕后又返回主函数 main() 中。通常将这些被调用的函数称为下层函数。在函数调用发生时，立即执行被调用的函数，而调用者则进入等待状态，直到被调用的函数执行完毕。函数可以有参数和返回值。

7.2　函数的定义

在程序中编写函数时，函数的定义是让编译器知道函数的功能。

7.2.1 定义函数的形式

在编写程序时，C 语言的库函数是可以直接调用的，如 printf() 函数，而自定义函数必须先由用户对其进行定义，然后在函数的定义中完成函数特定的功能，这样才能被其他函数调用。

1. 定义函数的基本语法格式

一个定义的函数包括函数头和函数体两部分。定义函数的基本语法格式如下：

```
返回值类型   函数名（参数列表）
{
      函数体（函数实现特定功能的过程）；
}
```

例如，定义一个函数，代码如下：

```
int AddTwoNumber(int iNum1, int iNum2)          /* 函数头部分 */
{
    /* 函数体部分，实现函数的功能 */
    int result;                                 /* 定义整型变量 */
    result = iNum1 + iNum2;                      /* 进行加法操作 */
    return result;                              /* 返回操作结果，程序结束 */
}
```

下面根据上述代码分析一下函数的函数头和函数体。

1）函数头。

函数头用于标志一个函数代码的开始，是一个函数的入口。函数头包括返回值类型、函数名和参数列表共 3 部分。

在上面的代码中，函数头如图 7.1 所示。

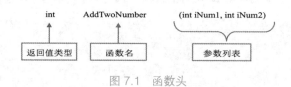

图 7.1　函数头

2）函数体。

函数体位于函数头的下方，由一对大括号括起来。大括号决定了函数体的范围。函数要实现的特定功能，都是在函数体部分完成的，最后使用 return 语句返回函数的结果。

2. 定义函数的特殊情况

在定义函数时有如下几种特殊情况。

1）无参函数。

无参函数是指没有参数的函数。无参函数的语法格式如下：

```
返回值类型  函数名()
{
    函数体
}
```

例如，定义一个无参函数，代码如下：

```
void ShowTime()                            /* 函数头部分 */
{
    printf("It's time to show yourself!");    /* 函数体部分，显示一条信息 */
}
```

2）空函数。

顾名思义，空函数是指没有任何内容的函数，也没有什么实际作用。但是空函数所处的位置是要放一个函数的，只是这个函数现在还未编写好，用这个空函数先占一个位置，以后会用一个编写好的函数取代它。空函数的语法格式如下：

```
类型说明符  函数名()
{
}
```

7.2.2　定义与声明

在程序中编写函数时，要先对函数进行声明，再对函数进行定义。函数的声明是让编译器知道函数的名称、参数、返回值类型等信息，而函数的定义是让编译器知道函数的功能。

函数声明由 4 部分组成，分别为返回值类型、函数名、参数列表和分号，其语法格式如下：

```
返回值类型  函数名(参数列表);
```

📋 **学习笔记**

在函数声明语句的末尾使用分号 "；" 结尾。例如，声明一个函数，代码如下：

```
int ShowNumber(int iNumber);
```

📋 **学习笔记**

如果将函数的定义放在调用函数之前，就不需要进行函数的声明了，因为函数的定义已经包含了函数的声明。

7.3 返回语句

在 C 语言函数的函数体中经常看到这样一行代码：

```
return 0;
```

这就是返回语句。返回语句就像主管向下级职员下达命令，职员去做，最后将结果报告给主管。返回语句有以下两个主要用途：

- 利用返回语句可以立即从所在的函数中退出，并且返回调用的程序。
- 返回语句可以返回值。将函数的返回值赋给调用的变量。当然有些函数可以没有返回值，如返回值类型为 void 的函数就没有返回值。

7.3.1 无返回值函数

在程序中，有两种方法可以终止函数的执行并返回调用函数的位置。

第一种方法是使用返回语句。

第二种方法是在函数体中，从第一句一直执行到最后一句，在所有语句都执行完毕，程序遇到结束符号"}"后返回。例如，定义一个无返回值函数，代码如下：

```
void Post();                         /* 声明函数 */
void Post()                          /* 定义函数，输出《绝句》*/
{
    printf(" 两个黄鹂鸣翠柳 \n");
    printf(" 一行白鹭上青天 \n");
    printf(" 窗含西岭千秋雪 \n");
    printf(" 门泊东吴万里船 \n");
}
```

7.3.2　函数的返回值

调用者通常希望在调用函数时得到一个确定的值，这个值就是函数的返回值。例如：

```
int Minus(int iNumber1, int iNumber2)
{
    int iResult;                    /* 定义一个整型变量，用于存储返回的结果 */
    iResult = iNumber1 - iNumber2;  /* 进行减法计算，得到计算结果 */
    return iResult;                 /*return 语句，用于返回计算结果 */
}
int main()
{
    int iResult;                    /* 定义一个整型变量 */
    iResult = Minus(9, 4); /* 进行 9-4 的减法计算，并且将计算结果赋给变量 iResult*/
    return 0;                       /* 程序结束 */
}
```

在上述代码中，首先定义了一个进行减法操作的函数 Minus()，在主函数 main() 中通过调用 Minus() 函数将减法计算的结果赋给在主函数 main() 中定义的变量 iResult。

下面对函数的返回值进行说明：

● 函数的返回值是通过函数中的 return 语句获得的。return 语句将被调用的函数中的一个确定值返回调用函数。例如，在上述代码中，Minus() 函数使用 return 语句将计算结果返回主函数 main()，并且将其赋给变量 iResult。

📋 学习笔记

return 语句中的括号是可以省略的，如 return 0 和 return(0) 是相同的。在本书的实例中都将括号省略了。

● 函数返回值的数据类型。函数的返回值应该属于某种确定的数据类型，在定义函数时应该明确指出函数返回值的数据类型。

● 如果函数返回值的数据类型和 return 语句中的值的数据类型不一致，则以函数返回值的数据类型为准。数值型数据可以自动进行数据类型转换，即函数返回值的数据类型决定最终返回值的数据类型。

📋 学习笔记

函数需要返回一个某种数据类型的数据。在编写程序时注意使用 return 语句返回一个对应数据类型的数据。

7.4　函数参数

在调用函数时，主调函数和被调函数之间通常存在数据传递关系，这就是前面提到的有参数的函数形式。函数参数的作用是传递数据给函数，函数利用接收的数据进行具体的操作。

在定义函数时，将函数参数放在函数名后面，如图 7.2 所示。

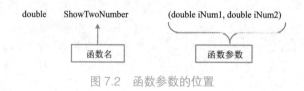

图 7.2　函数参数的位置

7.4.1　形式参数与实际参数

在使用函数时，经常用到形式参数和实际参数。

1. 根据名称理解

- 形式参数：根据名称理解就是形式上存在的参数。
- 实际参数：根据名称理解就是实际存在的参数。

2. 根据作用理解

- 形式参数：在定义函数时，函数名后面括号中的变量为形式参数。在调用函数时，会将传递给函数的值赋给形式参数。
- 实际参数：在调用函数时，函数名后面括号中的参数为实际参数，即函数的调用者提供给函数的参数为实际参数。在调用函数时，会将函数的实际参数赋给函数的形式参数。

形式参数与实际参数的区别如图 7.3 所示。

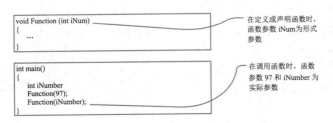

图 7.3　形式参数与实际参数的区别

📋 **学习笔记**

　形式参数简称为形参，实际参数简称为实参。

在定义函数时的参数为形参，在调用函数时传递进来的参数为实参，就像根据剧本选主角，剧本中的角色相当于形式参数，扮演角色的演员相当于实际参数。

7.4.2　使用数组作为函数参数

本节讲解将数组作为实参传递给函数的方法。将数组作为函数参数进行传递，与标准的赋值调用的参数传递方法不同。

在将数组作为实参传递给函数时，只传递数组的地址，即将指向该数组的第一个元素的指针传递给函数。

📋 **学习笔记**

　在 C 语言中，没有任何下标的数组名是一个指向该数组第一个元素的指针。例如，定义一个具有 10 个元素的整型数组：

```
    int Count[10];                          /* 定义整型数组 */
```
　在代码中，没有下标的数组名 Count 与指向第一个元素的指针 *Count 是相同的。

下面详细讲解使用数组作为函数参数的各种情况。

1.　使用数组名作为函数参数

可以使用数组名作为函数参数。例如，定义一个函数 int fun(int lim,int aa[])，用于计算小于或等于 lim 的所有素数并将其存储于数组 aa 中，然后输出所有素数，代码如下（实例内容参考配套资源中的源码）：

```
#include <stdio.h>                          /* 包含头文件 */
int fun(int lim, int aa[])                  /* 自定义函数 */
```

```
{
    int i, j = 0, k = 0;                /* 定义数组下标，用于进行循环控制 */
    for (i = 2; i<lim; i++)             /* 判断素数 */
    {
            for (j = 2; j<i; j++)
                    if (i%j == 0)
                            break;
            if (j == i)
                    aa[k++] = i;

    }
    return k;                           /* 程序结束 */

}
int main()                              /* 主函数 main() */
{
    int aa[100], i;                     /* 定义变量 */
    fun(100, aa);                       /* 调用 fun() 函数 */
    printf("100 以内的素数有：\n");      /* 显示信息 */
    for (i = 0; i<25; i++)              /* 循环数组中的所有素数 */
    {

            printf("%d\t", aa[i]);      /* 输出满足条件的数 */

    }
    printf("\n");                       /* 换行 */
    return 0;                           /* 程序结束 */
}
```

运行上述程序，运行结果如图 7.4 所示。

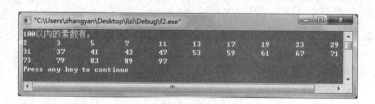

图 7.4　输出 100 以内所有素数的运行结果

📋 **学习笔记**

　　在使用数组名作为函数参数时，一定要注意在调用函数时参数的传递顺序。

2. 使用可变长度的数组作为函数参数

在声明函数时，可以使用可变长度的数组作为函数参数。例如：

```
void  Function(int iArrayName[]);          /* 声明函数 */
int iArray[10];                            /* 定义整型数组 */
Function(iArray);                          /* 将数组名作为实参传递给函数 */
```

在上述代码中，在声明函数时，由于使用数组作为函数参数，并且没有指明数组的长度，因此可以使用可变长度的数组作为函数参数。

3. 使用指针作为函数参数

在声明函数时，因为在将数组作为实参传递给函数时，实际是将指向该数组第一个元素的指针传递给函数，所以可以使用指针作为函数参数。例如：

```
void  Function(int* pPoint);               /* 声明函数 */
int iArray[10];                            /* 定义整型数组 */
Function(iArray);                          /* 将数组名作为实参传递给函数 */
```

在上述代码中，在声明 Function() 函数时，使用指针作为函数参数，在调用 Function() 函数时，将数组名作为实参传递给 Function() 函数。

学习笔记

　在声明函数时，使用指针作为函数参数，并且将数组作为实参传递给函数，是 C 语言程序中比较专业的编写方法。

7.4.3　main() 函数的参数

在运行程序时，有时需要将必要的参数传递给主函数 main()。主函数 main() 的形式参数如下：

```
main(int argc, char* argv[])
```

两个特殊的内部形参 argc 和 argv 是只有主函数 main() 具有的参数，主要用于接收命令行实参。

- argc 参数主要用于存储命令行的参数个数，是整型变量。这个参数的值至少是 1，因为程序名是第一个实参。

- argv 参数是一个指向字符数组的指针，这个数组中的每个元素都指向命令行实参。所有命令行实参都是字符串。

7.5　函数的调用

在生活中，为了完成某项特殊的工作，需要使用特定功能的工具。函数就像要完成某项工作的工具，使用函数的过程就是函数的调用。

7.5.1　函数的调用方式

一种工具可以有多种使用方式。例如，晴雨伞既可以遮雨，又可以遮阳。类似地，函数的调用也可以有多种方式。函数的调用方式有 3 种，分别为函数语句调用、在表达式中调用和函数参数调用。下面分别讲解函数的 3 种调用方式。

1. 函数语句调用

将函数的调用作为一条语句称为函数语句调用。函数语句调用是最常用的函数调用方式。

例如，定义一个函数，使用函数语句调用方式调用函数，从而输出一条信息，进而了解并掌握函数语句调用的使用方式，代码如下（实例内容参考配套资源中的源码）：

```c
#include<stdio.h>                    /* 包含头文件 */

void Display()                       /* 定义函数 */
{
    /* 实现显示一条信息的功能 */
    printf(" 三人行，必有我师焉，择其善者而从之，其不善者而改之 \n");
}

int main()                           /* 主函数 main()*/
{
    Display();                       /* 函数语句调用 */
    return 0;                        /* 程序结束 */
}
```

📖 **学习笔记**

如果在使用函数之前定义函数，那么此时的函数定义包括函数声明。

运行上述程序，运行结果如图 7.5 所示。

图 7.5　输出一则《论语》的运行结果

2．在表达式中调用

如果在一个表达式中调用函数，那么这个函数必须返回一个确定的值，并且使用这个
值进行表达式运算。例如，定义一个函数，其功能是利用欧姆定律（R=U/I）计算电阻值，
然后在表达式中调用该函数，使函数的返回值参与运算，从而得到结果，代码如下（实例
内容参考配套资源中的源码）：

```c
#include<stdio.h> /* 包含头文件 */

/* 声明函数，函数进行计算 */
double TwoNum(float iNum1, float iNum2);

int main()
{
    TwoNum(5, 10);                        /* 调用函数 */
    printf(" 电阻值是 %f 千欧 \n", TwoNum(5, 10)/1000); /* 输出电阻值 */
    return 0;                             /* 程序结束 */
}

double TwoNum(float iNum1, float iNum2)    /* 定义函数 */
{
    float iTempResult;                    /* 定义整型变量 */
    iTempResult = iNum1 / iNum2; /* 进行计算，并且将计算结果赋给 iTempResult*/
    return iTempResult;
}
```

运行上述程序，运行结果如图 7.6 所示。

图 7.6　实现欧姆定律功能的运行结果

3. 函数参数调用

函数参数调用是指将函数作为参数使用。调用一个函数作为另一个函数的实参，就是将被调函数的返回值作为实参传递到主调函数中使用。这种函数调用方式要求函数必须返回一个确定的值，并且使用这个值进行表达式的运算。例如，定义一个函数 getTemperature()，用于返回体温值，将其返回的结果传递给 judgeTemperature() 函数，也就是将 getTemperature() 函数作为 judgeTemperature() 函数的参数使用，代码如下（实例内容参考配套资源中的源码）：

```c
#include<stdio.h>                                    /* 包含头文件 */

void judgeTemperature(int temperature);             /* 声明函数 */
int getTemperature();                               /* 声明函数 */

int main()                                          /* 主函数 main() */
{
    judgeTemperature(getTemperature());             /* 调用函数 */
    return 0;                                       /* 程序结束 */
}
int getTemperature()                                /* 定义体温函数 */
{
    int temperature;                                /* 定义整型变量 */
    printf("please input a temperature:\n");        /* 输出提示信息 */
    scanf("%d", &temperature);                      /* 输入体温 */
    printf(" 当前体温是：%d\n", temperature);        /* 输出当前体温值 */
    return temperature;                             /* 返回体温值 */
}

void judgeTemperature(int temperature)              /* 定义体温判断函数 */
{
    if (temperature <= 37.3f&& temperature >= 36)   /* 判断体温值是否正常 */
            printf(" 体温正常 \n");
    else
            printf(" 体温不正常 \n");
}
```

运行上述程序，运行结果如图 7.7 所示。

图 7.7　判断体温是否正常的运行结果

7.5.2　函数的嵌套调用

在 C 语言中，函数的定义都是相互独立的。也就是说，在定义函数时，不能在一个函数体内定义另一个函数。例如，下面的代码是错误的：

```
int main()
{
    void Display()                    /* 错误，不能在函数体内定义函数 */
    {
            printf("I want to show the Nesting function");
    }
    return 0;
}
```

在上述代码中，在主函数 main() 中定义了一个 Display() 函数，用于输出一条信息。但 C 语言不允许函数嵌套定义，因此在编译时就出现了如图 7.8 所示的错误提示。

```
error C2143: syntax error : missing ';' before '{'
```

图 7.8　错误提示

虽然 C 语言不允许函数嵌套定义，但允许函数嵌套调用。也就是说，在一个函数体内可以调用另一个函数。例如，定义一个函数 ShowMessage()，用于输出一条信息，定义另一个函数 Display()，在 Display() 函数中调用 ShowMessage() 函数，用于展示这条信息，代码如下：

```
void ShowMessage()                    /* 定义函数 */
{
    printf("The ShowMessage function");
}

void Display()
{
    ShowMessage();                    /* 正确，可以在函数体内调用函数 */
}
```

下面通过一个实例帮助理解函数的嵌套调用。某公司的 CEO 决定该公司要完成一个项目，他将这个项目交给各部门经理，各部门经理将要做的工作传递给下级的副经理，副经理再将其传递给下属的职员，职员按照上级的指示进行工作，最终完成该项目，其过程如图 7.9 所示。

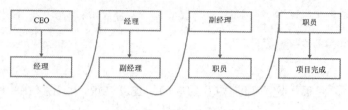

图 7.9　嵌套过程图

📋 **学习笔记**

在嵌套调用函数时，一定要在使用函数前对其进行声明。

7.5.3　递归调用

C 语言中的函数都支持递归调用，也就是说，每个函数都可以直接或间接地调用自己。间接调用是指在函数的下层函数中调用自己。递归调用过程如图 7.10 所示。

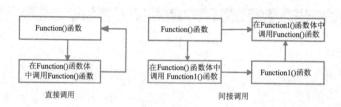

图 7.10　递归调用过程

递归调用之所以能够实现，是因为函数的每个执行过程在栈中都有自己的形参和局部变量的副本，这些副本和该函数的其他执行过程不发生关系。这种机制是当代大多数编程语言实现子程序结构的基础。假定某个主调函数调用了一个函数，被调函数又反过来调用了主调函数，那么第二次调用称为调用函数的递归，因为它发生在主调函数的当前执行过程运行结束之前。此外，因为原来的主调函数、现在的被调函数在栈中较低的位置有它独立的一组参数和自变量，原来的参数和变量不会受任何影响，所以递归调用能实现。

例如：有 5 个人坐在一起，你要猜第 5 个人的年龄，他说比第 4 个人大 2 岁；你问第 4 个人的年龄，他说比第 3 个人大 2 岁；你问第 3 个人的年龄，他说比第 2 个人大 2 岁；你问第 2 个人的年龄，他说比第 1 个人大 2 岁；你问第 1 个人的年龄，他说他 10 岁。这样一层递归调用一层，年龄递归调用示意图如图 7.11 所示。

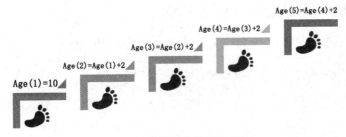

图 7.11　年龄递归调用示意图

7.6　内部函数和外部函数

在 C 语言程序中，函数是最小的单位。C 语言程序往往将一个函数或多个函数保存为一个文件，这个文件称为源文件。定义一个函数，这个函数一般会被其他函数调用。但当一个源程序由多个源文件组成时，可以指定某个函数不能被其他源文件调用。这样，C 语言将函数分为两类，分别为内部函数和外部函数。

7.6.1　内部函数

定义一个函数，如果这个函数只能被所在的源文件调用，那么这个函数为内部函数。内部函数又称为静态函数。使用内部函数，可以使函数只局限在函数所在的源文件中，如果在不同的源文件中有同名的内部函数，则这些同名的函数是互不干扰的。例如，如图 7.12 所示，有两个重名的学生，他们虽然名字相同，但是所在的班级不同，所以他们互不干扰。

图 7.12　重名的学生

在定义内部函数时，要在返回值类型和函数名前面加上关键字 static。

```
static  返回值类型  函数名 ( 参数列表 );
```

例如，定义图 7.12 中的一个学生名字的内部函数，代码如下：

```
static char  *Name1(char *str1);
```

在函数的返回值类型 char* 前加上关键字 static，即可将原来的函数修饰成内部函数。

📋 **学习笔记**

> 　使用内部函数的优点：不同的开发者可以分别编写不同的内部函数，不必担心所使用的函数与其他源文件中的函数同名。因为内部函数只可以在所在的源文件中使用，所以即使不同的源文件中有相同的函数名也没有关系。

例如，使用内部函数，用一个函数的返回值给字符串变量赋值，再通过一个函数输出该字符串，代码如下（实例内容参考配套资源中的源码）：

```c
#include<stdio.h>

static char* GetString(char* pString)            /* 定义赋值函数 */
{
    return pString;                               /* 返回字符串 */
}

static void ShowString(char* pString)            /* 定义输出函数 */
{
    printf("%s\n", pString);                      /* 输出字符串 */
}

int main()
{
    char* pMyString;                              /* 定义字符串变量 */
    pMyString = GetString("Hello MingRi!");       /* 调用赋值函数给字符串变量赋值 */
    ShowString(pMyString);                        /* 调用输出函数输出字符串 */

    return 0;
}
```

运行上述程序，运行结果如图 7.13 所示。

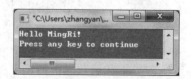

图 7.13　使用内部函数输出字符串的运行结果

7.6.2　外部函数

与内部函数相反，外部函数是指可以被其他源文件调用的函数。定义外部函数使用关键字 extern 修饰。在调用一个外部函数前，需要用 extern 声明所用的函数是外部函数。

例如，函数头可以写成下面的形式：

```
extern int Add(int iNum1, int iNum2);
```

这样，Add() 函数就可以被其他源文件调用，从而进行加法运算了。

学习笔记

在定义函数时，如果不指明函数是内部函数还是外部函数，那么默认将函数定义为外部函数，也就是说，在定义外部函数时可以省略关键字 extern。本书中的大部分实例使用的函数都是外部函数。

7.7　局部变量和全局变量

在讲解局部变量和全局变量的相关知识前，需要了解一些作用域的相关知识。作用域的作用是决定程序中的哪些语句是可用的，即语句在程序中的可见性。作用域包括局部作用域和全局作用域，局部变量具有局部作用域，全局变量具有全局作用域。

7.7.1　局部变量

在函数内部定义的变量是局部变量。前面实例中的大部分变量都是局部变量，这些变量定义在函数内部，无法被其他函数使用。函数的形式参数也属于局部变量，作用域限于函数内部。

学习笔记

在语句块内声明的局部变量仅在该语句块内部起作用，语句块内部包括嵌套在其中的子语句块。

在不同情况下局部变量的作用域如图 7.14 所示。

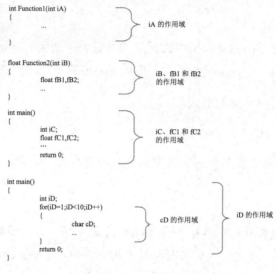

图 7.14　局部变量的作用域

在 C 语言中，位于不同作用域中的变量可以使用相同的标识符，也就是说，在不同的作用域中，可以为变量起相同的名称。如果内层作用域中定义的变量和已经声明的某个外层作用域中的变量有相同的名称，在内层作用域中使用这个变量名时，会屏蔽外层作用域中的变量，直到内层作用域的操作结束。这就是局部变量的屏蔽作用。

7.7.2　全局变量

程序的编译单位是源文件，上一节我们了解到在函数内部定义的变量是局部变量。如果一个变量在所有函数的外部声明，那么这个变量就是全局变量。顾名思义，全局变量是指在程序中的任何位置都可以访问的变量。

📋 **学习笔记**

全局变量不属于某个函数，它属于整个源文件。如果其他源文件需要使用某个全局变量，则需要用 extern 关键字修饰该全局变量。

定义全局变量的作用是增加函数间数据联系的渠道。由于同一个源文件中的所有函数都能引用全局变量，因此如果在一个函数中改变了全局变量的值，就会影响其他函数。

7.8　常用的数学函数

为了快速编写程序，编译系统会提供一些库函数。不同的编译系统提供的库函数可能不完全相同，可能函数名称相同但是实现的功能不同，也可能实现同一个功能但是函数的名称不同。ANSI C 标准提供的标准库函数包括目前大多数 C 编译系统提供的库函数，下面介绍一部分常用的库函数。

在程序中经常使用数学运算或公式，下面介绍一些常用的数学函数。

📋 学习笔记

在使用数学函数时，要为程序添加头文件 #include<math.h>。

1. abs() 函数

该函数的功能是求整数的绝对值。函数定义如下：

```
int abs(int i);
```

例如，求一个负数的绝对值，代码如下：

```
int iAbsoluteNumber;                /* 定义整型变量 iAbsoluteNumber*/
int iNumber=-12;                    /* 定义整型变量 iNumber，将其赋值为 -12*/
iAbsoluteNumber=abs(iNumber);       /* 将 iNumber 的绝对值赋给 iAbsoluteNumber 变量 */
```

2. labs() 函数

该函数的功能是求长整数的绝对值。函数定义如下：

```
long labs(long n);
```

例如，求一个长整型数据的绝对值，代码如下：

```
long lResult;                       /* 定义长整型变量 lResult*/
long lNumber=-1234567890L;          /* 定义长整型变量 lNumber，将其赋值为 -1234567890L*/
lResult=labs(lNumber);              /* 将 lNumber 的绝对值赋给 iResult 变量 */
```

3. fabs() 函数

该函数的功能是返回浮点数的绝对值。函数定义如下：

```
double fabs(double x);
```

例如，求一个实型数据的绝对值，代码如下：

```
double fFloatResult;                /* 定义实型变量 fFloatResult*/
double fNumber=-1234.0;             /* 定义实型变量 fNumber，将其赋值为 -1234.0*/
fFloatResult=fabs(fNumber);         /* 将 fNumber 的绝对值赋给 fFloatResult 变量 */
```

4. sin() 函数

该函数的功能是实现正弦函数。函数定义如下：

```
double  sin(double x);
```

例如，计算正弦值，代码如下：

```
double fResultSin;                  /* 定义实型变量 fResultSin*/
double fXsin = 0.5;                 /* 定义实型变量 fXsin，将其赋值为 0.5*/
fRcsultSin = sin(fXsin);            /* 使用正弦函数 */
```

5. cos() 函数

该函数的功能是实现余弦函数。函数定义如下：

```
double cos(double x);
```

例如，计算余弦值，代码如下：

```
double fResultCos;                  /* 定义实型变量 fResultCos*/
double fXcos = 0.5;                 /* 定义实型变量 fXcos，将其赋值为 0.5*/
fResultCos = cos(fXcos);            /* 使用余弦函数 */
```

6. tan() 函数

该函数的功能是实现正切函数。函数定义如下：

```
double tan(double x);
```

例如，计算正切值，代码如下：

```
double fResultTan;                  /* 定义实型变量 fResultTan*/
double fXtan = 0.5;                 /* 定义实型变量 fXtan，将其赋值为 0.5*/
fResultTan = tan(fXtan);            /* 使用正切函数 */
```

7. isalpha() 函数

该函数的功能是检测字符参数 ch 是否为字母，如果 ch 是字母表中的字母（大写或小写），则返回非零值，否则返回零。使用该函数要包含头文件 ctype.h。函数定义如下：

```
int isalpha(char ch);
```

　　例如，判断输入的字符是否为字母，代码如下：

```
char c;                     /* 定义字符变量 c */
scanf("%c",&c);             /* 输入字符 */
isalpha(c);                 /* 调用 isalpha() 函数判断输入的字符是否为分母 */
```

8. isdigit() 函数

　　该函数的功能是检测字符参数 ch 是否为数字，如果 ch 是数字，则返回非零值，否则返回零。使用该函数要包含头文件 ctype.h。函数定义如下：

```
int isdigit(char ch);
```

　　例如，判断输入的字符是否为数字，代码如下：

```
char c;                     /* 定义字符变量 c */
scanf("%c",&c);             /* 输入字符 */
isdigit(c);                 /* 调用 isdigit() 函数判断输入的字符是否为数字 */
```

9. isalnum() 函数

　　该函数的功能是检测字符参数 ch 是否为字母或数字，如果 ch 是字母表中的一个字母，或者是一个数字，则返回非零值，否则返回零。使用该函数要包含头文件 ctype.h。函数定义如下：

```
int isalnum (char ch);
```

　　例如，判断输入的字符是否为字母或数字，代码如下：

```
char c;                     /* 定义字符变量 c */
scanf("%c",&c);             /* 输入字符 */
isalnum(c);                 /* 调用 isalnum() 函数判断输入的字符是否为字母或数字 */
```

第 8 章　指针的使用

指针是 C 语言的一个重要组成部分，是 C 语言的核心和精髓。在 C 语言编程中，用好指针可以起到事半功倍的作用：一方面，可以提高程序的编译效率和执行速度，并且实现动态存储分配；另一方面，可以使程序更灵活，便于表示各种数据结构，从而编写高质量的程序。

8.1　指针的相关概念

指针的使用十分灵活，并且可以提高某些程序的效率，但是使用不当容易造成系统错误。许多程序报错或无响应是错误地使用指针造成的。

8.1.1　地址与指针

系统的内存空间类似于带有编号的小房间，如果要使用内存空间，就需要得到房间编号。变量在内存空间中的存储方式如图 8.1 所示。在图 8.1 中，定义了一个整型变量 i，一个整型变量占 4 字节，所以编译器为变量 i 分配的内存空间编号为 1000 ～ 1003。地址是指内存空间中每个字节的编号，如图 8.1 中的 1000、1001、1002 和 1003 就是地址。

变量的内存地址和内容如图 8.2 所示。在图 8.2 中，1000、1004 等是变量的内存地址，0、1 等是变量的内容。也就是说，基本整型变量 i 在内存空间中的地址从 1000 开始，因为基本整型占 4 字节，所以变量 j 在内存空间中的起始地址为 1004；变量 i 的值为 0，变量 j 的值为 1。

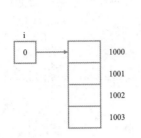

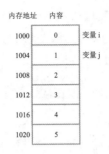

图 8.1　变量在内存空间中的存储方式　　图 8.2　变量的内存地址和内容

可以将指针看作内存空间中的一个地址，在通常情况下，这个地址是内存空间中另一个变量的位置，如图 8.3 所示。

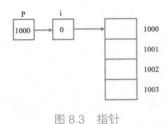

图 8.3　指针

在程序中定义一个变量，在进行编译时会给该变量在内存空间中分配一个地址，通过访问这个地址可以找到所需的变量，这个变量的地址称为该变量的指针。在图 8.3 中，地址 1000 是变量 i 的指针。

8.1.2　变量与指针

变量的地址是连接变量和指针的纽带，如果一个变量中包含另一个变量的地址，则可以理解成第一个变量指向第二个变量。所谓的"指向"就是由地址体现的。因为指针变量指向一个变量的地址，所以在将一个变量的地址赋给这个指针变量后，这个指针变量就指向了该变量。例如，将变量 i 的地址存储于指针变量 p 中，p 就指向了 i，其关系如图 8.4 所示。

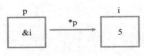

图 8.4　变量与指针的关系

在程序代码中，使用变量名对内存空间进行存取操作，但是代码在经过编译后，会将变量名转换为该变量在内存空间中的地址。对变量值的存取操作都是通过地址进行的。例如，将图 8.2 中的变量 i 和变量 j 相加，如下所示：

```
i+j;
```

上述操作的具体过程如下：根据变量名与地址的对应关系，找到变量 i 的地址 1000，然后从 1000 开始读取 4 字节数据存储于 CPU 中的一个寄存器中，再找到变量 j 的地址 1004，从 1004 开始读取 4 字节数据存储于 CPU 中的另一个寄存器中，最后通过 CPU 的加法中断计算出结果。

低级语言（如汇编语言）一般直接通过地址访问内存空间，高级语言一般使用变量名访问内存空间。C 语言虽然是高级语言，但是也提供了通过地址访问内存空间的方式，就是指针。

8.1.3 指针变量

由于通过地址可以访问指定的内存空间，因此可以说地址指向该内存空间。可以将地址形象地称为指针，意思是通过指针可以访问内存空间。一个变量的地址称为该变量的指针。如果有一个变量 p 专门用于存储另一个变量的地址，那么变量 p 就是指针变量。指针变量与变量在内存空间中的关系如图 8.5 所示。在图 8.5 中，变量 p1 的地址为 1000，存储着地址 2000，通过访问地址 2000 可以得到数据 1.13，其他变量同理。

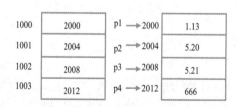

图 8.5　指针变量与变量在内存空间中的关系

C 语言中有专门用于存储内存空间地址的变量类型，即指针类型。下面分别讲解如何定义一个指针变量、如何给一个指针变量赋值及如何引用指针变量。

1. 定义指针变量

定义指针变量的语法格式如下：

数据类型　* 变量名

其中，"*"表示该变量是一个指针变量，变量名是指定义的指针变量名，数据类型是指该指针变量所指向的变量的数据类型。定义指针变量的示例如图 8.6 所示。

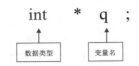

图 8.6　定义指针变量的示例

2. 给指针变量赋值

指针变量与普通变量一样，在使用之前不仅需要定义，而且需要赋值。未经赋值的指针变量不能使用。给指针变量赋的值必须是地址，不能是其他数据，否则会引起错误。在 C 语言中，在变量名前加上地址运算符 "&"，即可表示该变量的地址，语法格式如下：

& 变量名 ；

例如，&a 表示变量 a 的地址，&b 表示变量 b 的地址。

给指针变量赋值有以下两种方法。

● 在定义指针变量时进行赋值。例如：

```
int a;
int *p=&a;
```

● 先定义指针变量，再赋值。例如：

```
int a;
int *p;
p=&a;
```

📋 **学习笔记**

> 这两种赋值语句的区别：如果先定义指针变量再赋值，那么注意在赋值时变量名前不要加 "*"。

📋 **学习笔记**

> 不可以将数值赋给指针变量。错误示例如下：
> ```
> int *p;
> p=1002;
> ```

3. 引用指针变量

引用指针变量是对变量进行间接访问的一种形式，引用的是指针变量所指向的变量，其语法格式如下：

* 指针变量

4. 运算符 "&" 和 "*"

在介绍指针变量的过程中用到了运算符 "&" 和 "*"。

运算符 "&" 是一个返回操作数地址的单目运算符，称为取地址运算符。例如：

p=&i;

上述代码的作用是将变量 i 的地址赋给指针变量 p，这个地址是变量 i 在计算机内存空间中的存储位置。

运算符 "*" 是单目运算符，称为指针运算符，作用是返回指定地址中的变量的值。例如，在图 8.4 中，指针变量 p 中存储着变量 i 的地址，因此将变量 i 的值赋给变量 q 的代码如下：

q=*p;

5. "&*" 和 "*&" 的区别

运算符 "&" 和 "*" 的优先级相同，按自右至左的方向进行运算。例如，"&*p" 先进行 "*" 运算，"*p" 表示变量 i，再进行 "&" 运算，"&*p" 表示取变量 i 的地址；"*&i" 先进行 "&" 运算，"&i" 表示取变量 i 的地址，再进行 "*" 运算，"*&i" 表示取变量 a 所在地址的变量的值，实际就是变量 i 的值。

8.1.4　指针变量的自增、自减运算

指针变量的自增、自减运算与普通变量的自增、自减运算不同，并不是简单地加 1 或减 1 运算，下面通过实例详细讲解。

定义一个指针变量，将这个指针变量进行自增运算，利用 printf() 函数将地址输出，具体代码如下（实例内容参考配套资源中的源码）：

```
#include<stdio.h>                              /* 包含头文件 */
void main()                                    /* 主函数 main()*/
{
    int i;                                     /* 定义基本整型变量 */
    int *p;                                    /* 定义指针变量 */
    printf("please input the number:\n");      /* 提示信息 */
    scanf("%d", &i);                           /* 输入数据 */
    p = &i;                                    /* 将变量 i 的地址赋给指针变量 p*/
    printf("the result1 is: %d\n", p);         /* 输出 p 的地址 */
```

```
p++;                                        /* 地址加 1，这里的 1 并不代表 1 字节 */
printf("the result2 is: %d\n", p);          /* 输出 p++ 的地址 */
}
```

上述程序的运行结果如图 8.7 所示。

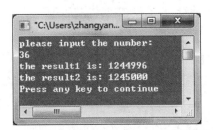

图 8.7　指向基本整型变量的指针变量进行自增运算的运算结果

基本整型变量 i 在内存空间中占 4 字节，指针变量 p 指向变量 i 的地址。这里的 p++ 不是简单地在地址上加 1，而是指向下一个存储基本整型数据的地址。

将上面实例的代码修改如下（实例内容参考配套资源中的源码）：

```
#include<stdio.h>
void main()
{
    short i;
    short *p;
    printf("please input the number:\n");
    scanf("%d", &i);
    p = &i;                               /* 将变量 i 的地址赋给指针变量 p*/
    printf("the result1 is: %d\n", p);
    p++;                                  /* 地址加 1，这里的 1 并不代表 1 字节 */
    printf("the result2 is: %d\n", p);
}
```

上述程序的运行结果如图 8.8 所示。

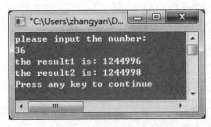

图 8.8　指向 short 类型变量的指针变量进行自增运算的运算结果

短整型变量 i 在内存空间中占 2 字节，指针变量 p 指向变量 i 的地址。这里的 p++ 不是简单地在地址上加 1，而是指向下一个存储短整型数据的地址。

指针会按照它所指向的变量的数据类型的长度进行加法、减法运算。指向基本整型变量的指针进行加法运算的图示如图 8.9 所示。

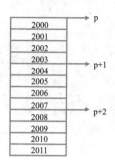

图 8.9　指向基本整型变量的指针进行加法运算的图示

8.2　数组与指针

系统需要提供一定量的连续内存空间来存储数组中的各元素。内存空间都有地址，指针变量就是存储地址的变量。将数组的地址赋给指针变量，即可通过该指针引用数组中的元素。下面介绍如何使用指针引用一维数组及二维数组中的元素。

8.2.1　一维数组与指针

当定义一个一维数组时，系统会在内存空间中为该数组分配一个存储空间，该数组的名称就是它在内存空间中的首地址。如果再定义一个指针变量，并且将数组在内存空间中的首地址赋给该指针变量，则该指针就指向了这个一维数组。例如：

```
int *p,a[10];
p=a;
```

这里 a 是数组名，也就是数组在内存空间中的首地址，将它赋给指针变量 p，也就是将数组 a 在内存空间中的首地址赋给指针变量 p，也可以写成如下形式：

```
int *p,a[10];
p=&a[0];
```

上面的语句是将数组 a 中首个元素的地址赋给指针变量 p。由于 a[0] 的地址就是数组 a 的首地址，因此两条赋值语句的效果完全相同。

使用指针引用一维数组中的元素，代码如下：

```
int *p,a[5];
p=&a[0];
```

对于数组与指针的关系，我们从以下几方面进行介绍：

- p+n 与 a+n 表示数组元素 a[n] 的地址，即 &a[n]。数组 a 有 5 个元素，n 的取值范围为 0 ~ 4，因此数组元素的地址可以表示为 p+0 ~ p+4 或 a+0 ~ a+4。
- *(p+n) 和 *(a+n) 表示数组中各元素的值。

例如：

```
printf("%5d",*(p+i));
```

上述语句表示输出数组 a 中对应的元素。

在本实例中，使用指针指向一维数组，如图 8.10 所示；使用指针引用一维数组中的元素，如图 8.11 所示。

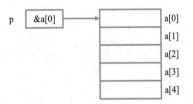

图 8.10　使用指针指向一维数组

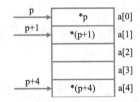

图 8.11　使用指针引用一维数组中的元素

在 C 语言中可以用 a+n 表示一维数组中元素的地址，用 *(a+n) 表示一维数组中元素的值。

8.2.2　二维数组与指针

定义一个 3 行 5 列的二维数组，其在内存空间中的存储形式如图 8.12 所示。

图 8.12　二维数组在内存空间中的存储形式

在图 8.12 中，&a[0][0] 表示数组 a 中第 0 行第 0 列元素的地址，即数组 a 的首地址；&a[m][n] 表示数组 a 中第 m 行第 n 列元素的地址；a[0] + n 表示数组 a 中第 0 行第 n 列元素的地址。

学习笔记

> 在使用指针引用二维数组中的元素时，注意 *(a+i) 与 a[i] 是等价的。

8.2.3　字符串与指针

可以通过两种方式访问一个字符串：一种方式是使用字符数组存储一个字符串，从而实现对字符串的操作；另一种方式是下面要介绍的使用字符型指针指向一个字符串，此时可以不定义数组。

例如，定义一个字符型指针变量，并且将这个指针变量初始化，再将初始化内容输出，具体代码如下（实例内容参考配套资源中的源码）：

```
#include<stdio.h>                                    /* 包含头文件 */
int main()                                           /* 主函数 main()*/
{
    char *string = "A day is a miniature of eternity";/* 定义字符型指针变量并初始化 */
    printf("%s", string);                            /* 输出字符串 */
    printf("\n");                                     /* 换行 */
```

```
    return 0;                                          /* 程序结束 */
}
```

上述程序的运行结果如图 8.13 所示。

图 8.13　输出指针内容的运行结果

8.2.4　字符串数组与指针数组

在 6.3 节介绍了字符数组，本节介绍的字符串数组与字符数组有一定的区别。字符数组是一维数组，而字符串数组是以字符串作为数组元素的数组，可以将其看成一个二维字符数组。例如，定义一个简单的字符串数组，代码如下：

```
char country[5][20]=
{
      "China",
      "Japan",
      "Russia",
      "Germany",
      "Switzerland"
}
```

字符串数组 country 是一个含有 5 个字符串的数组，每个字符串的长度都小于 20（这里要考虑字符串末尾的终止符"\0"）。

通过观察上面定义的字符串数组可以发现，字符串 "China" 和 "Japan" 的长度仅为 5，加上字符串终止符也仅为 6，却要给它们分别分配一个 20 字节的内存空间，这样就会造成资源浪费。为了解决这个问题，可以使用指针数组，使每个指针指向所需的字符常量，这种方法虽然需要在数组中存储字符型指针，而且也占用内存空间，但占用的内存空间远少于字符串数组占用的内存空间。

指针数组是指元素均为指针类型数据的数组。也就是说，指针数组中的每个元素都相当于一个指针变量。定义一维指针数组的语法格式如下：

类型名 ＊数组名 [数组长度]

8.3　指向指针的指针变量

一个指针变量可以指向整型变量、实型变量和字符型变量，当然也可以指向指针类型的变量。如果一个指针变量用于指向指针类型的变量，则称之为指向指针的指针变量，如图 8.14 所示。

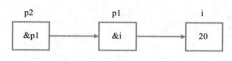

图 8.14　指向指针的指针变量（一）

整型变量 i 的地址是 &i，将 &i 赋给指针变量 p1，则 p1 指向 i；同时，将 p1 的地址 &p1 赋给指针变量 p2，则 p2 指向 p1。这里的 p2 就是指向指针的指针变量。定义指向指针的指针变量的语法格式如下：

数据类型　**　指针变量名 ;

例如：

```
int **p;
```

其含义为定义一个指针变量 p，它指向另一个指针变量，该指针变量又指向一个基本整型变量。由于指针运算符 * 是自右向左结合的，所以上述定义相当于：

```
int *(*p);
```

既然知道了如何定义指向指针的指针变量，就可以将图 8.14 更形象地表示出来，如图 8.15 所示。

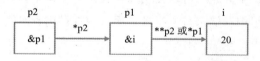

图 8.15　指向指针的指针变量（二）

8.4　使用指针变量作为函数参数

整型变量、实型变量、字符型变量、数组名和数组元素等均可以作为函数参数，指针变量也可以作为函数参数。

首先通过实例介绍如何使用指针变量作为函数参数。

使用指针定义一个交换函数，在主函数 main() 中，利用指针变量使用户输入数据，并且将输入的数据进行交换，具体代码如下（实例内容参考配套资源中的源码）：

```c
#include <stdio.h>                          /* 包含头文件 */
void swap(int *a, int *b)                   /* 自定义交换函数 */
{
    int tmp;
    tmp = *a;
    *a = *b;
    *b = tmp;
}
void main()                                 /* 主函数 main()*/
{
    int x, y;                               /* 定义两个整型变量 */
    int *p_x, *p_y;                         /* 定义两个指针变量 */
    printf(" 请输入两个数：\n");
    scanf("%d", &x);                        /* 输入数据 */
    scanf("%d", &y);
    p_x = &x;                               /* 将输入数据的地址赋给指针变量 */
    p_y = &y;
    swap(p_x, p_y);                         /* 调用交换函数 */
    printf("x=%d\n", x);                    /* 输出结果 */
    printf("y=%d\n", y);
}
```

上述程序的运行结果如图 8.16 所示。

图 8.16　交换两个数的值的运行结果

下面通过实例介绍在函数的嵌套调用中，如何使用指针变量作为函数参数。

在自定义的排序函数中嵌套一个自定义交换函数，实现将数据按从大到小的顺序排序的功能，具体代码如下（实例内容参考配套资源中的源码）：

```c
#include<stdio.h>
void swap(int *p1, int *p2)                      /* 自定义交换函数 */
{
    int temp;
    temp = *p1;
    *p1 = *p2;
    *p2 = temp;
}
void exchange(int *pt1, int *pt2, int *pt3)     /* 将 3 个数按从大到小的顺序排序 */
{
    if (*pt1 <  *pt2)
            swap(pt1, pt2);                      /* 调用 swap() 函数 */
    if (*pt1 <  *pt3)
            swap(pt1, pt3);
    if (*pt2 <  *pt3)
            swap(pt2, pt3);
}
void main()
{
    int a, b, c, *q1, *q2, *q3;
    puts("Please input three key numbers you want to rank:");
    scanf("%d,%d,%d", &a, &b, &c);
    q1 = &a;                                     /* 将变量 a 的地址赋给指针变量 q1*/
    q2 = &b;
    q3 = &c;
    exchange(q1, q2, q3);                        /* 调用 exchange() 函数 */
    printf("\n%d,%d,%d\n", a, b, c);
}
```

上述程序的运行结果如图 8.17 所示。

图 8.17　将输入的 3 个数按从大到小的顺序排序的运行结果

在本实例中，自定义了一个交换函数 swap()，用于交换两个变量的值；还自定义了一个排序函数 exchange()，用于将 3 个数按从大到小的顺序排序。在 exchange() 函数中调用了前面自定义的 swap() 函数。这里的 swap() 函数和 exchange() 函数都使用指针变量作为形参。

在程序运行时，通过键盘输入 3 个数，将这 3 个数分别赋给变量 a、b、c，分别将变量 a、b、c 的地址赋给指针变量 q1、q2、q3，调用 exchange() 函数，将指针变量作为实参传递给形参，此时指针变量 q1 和 pt1 都指向变量 a，指针变量 q2 和 pt2 都指向变量 b，指针变量 q3 和 pt3 都指向变量 c；在 exchange() 函数中调用 swap() 函数，当执行 swap(pt1,pt2) 时，将 pt1 的值赋给 swap() 函数的形参 p1，将 pt2 的值赋给 swap() 函数的形参 p2，此时指针变量 p1、q1、pt1 都指向变量 a，p2、q2、pt2 都指向变量 b。这个过程如图 8.18 所示。

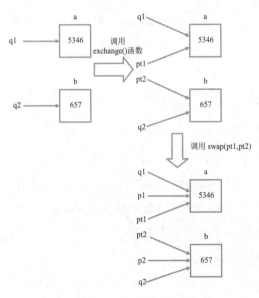

图 8.18　在嵌套调用函数时指针的指向情况

在 C 语言中，实参和形参之间的数据传递采用是单向的"值传递"方式。使用指针变量作为函数参数也是如此，调用函数不可能改变实参指针变量的值，但可以改变实参指针变量所指向的变量的值。

8.5　返回指针类型数据的函数

指针变量可以指向一个函数。一个函数在编译时会被分配一个入口地址，该入口地址称为函数的指针。可以用一个指针变量指向函数，然后通过该指针变量调用此函数。

一个函数可以返回一个整型数据、字符型数据、实型数据等，也可以返回一个指针类型的数据，即地址。返回指针类型数据的函数简称为指针函数。

定义指针函数的语法格式如下：

数据类型 ＊函数名（参数列表）；

定义指针函数的示例如图 8.19 所示。

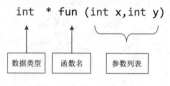

图 8.19　定义指针函数的示例

8.6　使用指针数组作为 main() 函数的参数

在讲过的所有程序中，几乎都会出现 main() 函数。main() 函数又称为主函数，是所有程序运行的入口。main() 函数是由系统调用的，当处于操作命令状态时，输入 main() 函数所在的源文件名，系统就会调用 main() 函数，并且将 main() 函数作为主调函数进行处理，即允许 main() 函数调用其他函数并传递参数。

main() 函数第一行的语法格式如下：

```
main()
```

可以发现，main() 函数是没有参数的。实际上，main() 函数可以是无参函数，也可以是有参函数（如果需要向其传递参数，则使用有参形式）。main() 函数的有参形式如下：

```
main(int argc, char *argv[])
```

main() 函数的参数包含一个整型数据和一个指针数组。一个 C 语言程序在经过编译、链接后，会生成扩展名为 .exe 的可执行文件，这是可以在操作系统中直接运行的文件。main() 函数的实际参数和命令是一起给出的，也就是说，一个命令行中包括命令名和需要传递给 main() 函数的参数。命令行的语法格式如下：

命令名　　参数 1　　参数 2 ... 参数 n

例如：

```
d:\debug\1 hello hi yeah
```

命令行中的命令名就是可执行文件的文件名，如上述语句中的"d:\debug\1"。命令名和其后所跟参数之间需要用空格分隔。命令行与 main() 函数的参数存在如下关系。

假设命令行如下：

```
file1 happy bright glad
```

其中，file1 为可执行文件的文件名，也就是 C 语言程序 file1.c 在经过编译、链接后生成的可执行文件 file1.exe，其后跟 3 个参数。以上命令行与 main() 函数中的形式参数关系如下：

main() 函数的参数 argc 记录了命令行中的命令名与参数（file1、happy、bright、glad）的个数，共 4 个；指针数组参数 argv 的长度由参数 argc 的值决定，即 char *argv[4]，该指针数组的取值情况如图 8.20 所示。

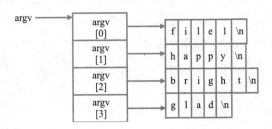

图 8.20 指针数组 argv 的取值情况

将指针数组作为 main() 函数的形参，可以向程序传递命令行参数。

第 9 章   结构体和共用体

在前面的章节中，程序中使用的都是基本类型数据。在编写程序时，简单的数据类型是不能满足程序中各种复杂数据的要求的，因此 C 语言提供了构造类型数据。构造类型数据是由基本类型数据按照一定规则组成的。

本章致力于使读者了解结构体和共用体的概念，掌握结构体和共用体的定义方法及使用方法；学会定义结构体数组、共用体数组、结构体指针，以及包含结构体的结构体；最后结合结构体和共用体的具体应用进行更为深刻的理解。

9.1   结构体

前面介绍的数据类型大部分为基本类型，如整型 int、字符型 char 等，还介绍了数组这种构造类型，但数组中的各元素属于同一种数据类型。然而，在一些情况下，简单的数据类型是不能满足程序员的使用要求的。此时，程序员可以将一些有关的变量组织起来定义成一个结构体（structure），用于表示一个有机的整体或一种新的数据类型，使程序可以像处理内部的基本数据那样对结构体进行各种操作。

9.1.1   结构体类型的概念

结构体类型是一种构造类型，它是由若干个成员组成的，其中每个成员的数据类型可以是基本数据类型，也可以是构造类型。因为结构体类型是一种新的数据类型，所以需要先对其进行构造，这里将这种操作称为声明一个结构体类型。声明结构体类型的过程类似于生产商品的过程，即只有在商品生产出来后，才可以使用该商品。

例如，在程序中要使用一个"水果"数据类型，一般的水果具有名称、颜色、价格、产地等特点，如图 9.1 所示。

名称　颜色　价格　产地

图 9.1　"水果"数据类型

在图 9.1 中，"水果"数据类型并不能使用我们之前学习的任何一种数据类型来表示，这时就要自定义一种新的数据类型。我们将这种自定义的数据类型称为结构体类型。

声明结构体类型使用的关键字是 struct，其语法格式如下：

```
struct 结构体类型名
{
    成员列表
};
```

关键字 struct 表示声明结构体类型，其后的结构体类型名表示该结构体类型的名称，大括号中的成员列表表示构成结构体类型的成员。

📋 学习笔记

在声明结构体类型时，要注意大括号后面有一个英文半角格式的分号";"，在编程时千万不要忘记。

例如，声明图 9.1 中的结构体类型，代码如下：

```
struct Fruit
{
    char cName[10];                          /* 名称 */
    char cColor[10];                         /* 颜色 */
    int iPrice;                              /* 价格 */
    char cArea[20];                          /* 产地 */
};
```

上述代码使用关键字 struct 声明了一个名为 Fruit 的结构体类型。在结构体中定义的变量是 Fruit 结构体类型的成员，这些变量分别表示水果的名称、颜色、价格和产地，可以根据成员的不同作用选择与其相对应的数据类型。

9.1.2　结构体变量的定义

在 9.1.1 节中介绍了如何使用 struct 关键字构造一个结构体类型，从而满足程序的设计要求。

声明一个结构体类型表示创建一个新的数据类型，可以使用声明的结构体类型定义变量。声明结构体类型并定义结构体变量的方式有以下 3 种。

1. 先声明结构体类型，再定义结构体变量

在声明结构体类型后，定义结构体变量的语法格式如下：

```
struct 结构体类型名 结构体变量名列表；
```

例如，在 9.1.1 节已经声明了 Fruit 结构体类型，下面使用结构体类型 Fruit 定义结构体变量 fruit1，如图 9.2 所示。

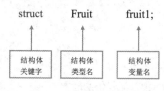

图 9.2　定义结构体变量

📋 **学习笔记**

> 为了使规模较大的程序更便于修改和使用，常常将结构体类型的声明放在一个头文件中。如果在其他源文件中需要使用该结构体类型，则可以使用 #include 命令将该头文件包含到需要使用该结构体类型的源文件中。

2. 在声明结构体类型的同时定义结构体变量

在声明结构体类型的同时定义结构体变量的语法格式如下：

```
struct 结构体类型名
{
        成员列表 ;
} 结构体变量名列表 ;
```

可以看到，在上述语法格式中将定义的结构体变量名列表放在声明结构体类型的末尾。需要注意的是，结构体变量名列表要放在最后的分号前面。

例如，在声明结构体类型 Fruit 的同时定义结构体变量 fruit1，代码如下：

```
struct Fruit
{
        char cName[10];                 /* 名称 */
        char cColor[10];                /* 颜色 */
        int iPrice;                     /* 价格 */
```

```
    char cArea[20];                         /* 产地 */
}fruit1;                                     /* 定义结构体变量 */
```

 学习笔记

> 定义的结构体变量可以有多个。

3. 直接定义结构体变量

直接定义结构体变量的语法格式如下：

```
struct
{
      成员列表 ;
} 结构体变量名列表 ;
```

可以看到，在上述语法格式中没有给出结构体类型名。

例如，直接定义图 9.1 中的"水果"结构体变量 fruit，代码如下：

```
struct
{
      char cName[10];                       /* 名称 */
      char cColor[10];                      /* 颜色 */
      int iPrice;                           /* 价格 */
      char cArea[20];                       /* 产地 */
}fruit;                                       /* 定义结构体变量 */
```

9.1.3　结构体变量的引用

在结构体变量定义完成后，就可以引用这个结构体变量的成员了。

对结构体变量进行赋值、存取或运算，实际上就是对结构体成员的操作。在引用结构体变量成员时，需要在结构体变量名的后面加上成员运算符"."和成员名，语法格式如下：

```
结构体变量名 . 成员名
```

例如：

```
fruit.cName="apple";
fruit.iPrice=5;
```

上面的赋值语句的作用是对结构体变量 fruit 中的成员 cName 变量和 iPrice 变量进行赋值。

不能直接将一个结构体变量作为一个整体进行输入和输出。例如，不能直接输出结构体变量 fruit。错误代码如下：

```
printf("%s%s%s%d%s",fruit);
```

9.1.4　结构体变量的初始化

与基本类型变量的初始化一样，可以在定义结构体变量时设置初始值。例如：

```
struct Student
{
    char cName[20];
    char cSex;
    int iGrade;
}student1={"HanXue",'W',3};                /* 定义结构体变量并设置初始值 */
```

在初始化结构体变量时，在结构体变量后面使用等号，然后将对其进行初始化的值放在大括号中，并且与结构体类型的成员一一对应。

9.2　结构体数组

前文介绍过，当要定义 10 个整型变量时，可以将这 10 个变量定义成数组的形式。结构体变量中可以存储一组数据，只显示一个学生的信息，但是如果需要显示多个学生的信息，那么应该怎么办？在程序中同样可以使用数组的形式，这时称数组为结构体数组。

结构体数组与之前介绍的数组的区别在于，结构体数组中元素的数据类型是根据要求定义的结构体类型，而不是基本类型。

9.2.1　定义结构体数组

定义结构体数组的方法与定义结构体变量的方法相同，只是将结构体变量替换成结构体数组。定义结构体数组的语法格式如下：

```
struct 结构体类型名
{
        成员列表；
} 结构体数组名；
```

例如，定义存储 5 个学生信息的结构体数组，代码如下：

```
struct Student                                  /*Student 结构体类型 */
{
        char cName[20];                         /* 姓名 */
        int iNumber;                            /* 学号 */
        char cSex;                              /* 性别 */
        int iGrade;                             /* 年级 */
} student[5];                                   /* 定义结构体数组 */
```

这种定义结构体数组的方式是在声明结构体类型的同时定义结构体数组，可以看到结构体数组和结构体变量的位置是相同的。

类似于定义结构体变量，定义结构体数组也有不同的方式。例如，先声明结构体类型，再定义结构体数组。在声明 Student 结构体类型后，定义结构体数组的代码如下：

```
struct Student student[5];                      /* 定义结构体数组 */
```

或者直接定义结构体数组，代码如下：

```
struct
{
        char cName[20];                         /* 姓名 */
        int iNumber;                            /* 学号 */
        char cSex;                              /* 性别 */
        int iGrade;                             /* 年级 */
} student[5];                                   /* 定义结构体数组 */
```

上述代码的作用都是定义一个结构体数组。该结构体数组的元素均为 Student 结构体变量，每个结构体变量有 4 个成员，如图 9.3 所示。

	cName	iNumber	cSex	iGrade
student[0]	WangJiasheng	12062212	M	3
student[1]	YuLongjiao	12062213	W	3
student[2]	JiangXuehuan	12062214	W	3
student[3]	ZhangMeng	12062215	W	3
student[4]	HanLiang	12062216	M	3

图 9.3　结构体数组

结构体数组中各元素的成员数据在内存空间中的存储是连续的，如图 9.4 所示。

图 9.4　结构体数组中各元素的成员数据在内存空间中的存储形式

9.2.2　初始化结构体数组

与初始化基本类型的数组相同，可以对结构体数组进行初始化操作。初始化结构体数组的语法格式如下：

```
struct 结构体类型名
{
        成员列表；
} 结构体数组名 ={ 初始值列表 };
```

例如：

```
struct Student                          /*Student 结构体类型 */
{
      char cName[20];                   /* 姓名 */
      int iNumber;                      /* 学号 */
      char cSex;                        /* 性别 */
      int iGrade;                       /* 年级 */
} student[5]={{"WangJiasheng",12062212,'M',3}, /* 定义结构体数组并设置初始值 */
          {"YuLongjiao",12062213,'W',3},
          {"JiangXuehuan",12062214,'W',3},
          {"ZhangMeng",12062215,'W',3},
          {"HanLiang",12062216,'M',3}};
```

在初始化结构体数组时，最外层的大括号表示列出的是数组中的元素。因为每个元素都是结构体变量，所以每个元素也使用大括号括起来，其中包含每个结构体变量的成员数据。

在定义结构体数组时，可以不指定数组中的元素个数。在初始化这个结构体数组时，编译器会根据数组后面的初始值列表确定数组中的元素个数。例如：

```
student[ ]={...};
```

在初始化结构体数组时，可以先定义结构体数组，再对其进行初始化操作。

9.3　结构体指针

一个指向变量的指针表示的是变量在内存空间中的起始地址。如果一个指针指向结构体变量，那么该指针指向的是结构体变量在内存空间中的起始地址。同样，指针也可以指向结构体数组及其中的元素。我们将指向结构体变量及结构体数组的指针称为结构体指针。

9.3.1　指向结构体变量的指针

由于结构体指针指向结构体变量的首地址，因此可以使用结构体指针访问结构体变量的成员。定义指向结构体变量的指针的语法格式如下：

结构体类型　结构体变量名；
结构体类型　* 指针名；
指针名 =& 结构体变量名；

例如，定义一个 Student 结构体类型的变量 student，再定义一个指向 student 结构体变量的指针 pStruct，代码如下：

```
struct Student student;
struct Student *pStruct;
pStruct=&student;
```

pStruct 为指向 student 结构体变量的指针。使用指向结构体变量的指针访问结构体变量的成员，有两种方法。

第一种方法是使用点运算符引用结构体变量的成员，代码如下：

```
(*pStruct).成员名
```

结构体变量可以使用点运算符引用其中的成员。*pStruct 表示 pStruct 指针指向的结构体变量，使用点运算符可以引用该结构体变量的成员。

📋 **学习笔记**

*pStruct 一定要用小括号括起来，因为点运算符的优先级是最高的，如果不使用小括号，就会先执行点运算，再执行 * 运算。

例如：

```
(*pStruct).iNumber=12061212;
```

第二种方法是使用指向运算符引用结构体变量的成员，代码如下：

```
pStruct -> 成员名;
```

例如：

```
pStruct->iNumber=12061212;
```

对于指向 student 结构体变量的指针 pStruct，以下 3 种形式的效果是等价的。

- student. 成员名。
- (*pStruct). 成员名。
- pStruct-> 成员名。

📋 **学习笔记**

在使用 "->" 引用结构体变量的成员时，要注意分析以下情况。

- pStruct->iGrade，表示指向的结构体变量中成员 iGrade 的值。
- pStruct->iGrade++，表示指向的结构体变量中成员 iGrade 的值，在使用后将该值加 1。
- ++pStruct->iGrade，表示将指向的结构体变量中成员 iGrade 的值加 1，在计算后使用。

9.3.2 指向结构体数组的指针

结构体指针不但可以指向结构体变量，还可以指向结构体数组。如果一个结构体指针指向一个结构体数组，那么这个指针指向的是结构体数组的首地址。

例如，定义一个结构体数组 student[5]，使用结构体指针指向该数组，代码如下：

```
struct Student* pStruct;
pStruct=student;
```

当结构体数组不使用下标时，结构体指针指向结构体数组第一个元素的地址，即指向结构体数组的首地址。

结构体指针也可以直接指向结构体数组中的元素，这时指向该结构体数组中元素的首地址。如果要使用结构体指针指向结构体数组中的某个元素，则应在结构体数组名后加下标，并且在结构体数组名前使用取地址符号 "&"。例如，使用结构体指针指向结构体数组 student 的第 3 个元素，代码如下：

```
pStruct=&student[2];
```

9.3.3　使用结构体作为函数参数

使用结构体作为函数的参数有 3 种形式，分别为使用结构体变量作为函数参数、使用指向结构体变量的指针作为函数参数、使用结构体变量的成员作为函数参数。

1．使用结构体变量作为函数参数

在使用结构体变量作为函数的实参时，采取的是值传递方式，也就是说，将结构体变量所占内存空间的内容全部按顺序传递给形参，形参也必须是同类型的结构体变量。例如：

```
void Display(struct Student stu);
```

尽管可以在形参的位置使用结构体变量，但是在函数调用期间，形参也要占用内存空间，因此这种传递方式占用的空间资源和时间资源都比较多。

另外，根据函数参数的传值方式，如果在函数内部修改了结构体变量的成员的值，那么改变的值不会返回主调函数中。

2．使用指向结构体变量的指针作为函数参数

在使用结构体变量作为函数的参数时，在传值的过程中占用的空间资源和时间资源比较多。有一种更好的传值方式，就是使用指向结构体变量的指针作为函数的参数进行传递。

在使用指向结构体变量的指针作为函数的参数进行传递时，传递的是结构体变量的首地址。例如，声明一个使用指向结构体变量的指针作为参数的函数，代码如下：

```
void Display(struct Student *stu);
```

这样，使用形参 stu 指针就可以引用结构体变量的成员了。需要注意的是，因为传递的是结构体变量的首地址，所以如果在函数中改变结构体变量成员的数据，那么在返回主调函数时结构体变量会发生改变。

3．使用结构体变量的成员作为函数参数

使用结构体变量的成员作为函数参数，其参数传递方式与使用普通变量作为函数参数的参数传递方式相同，都是值传递方式。例如：

```
Display(student.fScore[0]);
```

在传递参数时，实参与形参的数据类型要一致。

9.4　包含结构体的结构体

结构体成员的数据类型不仅可以是基本类型，也可以是结构体类型。以汽车里的零件为例，将汽车看成一个结构体，将零件也看成一个结构体，就相当于汽车结构体包含零件结构体，如图 9.5 所示。

图 9.5　汽车结构体包含零件结构体

例如，定义一个学生信息结构体，该结构体的成员包括姓名、学号、性别、出生日期，其中，出生日期是一个结构体，因为出生日期包括年、月、日共 3 个成员。这样，学生信息结构体就是一个包含结构体的结构体。

9.5　链表

数据是信息的载体，是描述客观事物属性的数、字符及所有能输入计算机并被计算机程序识别和处理的集合。数据结构是指数据对象及其中的相互关系和构造方法。在数据结构中有一种线性存储结构，称为线性表，线性表的链式存储结构称为链表。本节会根据结构体的相关知识介绍链表。

9.5.1　链表概述

链表是一种常见的数据结构。前面介绍过使用数组存储数据，但是在使用数组前要先指定数组中包含的元素个数，即数组的长度。在定义数组时，如果数组中的元素个数超过了数组的长度，则不能将内容完全保存。例如，使用数组定义班级的学生信息，如果小班有 30 人，普通班有 50 人，那么定义的数组最少有 50 个元素，否则在记录普通班的学生信息时不能保存全部学生的学生信息。这种方式非常浪费空间资源。这时我们就希望有一种存储方式，其存储的元素个数是不受限制的，在添加元素时，存储的元素个数也会随之改变，这种存储方式就是链表。

链表结构的示意图如图 9.6 所示。

图 9.6　链表结构的示意图

从图 9.6 中可以看出以下几点信息。

- 在链表中有一个头指针变量，图 9.6 中的 head 就是头指针变量，用于存储一个地址。根据图 9.6 可知，该地址为一个变量的地址，也就是说，头指针指向一个变量，这个变量称为节点。

- 在链表中，每个节点都包括数据部分和指针部分。数据部分用于存储节点所包含的数据，指针部分用于存储下一个节点的地址。最后一个节点的指针部分存储的是 NULL，表示指向的地址为空。

- 在图 9.6 中可以看到，头指针指向第一个节点的地址，第一个节点的指针指向第二个节点的地址，第二个节点的指针指向第 3 个节点的地址，第 3 个节点的指针指向空（NULL）。

根据对链表的描述，可以想象：链表就像铁链，一环扣一环，然后通过头指针寻找链表中的节点。好比在一个幼儿园中，老师拉着第一个小朋友的手，第一个小朋友拉着第二个小朋友的手，以此类推，使幼儿园中的小朋友连成一条线。最后一个小朋友的另一只手没有拉着任何人，是空着的，他类似于链表中的链尾。老师类似于头指针，通过老师可以找到这个队伍中的任意一个小朋友。

📋 **学习笔记**

链表数据结构需要使用指针实现，因此链表中的节点应该包含一个指针变量，用于存储下一个节点的地址。

例如，设计一个链表表示一个班级，其中链表中的节点表示班级中的学生，代码如下：

```
struct Student
{
    char cName[20];                    /* 姓名 */
    int iNumber;                       /* 学号 */
    struct Student* pNext;             /* 指向下一个节点的指针 */
};
```

可以看到学生的姓名和学号属于数据部分，而 pNext 是指针部分，用于存储下一个节点的地址。

如果要向链表中添加一个节点，那么操作过程是怎样的呢？向链表中添加节点的操作过程如图 9.7 所示。

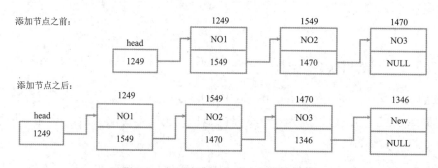

图 9.7　向链表中添加节点的操作过程

当有新的节点要添加到链表中时，原来最后一个节点的指针会指向新添加的节点地址，而新节点的指针指向空（NULL）。在新节点添加完成后，新节点会成为链表中的最后一个节点。根据链表的结构特点和向链表中添加节点的过程可知，链表的长度不会超出范围。

9.5.2　创建动态链表

根据上一节内容可知，链表的长度不是一开始就设定好的，而是由节点的多少决定的，因此链表的创建过程是一个动态过程。在动态创建一个节点时，要为其分配内存空间。

1. 创建动态链表使用的函数

在介绍如何创建动态链表前，我们来了解一些创建动态链表使用的相关函数。

1）malloc() 函数。

malloc() 函数的语法格式如下：

```
void *malloc(unsigned int size);
```

　　该函数的功能是在内存空间中动态地分配一块 size 大小的内存空间。malloc() 函数会返回一个指针，该指针指向分配的内存空间，如果分配空间出现错误，则返回 NULL。

　　2）calloc() 函数。

　　calloc() 函数的语法格式如下：

```
void *calloc(unsigned int n, unsigned int size);
```

　　该函数的功能是在内存空间中动态分配 n 个长度为 size 的连续内存空间。calloc() 函数会返回一个指针，该指针指向动态分配的连续内存空间地址。如果分配内存空间出现错误，则返回 NULL。

　　3）free() 函数。

　　free() 函数的语法格式如下：

```
void free(void *ptr);
```

　　该函数的功能是使由指针 ptr 指向的内存空间可以被其他变量使用。ptr 是最近一次调用 calloc() 函数或 malloc() 函数时返回的指针。free() 函数无返回值。

2. 创建动态链表

　　创建动态链表是指在程序运行过程中创建一个链表，逐个分配节点的内存空间，然后输入节点中的数据并建立节点间的相连关系。

　　例如，用一个链表表示一个班级，链表中的节点表示班级中的学生，然后将所有学生的信息存储于该链表中，如图 9.8 所示。

图 9.8　班级链表

　　首先创建节点结构体类型，用于表示每个学生，代码如下：

```
struct Student
{
    char cName[20];              /* 姓名 */
    int iNumber;                 /* 学号 */
    struct Student* pNext;       /* 指向下一个节点的指针 */
};
```

然后定义一个 Create() 函数，用于创建链表，该函数会返回链表的头指针，代码如下：

```
int iCount;                                    /* 全局变量，表示链表长度 */

struct Student* Create()
{
    struct Student* pHead = NULL;              /* 创建链表的头指针并将其初始化为空 */
    struct Student* pEnd, *pNew;
    iCount = 0;                                /* 初始化链表长度 */
    pEnd = pNew = (struct Student*)malloc(sizeof(struct Student));
    printf("please first enter Name ,then Number\n");
    scanf("%s", &pNew->cName);
    scanf("%d", &pNew->iNumber);
    while (pNew->iNumber != 0)
    {
            iCount++;
            if (iCount == 1)
            {
                    pNew->pNext = pHead;       /* 新节点的指针指向空 */
                    pEnd = pNew;               /* 设置新节点为尾节点 */
                    pHead = pNew;              /* 头指针指向首节点 */
            }
            else
            {
                    pNew->pNext = NULL;        /* 新节点的指针为空 */
                    pEnd->pNext = pNew;        /* 原来的尾节点的指针指向新节点 */
                    pEnd = pNew;               /* 设置新节点为尾节点 */
            }
            /* 再次分配节点的内存空间 */
            pNew = (struct Student*)malloc(sizeof(struct Student));
            scanf("%s", &pNew->cName);
            scanf("%d", &pNew->iNumber);
    }
    free(pNew);                                /* 释放没有用到的内存空间 */
    return pHead;
}
```

从代码中可以看出以下几点信息。

- Create() 函数的功能是创建链表，在 Create() 函数的外部可以看到一个整型的全局变量 iCount，这个变量的作用是表示链表中节点的数量。在 Create() 函数中，首先定义需要用到的指针变量。pHead 表示链表的头指针，指向首节点。pEnd 指针指向原来的尾节点。pNew 指针指向新创建的节点。

- 使用 malloc() 函数分配内存空间。先将 pEnd 指针和 pNew 指针都指向第一个分配的内存空间，然后显示提示信息。输入一个学生的姓名，再输入学生的学号。使用 while 语句进行判断，如果学号为 0，则不执行循环语句。

- 在 while 循环语句中，iCount++ 表示链表中节点增加。然后，判断新节点是否是第一次加入的节点，如果是第一次加入的节点，则执行 if 语句，否则执行 else 语句。

- 在 if 语句中，因为在第一次加入节点前链表中没有节点，所以新节点既是首节点，又是尾节点。将新节点的指针设置为 pHead，即指向 NULL。

- 在 else 语句中进行的是在链表中已经有节点存在时的操作。首先将新节点 pNew 的指针指向 NULL，然后将原来的尾节点的指针指向新节点，最后将新节点设置为尾节点。

- 在一个节点创建完成后，给新节点分配内存空间，然后向其中输入数据，通过 while 语句再次判断输入的数据是否符合节点的要求。当输入的数据不符合节点要求时，执行下面的代码，调用 free() 函数释放没有用到的内存空间。这样一个链表就通过动态分配内存空间的方式创建完成了。

学习笔记

在使用动态分配函数 malloc()、calloc() 时，可以使用 free() 函数释放没有用到的内存空间。在程序结束后，释放没有用到的内存空间是一个好习惯。

9.5.3 输出链表中的数据

上一节介绍了如何创建动态链接，本节介绍如何输出链表中的数据，代码如下：

```
void Print(struct Student* pHead)
{
    struct Student *pTemp;             /* 用于进行循环操作的临时指针 */
    int iIndex = 1;                    /* 表示链表中的节点序号 */

    printf("----the List has %d members:----\n", iCount);   /* 消息提示 */
    printf("\n");                                            /* 换行 */
    pTemp = pHead;                     /* 临时指针指向首节点 */

    while (pTemp != NULL)
    {
            printf("the NO%d member is:\n", iIndex);         /* 输出节点序号 */
            printf("the name is: %s\n", pTemp->cName);       /* 输出姓名 */
            printf("the number is: %d\n", pTemp->iNumber);   /* 输出学号 */
            printf("\n");              /* 换行 */
            pTemp = pTemp->pNext;      /* 临时指针指向下一个节点 */
```

```
        iIndex++;                    /* 节点序号进行自增运算 */
    }
}
```

结合创建动态链表和输出链表中的数据的代码，运行程序，运行结果如图 9.9 所示。

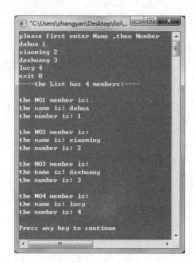

图 9.9　创建动态链表和输出链表中的数据的运行结果

Print() 函数的作用是输出链表中的数据。在 Print() 函数的参数中，pHead 表示一个链表的头指针。在 Print() 函数中，定义了一个临时指针 pTemp，用于进行循环操作；定义了一个整型变量 iIndex，用于表示链表中的节点序号，然后将临时指针 pTemp 指向首节点。使用 while 语句循环输出所有节点中存储的数据，每输出一个节点中的数据，就移动临时指针 pTemp，使其指向下一个节点，在输出最后一个节点中的数据后，临时指针 pTemp 指向 NULL，此时循环结束。

9.6　链表的相关操作

本节对链表的功能进行完善，使其具有插入节点、删除节点的功能。这些操作都是在 9.5.2 节中创建的链表中进行的。

9.6.1　链表的插入操作

链表的插入操作可以在链表中的节点之前进行，也可以在链表中的节点之后进行。下面以在首节点之前插入节点为例，介绍链表的插入操作，如图 9.10 所示。

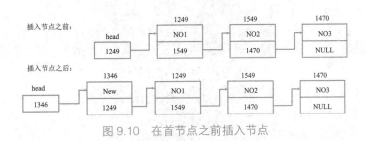

图 9.10　在首节点之前插入节点

例如，班主任在录入学生信息时，忘了输入学号为 1 的学生的学生信息，因此要将该学生的节点插入链表，并且放在第一位，代码如下：

```c
struct Student* Insert(struct Student* pHead)
{
    struct Student* pNew;                          /* 创建新节点 */
    printf("----Insert member at first----\n"); /* 提示信息 */
    /* 给新节点分配内存空间 */
    pNew = (struct Student*)malloc(sizeof(struct Student));
    scanf("%s", &pNew->cName);
    scanf("%d", &pNew->iNumber);
    pNew->pNext = pHead;                           /* 新节点的指针指向原来的首节点 */
    pHead = pNew;                                  /* 头指针指向新节点 */
    iCount++;                                      /* 增加链表中的节点数量 */
    return pHead;                                  /* 返回头指针 */
}
```

在上述代码中，首先为要插入的新节点分配内存空间，然后向新节点中输入数据，从而完成节点的创建操作；接下来，将这个节点插入链表，将新节点的指针指向原来的首节点，将头指针指向新节点，从而完成节点的连接操作；最后增加链表的节点数量。修改 main() 函数的代码，添加链表的插入操作，代码如下：

```c
int main()
{
    struct Student* pHead;                         /* 定义链表的头指针 */
    pHead = Create();                              /* 创建链表 */
    pHead = Insert(pHead);                         /* 插入节点 */
    Print(pHead);                                  /* 输出链表中的数据 */
    return 0;                                      /* 程序结束 */
}
```

运行上述程序，运行结果如图 9.11 所示。

图 9.11　链表插入操作的运行结果

9.6.2　链表的删除操作

上一节的操作是向链表中添加节点。当希望删除链表中的节点时，应该怎么办呢？还是通过前文中小朋友手拉手的比喻进行理解。队伍中的一个小朋友想离开队伍，要使这个队伍不会断开，只需将他两边的小朋友的手拉起来。

例如，在一个链表中删除其中的一个节点，如图 9.12 所示。

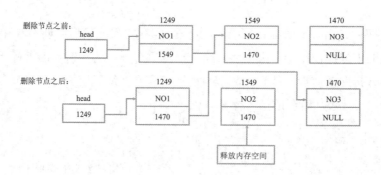

图 9.12　链表的删除操作

根据图 9.12 可知，要删除一个节点，需要先找到这个节点的位置。例如，要删除 NO2 节点，首先找到 NO2 节点，然后删除该节点，将 NO1 节点的指针指向 NO3 节点，最后释放 NO2 节点的内存空间，从而完成节点的删除操作。根据这种思想编写链表删除操作的函数，代码如下：

```
/*pHead 表示链表的头指针，iIndex 表示要删除的节点序号 */
```

```
void Delete(struct Student* pHead, int iIndex)
{
    int i;                                      /* 循环变量 */
    struct Student* pTemp;                      /* 临时指针, 指向要删除的节点 */
    struct Student* pPre;                       /* 指向要删除节点前面的节点 */
    pTemp = pHead;                              /* 临时指针 pTemp 指向首节点 */
    pPre = pTemp;

    printf("----delete NO%d member----\n", iIndex);    /* 提示信息 */
    for (i = 1; i<iIndex; i++)     /*for 循环使临时指针 pTemp 指向要删除的节点 */
    {
            pPre = pTemp;
            pTemp = pTemp->pNext;
    }
    pPre->pNext = pTemp->pNext;                 /* 连接删除节点两边的节点 */
    free(pTemp);                                /* 释放要删除节点的内存空间 */
    iCount--;                                   /* 减少链表中的节点数量 */
}
```

为 Delete() 函数传递两个参数, pHead 表示链表的头指针, iIndex 表示要删除的节点序号, 即要删除的节点在链表中的位置。定义整型变量 i, 用于控制循环的次数。定义两个指针, 分别指向要删除的节点及其之前的节点。

输出一行提示信息表示要进行删除操作, 然后利用 for 语句进行循环操作, 找到要删除的节点, 使用 pTemp 指针存储要删除节点的地址, 使用 pPre 指针存储前一个节点的地址。在找到要删除的节点后, 连接要删除的节点两边的节点, 使用 free() 函数释放要删除节点的内存空间, 并且减少链表中的节点数量。接下来在 main() 函数中添加链表删除操作的代码, 删除链表中的第二个节点, 代码如下:

```
int main()
{
    struct Student* pHead;                      /* 定义链表的头指针 */
    pHead = Create();                           /* 创建链表 */
    pHead = Insert(pHead);                      /* 插入节点 */
    Delete(pHead, 2);                           /* 删除第二个节点 */
    Print(pHead);                               /* 输出链表中的数据 */
    return 0;                                   /* 程序结束 */
}
```

运行上述程序, 运行结果如图 9.13 所示。根据运行结果可知, 第二个节点中的数据被删除了。

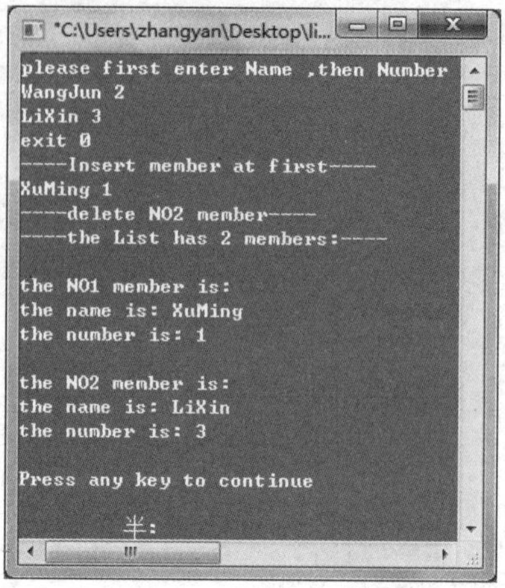

```
*C:\Users\zhangyan\Desktop\li...
please first enter Name ,then Number
WangJun 2
LiXin 3
exit 0
-----Insert member at first-----
XuMing 1
-----delete NO2 member-----
-----the List has 2 members:-----

the NO1 member is:
the name is: XuMing
the number is: 1

the NO2 member is:
the name is: LiXin
the number is: 3

Press any key to continue
                半:
```

图 9.13　链表删除操作的运行结果

学习笔记

　　每个链表都有一个头指针 head，用于存储第一个节点的地址，根据第一个节点的指针可以找到第二个节点的地址，根据第二个节点的指针可以找到第三个节点的地址，以此类推，即可逐个访问链表中的节点。

9.7　共用体

　　共用体看起来很像结构体，只不过关键字由 struct 变成了 union。共用体和结构体的区别在于：结构体定义了一个由多个成员组成的特殊类型，而共用体定义了一块被所有成员共享的内存空间。例如，3 个圆叠放，这 3 个圆交汇的区域就可以理解为这 3 个圆的共用体，如图 9.14 所示。

图 9.14　共用体示意图

9.7.1　共用体的概念

共用体又称为联合体，它使几种不同类型的变量存储于同一块内存空间中。所以，共用体在同一时刻只能有一个值，它属于某个成员。由于所有成员位于同一块内存空间中，因此共用体所占的内存空间为占用内存空间最大的成员所占的内存空间。就像我们的床，通常会根据个子较高的人的身高来制作规格。

定义共用体变量的语法格式如下：

```
union 共用体类型名
{
        成员列表
} 共用体变量列表；
```

例如，定义一个共用体变量，其成员的数据类型有整型、字符型和实型，代码如下：

```
union DataUnion
{
        int iInt;
        char cChar;
        float fFloat;
}variable;                              /* 定义共用体变量 */
```

其中，variable 为定义的共用体变量，而 DataUnion 是共用体类型。还可以像定义结构体变量那样将共用体类型的声明和共用体变量的定义分开，代码如下：

```
union DataUnion
{
        int iInt;
        char cChar;
        float fFloat;
};
union DataUnion variable;
```

📋 **学习笔记**

共用体变量的定义方式与结构体变量的定义方式相似。但需要注意的是，结构体变量所占的内存空间是其所有成员所占的内存空间的总和，其中每个成员分别占有自己的内存空间；共用体变量所占的内存空间是占用内存空间最大的成员所占的内存空间。

9.7.2 共用体变量的引用

在共用体变量定义完成后，就可以引用这个共用体变量的成员了。引用共用体变量成员的语法格式如下：

共用体变量 . 成员名；

例如，引用前面定义的共用体变量 variable 的成员，代码如下：

```
variable.iInt;
variable.cChar;
variable.fFloat;
```

📋 **学习笔记**

不能直接引用共用体变量，如 "printf("%d",variable);" 的写法是错误的。

9.7.3 共用体变量的初始化

在定义共用体变量时，可以同时对共用体变量进行初始化操作，将初始值放在一对大括号中。

📋 **学习笔记**

在初始化共用体变量时，只需一个初始值，其数据类型必须和共用体的第一个成员的数据类型一致。

例如，定义一个"季节"共用体变量，并且对其进行初始化操作，并且引用该共用体变量的成员，输出该共用体变量的 p 成员的 name 成员的值，代码如下（实例内容参考配套资源中的源码）：

```
#include "stdio.h"                          /* 包含头文件 */
#include <string.h>

struct sea                                  /* 声明"季节"结构体类型 */
{
    char name[64];
};
union season                                /* 声明"季节"共用体类型 */
{
    struct sea p;
```

```
};
int main()                                          /* 主函数 main()*/
{
    union season s;                                 /* 定义共用体变量 */
    strcpy(s.p.name, "夏季");
    printf("现在是%s\n", s.p.name);                 /* 输出信息 */
    return 0;                                        /* 程序结束 */
}
```

📋 **学习笔记**

如果共用体的第一个成员是一个结构体变量，则初始化值中可以包含多个用于初始化该结构体变量的表达式。

9.7.4　共用体类型的数据特点

共用体类型的数据具有以下特点。

- 同一块内存空间中可以存储几种不同类型的成员数据，但是每次只能存储其中一种，不能同时存储所有类型的成员数据。也就是说，在共用体中，只有一个成员数据起作用，其他成员数据不起作用。
- 共用体变量中起作用的成员数据是最后一次存储的成员数据，在存入一个新的成员数据后，原有的成员数据就失去作用了。
- 共用体变量的地址和它的各成员的地址是一样的。
- 不能对共用体变量名赋值，也不能引用共用体变量名来得到一个值。

9.8　枚举类型

使用关键字 enum 可以声明枚举类型，这也是一种数据类型。使用枚举类型可以定义枚举变量。一个枚举类型包含一组相关的标识符，其中每个标识符都对应一个整数值，称为枚举常量。例如，一个果盘中有西瓜、杧果、葡萄、橘子、苹果，如图 9.15 所示，可以将这个果盘定义成一个枚举类型。

图 9.15　果盘

将果盘定义成一个枚举类型，其中每个标识符都对应一个整数值，代码如下：

```
enum Fruits(Watermelon,Mango,Grape,Orange,Apple);
```

Fruits 就是定义的枚举类型，在括号中的第一个标识符对应于数值 0，第二个标识符对应于数值 1，以此类推。

📋 **学习笔记**

　　每个标识符都必须是唯一的，而且不能采用关键字或当前作用域内的其他相同的标识符。

在定义枚举类型时，可以为某个特定的标识符指定其对应的整型值，紧随其后的标识符对应的值依次加 1。例如：

```
enum Fruits(Watermelon=1,Mango,Grape,Orange,Apple);
```

其中，Watermelon 的值为 1，Mango 的值为 2，Grape 的值为 3，Orange 的值为 4，Apple 的值为 5。

📋 **学习笔记**

　　枚举变量的取值范围是固定的，只可以在枚举常量中选择。

9.9　结构体和共用体的区别

定义结构体类型的关键字是 struct。结构体是由具有相同类型或不同类型的数据构成的数据集合，空结构体占用的内存空间为 1byte。

定义共用体类型的关键字是 union。共用体是用一块内存空间放置多个数据的数据结构，但它不会为每个成员都配置内存空间。在共用体内所有的成员共用一个内存空间，同一时间只能存储一个成员数据，所有成员具有相同的起始地址。不能引用共用体变量，只能引用共用体变量的成员。

第 10 章　位运算

因为 C 语言支持按位运算，所以 C 语言支持汇编语言的大部分运算，可以代替汇编语言完成大部分编程工作。这是 C 语言的一个特点，这个特点使 C 语言的应用更加广泛。

10.1　位与字节

前面介绍过数据在内存空间中是以二进制的形式存储的，下面具体介绍位与字节之间的关系。

位是计算机存储数据的最小单位。一个二进制位可以表示两种状态（0 和 1），多个二进制位组合起来可以表示多种信息。

1 字节通常由 8 位二进制数组成，在有的计算机操作系统中，1 字节由 16 位二进制数组成，本书中提到的 1 字节是由 8 位二进制数组成的，即 1 字节占 8 位，如图 10.1 所示。

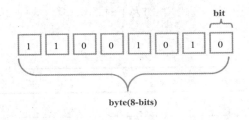

图 10.1　位与字节

📋 **学习笔记**

如果定义一个基本整型数据，则它在内存空间中占 4 字节，也就是 32 位；如果定义一个字符型数据，则它在内存空间中占 1 字节，也就是 8 位。不同数据类型的数据占用的字节数不同，因此占用的二进制位数也不同。

10.2　位运算符

C语言既具有高级语言的特点，又具有低级语言的功能，C语言和其他高级语言的区别是完全支持按位运算，而且可以像汇编语言一样编写系统程序。前面讲过的运算都是以字节为基本单位进行运算的，本节介绍如何进行位运算。位运算是指按位运算，就是对字节或字符中的实际位进行检测、设置或移位。C语言提供的位运算符如表 10.1 所示。

表 10.1　位运算符

位 运 算 符	含　义
&	按位与
|	按位或
~	按位取反
^	按位异或
<<	左移
>>	右移

10.2.1　按位与运算符

按位与运算符"&"是双目运算符，其功能是使参与运算的两个数所对应的二进制数进行按位与运算。只有当两个二进制数均为 1 时，结果才为 1，否则为 0，如表 10.2 所示。

表 10.2　按位与运算

a	b	a&b
0	0	0
0	1	0
1	0	0
1	1	1

例如，89&38 的算式如下（为了方便观察，这里只给出每个数据的后 16 位）：

$$
\begin{array}{r}
0000000001011001 \quad \text{十进制数 89} \\
\&\quad 0000000000100110 \quad \text{十进制数 38} \\
\hline
0000000000000000 \quad \text{十进制数 0}
\end{array}
$$

通过上面的运算我们发现按位与运算的一个功能是清零，要使原数中的 1 转换为 0，只需将其与 0 进行按位与运算

按位与运算的另一个功能是取特定位，可以通过按位与运算的方式取一个数中的某些指定位。例如，要取 22 的后 5 位，则将其与后 5 位均为 1 的数进行按位与运算；要取 22 的后 4 位，则将其与后 4 位均为 1 的数进行按位与运算。

10.2.2　按位或运算符

按位或运算符 "|" 是双目运算符，其功能是使参与运算的两个数所对应的二进制数进行按位或运算，只要两个二进制数中有一个为 1，结果就为 1，如表 10.3 所示。

表 10.3　按位或运算

A	b	a|b
0	0	0
0	1	1
1	0	1
1	1	1

例如，17|31 的算式如下：

$$
\begin{array}{r}
0000000000010001 \quad \text{十进制数 17} \\
|\quad 0000000000011111 \quad \text{十进制数 31} \\
\hline
0000000000011111 \quad \text{十进制数 31}
\end{array}
$$

在上面的计算中，十进制数 17 对应的二进制数的后 5 位是 10001，而十进制数 31 对应的二进制数的后 5 位是 11111，将这两个数进行按位或运算，得到的结果是十进制数 31，也就是将十进制数 17 对应的二进制数的后 5 位中的 0 转换成了 1，因此可以总结出一个规律：要使一个数的后 5 位全为 1，只需将其和 31 的二进制数进行按位或运算；同理，要使一个数的后 6 位全为 1，只需将其和 63 的二进制数进行按位或运算，以此类推。

如果要将一个二进制数的某几位设置为 1，只需将该数与一个这几位都是 1 的二进制数进行按位或运算。

10.2.3　按位取反运算符

按位取反运算符 "~" 为单目运算符，具有右结合性，其功能是对参与运算的数所对应的二进制数进行按位取反运算，将 0 转换成 1，将 1 转换成 0。

例如，~86 是对 86 进行按位取反运算，算式如下：

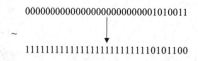

在进行按位取反运算的过程中，不可简单地认为一个数在按位取反后的结果就是该数的相反数（如认为 ~25 的值是 –25）。

10.2.4　按位异或运算符

按位异或运算符 "^" 是双目运算符，其功能是使参与运算的两个数所对应的二进制数进行按位异或运算，如果这两个二进制数相异，则结果为 1，否则结果为 0，如表 10.4 所示。

表 10.4　按位异或运算

a	b	a^b
0	0	0
0	1	1
1	0	1
1	1	0

例如，107^127 的算式如下：

```
      0000000001101011
  ^   0000000001111111
  ────────────────────
      0000000000010100
```

根据上面的算式可知，按位异或运算的一个主要功能是使特定的位取反，如果要将107 的后 7 位取反，只需将其与一个后 7 位均为 1 的数进行按位异或运算。

按位异或运算的另一个主要功能是在不使用临时变量的情况下实现两个变量值的互换。

例如，x=9，y=4，将 x 和 y 的值互换，可用如下方法实现：

x=x^y;
y=y^x;
x=x^y;

其具体运算过程如下：

```
      0000000000001001(x)
  ^   0000000000000100(y)
  ─────────────────────────
  ^   0000000000001101(x)
      0000000000000100(y)
  ─────────────────────────
      0000000000001001(y)
  ^   0000000000001101(x)
  ─────────────────────────
      0000000000000100(x)
```

📋 学习笔记

> 按位异或运算经常被应用于一些比较简单的加密算法中。

10.2.5 左移运算符

左移运算符 "<<" 是双目运算符，其功能是将 "<<" 左边的数所对应的二进制数的所有位全部左移若干位，由 "<<" 右边的数指定移动的位数，高位丢弃，低位补 0。

例如，a<<2 是将 a 所对应的二进制数的所有位向左移动两位，高位丢弃，低位补 0，假设 a=39，那么 a 在内存空间中的存储情况如图 10.2 所示。

```
0 0 0 0 0 0 0 0 0 0 0 0 0 0 0 0 0 0 0 0 0 0 0 0 0 0 1 0 0 1 1 1
```

图 10.2 39 在内存空间中的存储情况

如果将 a 左移两位，那么它在内存空间中的存储情况如图 10.3 所示。a 在左移两位后由原来的 39 变成了 156。

| 0 | 0 | 0 | 0 | 0 | 0 | 0 | 0 | 0 | 0 | 0 | 0 | 0 | 0 | 0 | 0 | 0 | 0 | 0 | 0 | 0 | 0 | 0 | 0 | 1 | 0 | 0 | 1 | 1 | 1 | 0 | 0 |

图 10.3　39 左移两位后在内存空间中的存储情况

学习笔记

　　将一个数左移一位相当于将该数乘 2，将 a 左移两位相当于将 a 乘 4，即 39 乘 4，但这种情况只限于移出位不含 1 的情况。如果将十进制数 64 左移两位，则移位后的结果为 0（01000000->00000000），这是因为 64 在左移两位时将 1 移除了，注意这里的 64 是假设以一个字节（8 位）存储的。

10.2.6　右移运算符

右移运算符"＞＞"是双目运算符，其功能是将"＞＞"左边的数所对应的二进制数的所有位全部右移若干位，由"＞＞"右边的数指定移动的位数。

学习笔记

　　如果进行右移操作的是有符号数，则需要注意有符号数的正负。当有符号数为正数时，高位补 0；当有符号数为负数时，高位是补 0 还是补 1 取决于编译系统的规定，高位补 0 的称为逻辑右移，高位补 1 的称为算术右移。

例如，a>>2 是将 a 所对应的二进制数的所有位向右移动两位，假设 a=00000110，那么 a 在右移两位后变成了 00000001，也就是说，a 由原来的 6 变成了 1。

10.3　循环移位

前面讲过了向左移位和向右移位，本节介绍循环移位的相关内容。什么是循环移位呢？循环移位是指将移出的低位放到该数的高位，或者将移出的高位放到该数的低位。那么如何实现呢？下面先介绍如何实现循环左移，再介绍如何实现循环右移。

1. 循环左移

循环左移的过程如图 10.4 所示。

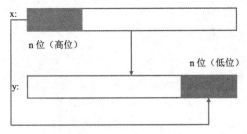

图 10.4　循环左移的过程

（1）将 x 的左端 n 位先放到 z 的低 n 位，由以下语句实现：

`z=x>>(32-n);`

（2）将 x 左移 n 位，在其右面低 n 位补 0，由以下语句实现：

`y=x<<n;`

（3）将 y 与 z 进行按位或运算，由以下语句实现：

`y=y|z;`

2. 循环右移

循环右移的过程如图 10.5 所示。

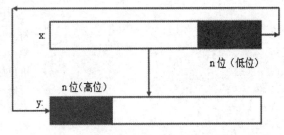

图 10.5　循环右移的过程

（1）将 x 的右端 n 位先放到 z 的高 n 位，由以下语句实现：

`z=x<<(32-n);`

（2）将 x 右移 n 位，在其左端高 n 位补 0，由以下语句实现：

`y=x>>n;`

（3）将 y 与 z 进行按位或运算，由以下语句实现：

`y=y|z;`

10.4　位段

1. 位段的概念与定义

位段是一种特殊的结构体类型，其所有成员的长度均是以二进制位为单位定义的。结构体类型的成员被称为位段。定义位段的语法格式如下：

```
struct 结构体类型名
{
        数据类型    变量名1：长度；
        数据类型    变量名2：长度；
        ……
        数据类型    变量名n：长度；
}
```

位段的数据类型必须是 int、unsigned 或 signed 中的一种。

例如，按位段类型定义 CPU 的状态寄存器，代码如下：

```
struct status
{
    unsigned sign:1;                              /* 符号标志 */
    unsigned zero:1;                              /* 零标志 */
    unsigned carry:1;                             /* 进位标志 */
    unsigned parity:1;                            /* 奇偶溢出标志 */
    unsigned half_carry:1;                        /* 半进位标志 */
    unsigned negative:1;                          /* 减标志 */
} flags;
```

显然，对 CPU 的状态寄存器而言，使用位段类型只需 1 字节。

又如：

```
struct packed_data
{
    unsigned a:2;
    unsigned b:1;
    unsigned c:1;
    unsigned d:2;
}data;
```

可以发现，这里的 a、b、c、d 分别占 2 位、1 位、1 位、2 位，如图 10.6 所示。

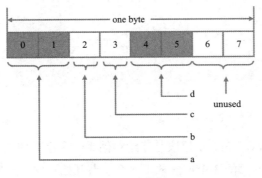

图 10.6　占位情况

2. 位段相关说明

前面介绍了什么是位段，这里针对位段进行以下几点说明。

1）因为位段是一种结构体类型，所以位段类型和位段变量的定义，以及对位段（位段类型中的成员）的引用均与结构体类型和结构体变量相同。

2）定义一个位段结构体，代码如下：

```
struct attribute
{
    unsigned font:1;
    unsigned color:1;
    unsigned size:1;
    unsigned dir:1;
};
```

在上面定义的位段结构体中，各个位段都只占用一个二进制位，如果某个位段需要表示多于两种的状态，则将该位段设置为占用多个二进制位。例如，如果字体大小有 4 种状态，则可以将上面的位段结构体改写成如下形式：

```
struct attribute
{
    unsigned font:1;
    unsigned color:1;
    unsigned size:2;
    unsigned dir:1;
};
```

3）如果某个位段要从下一个字节开始存储，则可以写成如下形式：

```
struct status
  {
    unsigned a:1;
```

```
        unsigned b:1;
        unsigned c:1;
        unsigned :0;
        unsigned d:1;
        unsigned e:1;
        unsigned f:1
  }flags;
```

原本 a、b、c、d、e、f 这 6 个位段是连续存储于一个字节中的。由于加入了一个长度为 0 的无名位段，因此其后的 3 个位段从下一个字节开始存储，一共占用 2 字节。

4）各个位段可以占满一个字节，也可以不占满一个字节。例如：

```
struct packed_data
{
        unsigned a:2;
        unsigned b:2;
        unsigned c:1;
        int i;
}data;
```

上述代码中的各个位段的存储形式如图 10.7 所示。

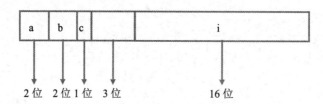

图 10.7　各个位段的存储形式（存在不占满一个字节的情况）

5）一个位段必须存储于一个存储单元（通常为一个字节）中，不能跨两个存储单元。如果本单元不够容纳某个位段，则从下一个存储单元开始存储该位段。

6）可以使用 "%d"、"%x" 和 "%o" 等格式字符以整数形式输出位段。

7）在数值表达式中引用位段时，系统会自动将位段转换为整型数据。

第 11 章　预处理命令

预处理功能是 C 语言特有的功能，使用预处理命令实现预处理功能是 C 语言和其他高级语言的区别之一。预处理命令可以实现许多功能，如宏定义、条件编译等。使用预处理命令便于程序的修改、阅读、移植和调试，也便于实现模块化程序设计。

11.1　宏定义

在前面的学习中经常遇到用 #define 命令定义符号常量的情况，其实使用 #define 命令就是要定义一个可替换的宏。宏定义是预处理命令的一种，它提供了一种可以替换源码中字符串的机制。宏定义类似于 Word 文档中的替换功能，将 3.14 替换为 PI，如图 11.1 所示。

图 11.1　Word 文档中的替换功能

根据宏定义中是否有参数，可以将宏定义分为不带参数的宏定义和带参数的宏定义，下面分别进行介绍。

11.1.1 不带参数的宏定义

1. 不带参数的宏定义方法

宏定义命令 #define 可以定义一个标识符和一个字符串，使用这个标识符代表这个字符串，在程序中遇到该标识符时，会自动使用所定义的字符串替换它。宏定义的作用是给指定的字符串起一个别名。

不带参数的宏定义的语法格式如下：

```
#define  宏名  字符串
```

- #：表示这是一条预处理命令。
- 宏名：是一个标识符，必须符合 C 语言标识符的规定。
- 字符串：可以是常数、表达式、格式符等。

例如：

```
#define  PI  3.14159
```

上述代码的作用是使用 PI 代表 3.14159，在编译预处理命令时，在源程序中遇到 PI 时，会自动使用 3.14159 替换它。

📋 **学习笔记**

使用 #define 命令进行宏定义的好处是，在需要改变一个常量时，只需改变 #define 命令行，整个程序的常量都会改变，大大提高了程序的灵活性。宏名要简单且意义明确，一般习惯用大写字母表示，以便与变量名区分。

📋 **学习笔记**

宏定义不是 C 语句，不需要在行末加分号。

在宏定义完成后，该宏名即可成为其他宏名定义中的一部分。例如，定义正方形的边长 SIDE、周长 PERIMETER 及面积 AREA，代码如下：

```
#define  SIDE  5
#define  PERIMETE  4*SIDE
#define  AREA  SIDE*SIDE
```

宏定义可以用一个标识符代表一个字符串，在编译程序时，会用这个字符串替换这个标识符。因此，如果希望定义一个标准的邀请语，可编写如下代码：

```
#define   STANDARD   "You are welcome to join us."
printf(STANDARD);
```

当编译程序遇到标识符 STANDARD 时，使用"You are welcome to join us."替换它。

2. 注意事项

关于不带参数的宏定义，有以下几点需要注意。

1）字符串中的宏名不会被替换。例如（实例内容参考配套资源中的源码）：

```
#include<stdio.h>
#define TEST "this is an example"
void main()
{
    char exp[30] = "This TEST is not that TEST";/* 定义字符数组并赋初值 */
    printf("%s\n", exp);
}
```

上述代码的运行结果如图 11.2 所示。

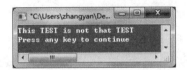

图 11.2　字符串中的宏名不会被替换的运行结果

上述程序字符串中的"TEST"并没有用"this is an example"替换。

2）如果字符串较长，需要换行，那么可以在该行末尾用反斜杠"\"续行。

3）在程序中，#define 命令出现在函数的外面，宏名的有效范围为从宏定义命令到此源文件结束。

📋 **学习笔记**

在编写程序时，通常将所有的 #define 命令放到源文件的开始处或独立的源文件中，而不是将它们分散到整个程序中。

4）可以用 #undef 命令终止宏定义的作用域。例如：

```
#include<stdio.h>
#define TEST "this is an example"
void main()
{
    printf(TEST);
```

```
#undef TEST
}
```

5）宏定义命令属于预处理命令，与定义变量不同，它只进行字符串替换，不分配内存空间。

11.1.2　带参数的宏定义

1. 带参数的宏定义方法

带参数的宏定义不只要进行简单的字符串替换，还要进行参数替换，其语法格式如下：

```
#define 宏名（参数表）字符串
```

例如，定义一个带参数的宏，实现的功能是比较 15 和 9 的大小，并且返回较小的值，具体代码如下（实例内容参考配套资源中的源码）：

```
#include<stdio.h>                                    /* 包含头文件 */
#define MIX(a,b)    (a<b?a:b)                        /* 定义一个带参数的宏 */
int main()                                           /* 主函数 main()*/
{
    int x = 15, y = 9;                               /* 定义变量 */
    printf("x,y为:\n");                              /* 提示输出 */
    printf("%d,%d\n", x, y);                         /* 输出 */
    printf("the min number is:%d\n", MIX(x, y));     /* 调用宏 */
    return 0;                                        /* 程序结束 */
}
```

2. 注意事项

关于带参数的宏定义，有以下几点需要注意。

1）在定义带参数的宏时，参数要用括号括起来，否则有时结果是正确的，有时结果是错误的。

例如，定义一个宏 SUM(x,y)，实现参数相加的功能，代码如下：

```
#define SUM(x,y)   x+y
```

在参数用括号括起来的情况下调用 SUM(x,y)，可以正确地输出结果；在参数不用括号括起来的情况下调用 SUM(x,y)，输出的结果是错误的。

2）宏定义必须使用括号保护表达式中低优先级的运算符，从而确保在调用宏时实现想要的效果。例如，如果表达式不用括号括起来，这样调用：

```
5*SUM(x,y)
```

则会被扩展为如下格式:

```
5*x+y
```

而本意是希望得到:

```
5*((x)+(y))
```

解决方法是将定义的宏 SUM(x,y) 用括号括起来。

3）在调用带参数的宏时,会将语句中的宏名后面括号内的实参代替 #define 命令行中的形参。

4）在定义带参数的宏时,宏名与带参数的括号之间不可以有空格,否则会将空格后的所有字符都作为字符串的一部分。

5）在带参数的宏定义中,不会给形参分配内存空间,因此不用定义形参的数据类型。

11.2　#include 命令

在一个文件中使用 #include 命令可以将另一个文件的全部内容包含进来,也就是说,使用 #include 命令可以使编译程序将一个文件嵌入带有 #include 命令的文件中,被嵌入的文件必须用双引号或尖括号括起来。例如:

```
#include "stdio.h"
#include <stdio.h>
```

上述两行代码均使用 C 语言编译程序读取并编译,用于处理磁盘文件库中的子程序。

上面的 #include 命令分为使用双引号和使用尖括号两种格式,二者的区别如下:

在使用尖括号时,系统到存储 C 库函数头文件的目录中寻找要包含的文件,这是标准格式;在使用双引号时,系统先在用户当前目录中寻找要包含的文件,如果找不到,那么再到存储 C 库函数头文件的目录中寻找要包含的文件。

在通常情况下,如果使用 #include 命令包含 C 库函数头文件,那么使用尖括号,可以节省查找的时间;如果使用 #include 命令包含用户自己编写的文件,那么使用双引号,因为用户自己编写的文件通常在当前目录中,如果文件不在当前目录中,双引号可以自动给出文件路径。

将一个文件嵌入使用 #include 命令的文件，称为文件包含，嵌套层次依赖于具体实现，如图 11.3 所示。

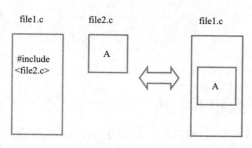

图 11.3　文件包含

经常用在文件头部的被包含的文件称为标题文件或头部文件，一般以 .h 为后缀。

在一般情况下，将如下内容放到头部文件中：

- 宏定义。

- 结构、联合和枚举声明。

- typedef 声明。

- 外部函数声明。

- 全局变量声明。

使用文件包含为实现程序修改提供了方便，当需要修改一些参数时不必修改每个程序，只需修改一个文件（头部文件）。

学习笔记

关于文件包含有以下几点需要注意：

- 一个 #include 命令只能指定一个被包含的文件。

- 文件包含是可以嵌套的，即在一个被包含的文件中还可以包含另一个被包含的文件。

11.3　条件编译

在一般情况下，源程序中的所有行都会参加编译，但是有时希望在满足一定条件时只对其中一部分内容进行编译，这时需要使用条件编译命令。使用条件编译命令可以方便地处理程序的调试版本和正式版本，并且增强程序的可移植性。

11.3.1　#if 命令

#if 命令的语法格式如下：

```
#if 常数表达式
语句块
#endif
```

#if 命令的功能如下：如果 #if 后的常数表达式为真，则编译 #if 与 #endif 之间的语句块，否则跳过这段程序。#endif 用于表示 #if 命令结束。

下面看一个关于 #if 命令的实例。利用宏和 #if 命令实现与 50 比较大小的功能，代码如下（实例内容参考配套资源中的源码）：

```c
#include<stdio.h>                       /* 包含头文件 */
#define NUM 50                          /* 定义宏，用 NUM 代表 50*/
void main()                             /* 主函数 main()*/
{
    int i = 0;                          /* 定义变量 */
    #if NUM>50                          /* 判断 NUM 是否大于 50*/
        i++;
    #endif
    #if NUM==50                         /* 判断 NUM 是否等于 50*/
        i = i + 50;                     /* 表达式运算 */
    #endif
    #if NUM<50                          /* 判断 NUM 是否小于 50*/
        i--;                            /* 表达式运算 */
    #endif
    printf("Now i is:%d\n", i);         /* 输出结果 */
}
```

上述程序的运行结果如图 11.4 所示。

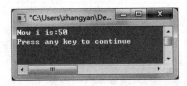

图 11.4　利用宏和 #if 命令实现与 50 比较大小的功能的运行结果

#elif 命令主要用于进行类似于"如果……或者如果……"的阶梯状多重编译操作，与多分支 if 语句中的 else if 语句类似。

#elif 命令的语法格式如下：

```
#if 表达式
语句块
#elif 表达式1
语句块
#elif 表达式2
语句块
...
#elif 表达式 n
语句块
#endif
```

11.3.2　#ifdef 命令与 #ifndef 命令

在 #if 命令中，需要判断符号常量的具体值。但有时并不需要判断符号常量的具体值，只需知道这个符号常量是否被定义了，这时可以采用另一种条件编译方法，即使用 #ifdef 命令与 #ifndef 命令，分别表示"如果有定义"及"如果无定义"。下面对这两个命令分别进行介绍。

1. #ifdef 命令

#ifdef 命令的语法格式如下：

```
#ifdef 宏名
语句块
#endif
```

其含义如下：如果 #ifdef 后面的宏名已被定义过，则对 #ifdef 与 #endif 之间的语句块进行编译；如果 #ifdef 后面的宏名未被定义，则不对 #ifdef 与 #endif 之间的语句块进行编译。

#ifdef 命令可以与 #else 命令连用，其语法格式如下：

```
#ifdef 宏名
语句块1
#else
语句块2
#endif
```

其含义如下：如果 #ifdef 后面的宏名已被定义过，则对语句块 1 进行编译；如果 #ifdef 后面的宏名未被定义，则对语句块 2 进行编译。

2. #ifndef 命令

#ifndef 命令的语法格式如下：

```
#ifndef 宏名
语句块
#endif
```

其含义如下：如果 #ifndef 后面的宏名未被定义，则对 #ifndef 与 #endif 之间的语句块进行编译；如果 #ifndef 后面的宏名已被定义过，则不对 #ifndef 与 #endif 之间的语句块进行编译。

同样，#ifndef 命令也可以与 #else 命令连用，其语法格式如下：

```
#ifndef 宏名
语句块 1
#else
语句块 2
#endif
```

其含义是：如果 #ifndef 后面的宏名未被定义，则对语句块 1 进行编译；如果 #ifndef 后面的宏名已被定义过，则对语句块 2 进行编译。

11.3.3　#undef 命令

在介绍 #define 命令时提到过 #undef 命令，使用 #undef 命令可以删除事先定义的宏。

#undef 命令的语法格式如下：

```
#undef 宏名
```

例如：

```
#define MAX_SIZE 100
char array[MAX_SIZE];
#undef  MAX_SIZE
```

在上述代码中，首先使用 #define 命令定义一个宏 MAX_SIZE，在遇到 #undef 命令之前，MAX_SIZE 宏的定义都是有效的。

📖 **学习笔记**

#undef 命令的作用是将宏名局限在需要它们的代码段中。

11.3.4　#line 命令

#line 命令可以改变 _LINE_ 与 _FILE_ 的内容，_LINE_ 用于存储当前编译行的行号，_FILE_ 用于存储当前编译的文件名。

#line 命令的语法格式如下：

```
#line 行号 [" 文件名 "]
```

其中，行号为任意一个正整数，可选的文件名为任意有效文件标识符。行号为源程序中当前行的行号，文件名为源文件的名字。#line 命令主要用于调试及实现一些特殊功能。例如，输出当前行号，代码如下（实例内容参考配套资源中的源码）：

```
#line 100 "13.7.C"
#include<stdio.h>
void main()
{
    printf("1. 当前行号：%d\n", __LINE__);
    printf("2. 当前行号：%d\n", __LINE__);
}
```

上述程序的运行结果如图 11.5 所示。

图 11.5　输出当前行号的运行结果

11.3.5　#pragma 命令

1. #pragma 命令

#pragma 命令的作用是设定编译器的状态，或者指示编译器完成一些特定的操作。#pragma 命令的语法格式如下：

```
#pragma 参数
```

参数可分为以下几种：

- message 参数，能够在编译信息输出窗口中输出相应的信息。

- code_seg 参数，用于指定分配函数的代码段。

- once 参数，保证头文件被编译一次。

2. 预定义宏名

ANSI 标准提供了以下 5 个预定义宏名。

- __LINE__：其含义是当前被编译代码的行号。

- __FILE__：其含义是当前源程序的文件名称。

- __DATE__：其含义是当前源程序的创建日期。

- __TIME__：其含义是当前源程序的创建时间。

- __STDC__：用于判断当前编译器是否符合标准 C，如果其值为 1，则表示符合标准 C，否则表示不符合标准 C。

📋 **学习笔记**

> 预定义宏名的书写比较特别，其前后各有两条下画线构成。

第 12 章　文件的输入与输出

文件是程序设计中的一个重要概念。在现代计算机的应用领域中，数据处理是一个重要方面，数据处理一般是通过文件的形式进行的。本章介绍如何将数据写入文件和从文件中读取数据。

12.1　文件概述

文件是指一组相关数据的有序集合，这个数据集的名称为文件名。例如，如图 12.1 所示，存储《劝学》诗句的就是一个文件，左上角"诗句"就是这个文件的名称，即文件名。

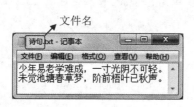

图 12.1　文件与文件名

在通常情况下，使用计算机就是在使用文件。文件的输入是指从标准输入设备（键盘）输入，文件的输出是指从标准输出设备（显示器或打印机）输出。不仅如此，我们还常将磁盘作为信息载体，用于存储中间结果或最终数据。在使用一些字处理工具时，会通过打开一个文件将磁盘中的数据输入内存空间，通过关闭一个文件将内存空间中的数据输出到磁盘，这时的输入和输出是针对文件系统的，因此文件系统也是输入和输出的对象。

所有文件都通过流进行输入、输出操作。与文本流和二进制流对应，文件可以分为两大类，分别为文本文件和二进制文件。

- 文本文件，又称为 ASCII 文件。文本文件在保存时，每个字符占 1 字节，用于存储对应的 ASCII 码。

- 二进制文件，不会存储 ASCII 码，但会按二进制编码格式存储文件内容。

从用户的角度（或所依附的介质）看，文件可以分为普通文件和设备文件。

- 普通文件是指存储于磁盘或其他外部介质中的有序数据集。

- 设备文件是指与主机相连的各种外部设备，如显示器、打印机、键盘等。在操作系统中，将外部设备看作文件进行管理，将它们的输入、输出等同于对磁盘文件的读取和写入操作。

根据文件内容，文件可以分为源文件、目标文件、可执行文件、头文件和数据文件等。

在 C 语言中，文件操作都是由库函数完成的。下面介绍主要的文件操作函数。

12.2　文件的基本操作

文件的基本操作包括文件的打开和关闭。除了标准的输入、输出文件外，其他文件都必须先打开再使用，在使用后也必须关闭。

12.2.1　文件指针

文件指针是一个指向文件有关信息的指针，这些信息包括文件名、状态和当前位置，它们存储于一个结构体变量中。在使用文件时需要为其分配内存空间，用于存储文件的基本信息。该结构体变量是由系统定义的，C 语言将该结构体变量命名为 FILE，其声明如下：

```
typedef struct
{
    short level;
    unsigned flags;
    char fd;
    unsigned char hold;
    short bsize;
    unsigned char *buffer;
    unsigned ar *curp;
    unsigned istemp;
    short token;
}FILE;
```

在上述代码中，使用 typedef 定义了一个 FILE 结构体变量，在编写程序时可使用

FILE 结构体变量定义文件指针变量，语法格式如下：

```
FILE *fp;
```

 学习笔记

fp 是一个指向 FILE 结构体变量的指针变量。

12.2.2　文件的打开

fopen() 函数主要用于打开一个文件，打开文件的操作就是创建一个流。fopen() 函数的原型在 stdio.h 头文件中。调用 fopen() 函数的语法格式如下：

```
FILE *fp;
fp=fopen（文件名，文件使用方式）;
```

- 文件名：要打开的文件的文件名。
- 文件使用方式：要对打开的文件进行的操作方式，如读取操作、写入操作。

文件使用方式如表 12.1 所示。

表 12.1　文件使用方式

文件使用方式	含　义
r（只读）	打开一个文本文件，只允许读取数据
w（只写）	打开或建立一个文本文件，只允许写入数据
a（追加）	打开一个文本文件，并且在文件末尾写入数据
rb（只读）	打开一个二进制文件，只允许读取数据
wb（只写）	打开或建立一个二进制文件，只允许写入数据
ab（追加）	打开一个二进制文件，并且在文件末尾写入数据
r+（读 / 写）	打开一个文本文件，允许读取和写入数据
w+（读 / 写）	打开或建立一个文本文件，允许读取和写入数据
a+（读 / 写）	打开一个文本文件，允许读取数据或在文件末尾写入数据
rb+（读 / 写）	打开一个二进制文件，允许读取和写入数据
wb+（读 / 写）	打开或建立一个二进制文件，允许读取和写入数据
ab+（读 / 写）	打开一个二进制文件，允许读取数据或在文件末尾写入数据

例如，要以只读方式打开文件名为"123"的文本文件，代码如下：

```
FILE *fp;
```

```
fp=fopen("123.txt","r");
```

如果使用 fopen() 函数打开文件成功，则返回一个有确定指向的文件指针，否则返回 NULL。使用 fopen() 函数打开文件失败的原因通常有以下几个方面：

- 指定的盘符或路径不存在。
- 文件名中含有无效字符。
- 以只读方式打开一个不存在的文件。

12.2.3　文件的关闭

在文件使用完毕后，应使用 fclose() 函数将其关闭。就像水龙头，在用水完毕后，必须关闭水龙头。fclose() 函数和 fopen() 函数一样，原型也在 stdio.h 头文件中。调用 fclose() 函数的语法格式如下：

```
fclose(文件指针);
```

例如：

```
fclose(fp);
```

fclose() 函数会返回一个值，如果完成关闭文件操作，则 fclose() 函数的返回值为 0，否则 fclose() 函数的返回值为 "EOF"。

📋 学习笔记

在程序结束前应关闭所有文件，用于防止没有关闭文件造成的数据流失。

12.3　文件的读 / 写

在打开文件后，即可对文件进行读取操作或写入操作。

12.3.1　fputc() 函数

fputc() 函数的语法格式如下：

```
ch=fputc(ch,fp);
```

该函数的作用是将一个字符写入磁盘文件（fp 指针指向的文件）。其中，ch 是要输出的字符，它可以是一个字符常量，也可以是一个字符变量；fp 是文件指针变量。如果 fputc() 函数写入成功，则返回值是写入的字符；如果 fputc() 函数写入失败，则返回"EOF"。

12.3.2　fgetc() 函数

fgetc() 函数的语法格式如下：

```
ch=fgetc(fp);
```

该函数的作用是从指定的文件（fp 指针指向的文件）中读取一个字符并将其赋给 ch。需要注意的是，该文件必须以只读或读 / 写方式打开。fgetc() 函数在遇到文件结束符时会返回一个文件结束标志"EOF"。

12.3.3　fputs() 函数

fputs() 函数与 fputc() 函数类似，区别在于 fputc() 函数每次只向文件中写入一个字符，而 fputs() 函数每次向文件中写入一个字符串。

fputs() 函数的语法格式如下：

```
fputs(字符串,文件指针)
```

该函数的作用是向指定的文件中写入一个字符串，这个字符串可以是字符串常量，也可以是字符数组名或字符型指针。

12.3.4　fgets() 函数

fgets() 函数与 fgetc() 函数类似，区别在于 fgetc() 函数每次只从文件中读取一个字符，而 fgets() 函数每次从文件中读取一个字符串。

fgets() 函数的语法格式如下：

```
fgets(字符数组名,n,文件指针);
```

该函数的作用是从指定的文件中读取一个字符串并将其赋给一个字符数组，n 表示这个字符串中字符的个数（包含字符串结束符"\0"）。

12.3.5 fprintf() 函数 fscanf() 函数

前面介绍过 printf() 和 scanf() 函数，二者都是格式化读 / 写函数，下面要介绍的 fprintf() 函数和 fscanf() 函数与 printf() 函数和 scanf() 函数的作用相似，它们最大的区别是读 / 写的对象不同，fprintf() 函数和 fscanf() 函数读 / 写的对象不是终端，而是磁盘文件。

1. fprintf() 函数

fprintf() 函数的语法格式如下：

```
ch=fprintf（文件指针，格式字符，输出列表）;
```

例如：

```
fprintf(fp,"%d",i);
```

它的作用是将 i 的值以带符号的十进制整数形式输出到 fp 指针指向的文件中。

2. fscanf() 函数

fscanf() 函数的语法格式如下：

```
fscanf（文件指针，格式字符，输入列表）;
```

例如：

```
fscanf(fp,"%d",&i);
```

它的作用是将 i 的值以带符号的十进制整数形式写入 fp 指针指向的文件。

12.3.6 fread() 函数和 fwrite() 函数

前面介绍的 fputc() 函数和 fgetc() 函数每次只能读 / 写文件中的一个字符，但是在编写程序的过程中往往需要对整块数据进行读 / 写，例如，对一个结构体变量进行读 / 写。下面介绍实现对整块数据进行读 / 写功能的 fread() 函数和 fwrite() 函数。

1. fread() 函数

fread() 函数的语法格式如下：

```
fread(buffer,size,count,fp);
```

该函数的作用是从 fp 指针指向的文件中读取数据，并且将读取的数据存入 buffer 指向的地址（起始地址）中，每次读取 size 字节，连续读取 count 次。

- buffer：一个指针，指向要将读取的数据存入的地址（起始地址）。
- size：每次读取的字节数。
- count：要读取 size 字节的次数。
- fp：文件指针。

例如：

```
fread(a,2,3,fp);
```

其含义是从 fp 指针指向的文件中每次读取 2 字节到指针 a 中，连续读取 3 次。

2. fwrite() 函数

fwrite() 函数的语法格式如下：

```
fwrite(buffer,size,count,fp);
```

该函数的作用是将 buffer 指针指向的地址（起始地址）的数据写入 fp 指针指向的文件，每次写入 size 字节，连续写入 count 次。

- buffer：一个指针，指向要获取数据的地址（起始地址）。
- size：要写入的字节数。
- count：要写入 size 字节的次数。
- fp：文件指针。

例如：

```
fwrite(a,2,3,fp);
```

其含义是将指针 a 中的数据写入 fp 指针指向的文件，每次写入 2 字节，连续写入 3 次。

12.4　文件的定位

在对文件进行操作时往往无须从头开始，只需对其中指定的内容进行操作，这时需要使用文件定位函数对文件进行随机读 / 写操作。本节会介绍 3 种随机读 / 写函数。

12.4.1　fseek() 函数

fseek() 函数的语法格式形式如下：

```
fseek ( 文件指针 , 位移量 , 起始点 );
```

该函数的作用是移动文件指针的位置。

文件指针：指向被移动的文件。

位移量：表示移动的字节数。要求该值为 long 型数据，以便在文件长度大于 64KB 时不会出错。当用常量表示位移量时，要求加上后缀 L。

起始点：表示开始计算位移量的位置。规定的起始点包括文件首、文件当前位置和文件尾，其表示方法如表 12.2 所示。

表 12.2　起始点的表示方法

起 始 点	表 示 符 号	数 字 表 示
文件首	SEEK—SET	0
文件当前位置	SEEK—CUR	1
文件尾	SEEK—END	2

例如：

```
fseek(fp,-20L,1);
```

表示将 fp 指针从文件当前位置向后移 20 字节。

📋 **学习笔记**

　　fseek() 函数一般用于二进制文件。在文本文件中，由于要进行数据转换，因此计算的位置经常出现错误。

文件的随机读 / 写操作在移动文件指针之后进行，可以用前面介绍的任意一种读 / 写函数进行读 / 写操作。

12.4.2　rewind() 函数

与 fseek() 函数一样，rewind() 函数也可以定位文件指针，从而达到随机读 / 写文件的目的。rewind() 函数的语法格式如下：

```
int rewind( 文件指针 )
```

该函数的作用是使文件指针返回文件的开头。该函数没有返回值。

12.4.3　ftell() 函数

ftell() 函数的语法格式如下：

```
long ftell( 文件指针 )
```

该函数的作用是得到文件指针在流式文件中的当前位置。该函数返回文件指针相对于文件开头的位移量，如果返回值为 -1L，则表示文件指针的位置发生错误。

第 13 章　内存空间管理

　　程序在运行时，会将需要的数据都组织存储于内存空间中，以备后续使用。在软件开发过程中，常常需要动态地分配和释放内存空间。例如，对动态链表中的节点进行插入和删除操作，就需要对内存空间进行管理。

　　本章致力于使读者了解内存空间的组织方式，了解堆和栈的区别，掌握动态管理内存空间的函数的使用方法，了解内存空间在什么情况下会丢失。

13.1　内存空间

　　程序存储的概念是所有计算机的基础，程序的机器语言命令和数据都存储于同一个逻辑内存空间中。下面具体介绍内存空间的组织方式。

13.1.1　内存空间的组织方式

　　开发人员在程序编写完成后，要先将程序装载到计算机的内核或半导体内存空间中，再运行程序。内存空间模型示意图如图 13.1 所示。

　　图 13.1 中包含以下 4 个逻辑段：

- 程序代码。
- 静态数据。程序代码和静态数据存储于固定的内存空间中。
- 动态数据（堆）。程序请求动态分配的内存空间来自内存空间池。
- 栈。局部数据对象、函数的参数、主调函数和被调函数的联系存储于称为栈的内存空间池中。

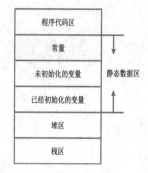

图 13.1　内存空间模型示意图

根据操作系统和编译器的不同，堆和栈既可以是被所有同时运行的程序共享的操作系统资源，又可以是使用它们的程序独占的局部资源。

13.1.2　堆与栈

根据内存空间的组织方式可知，堆是用于存储动态数据的内存空间，而栈是用于存储局部数据对象、函数的参数、主调函数和被调函数之间的联系的内存空间，下面对二者进行详细讲解。

1. 堆

在内存空间的全局存储空间中，程序动态分配和释放的内存空间块称为自由存储空间，又称为堆。

在 C 语言程序中，使用 malloc() 函数和 free() 函数从堆中动态地分配和释放内存空间。

例如，使用 malloc() 函数分配一个整型变量的内存空间，在使用完该内存空间后，使用 free() 函数释放该内存空间，具体代码如下（实例内容参考配套资源中的源码）：

```
#include <stdlib.h>
#include<stdio.h>

int main()
{
    char *pInt;                              /* 定义指针 */
    pInt = (char*)malloc(sizeof(char));      /* 分配内存空间 */
    *pInt = 65;                              /* 使用分配的内存空间 */
    printf("the graph is:%c\n", *pInt);      /* 输出图形 */
```

```
    free(pInt);                                              /* 释放内存空间 */
    return 0;
}
```

2. 栈

程序不会像处理堆那样在栈中显式地分配内存空间。当程序调用函数或声明局部变量时，系统会自动给其分配内存空间。

栈是一个后进先出的压入弹出式的数据结构。在程序运行时，每次只能向栈中压入一个对象，然后栈指针向下移动一个位置。当系统从栈中弹出一个对象时，最晚进栈的对象最先被弹出，然后栈指针向上移动一个位置。如果栈指针位于栈顶，则表示栈是空的；如果栈指针指向最下面的数据项的后一个位置，则表示栈是满的。栈的操作过程如图 13.2 所示。

程序员经常利用栈处理适合使用后进先出逻辑的编程问题。这里讨论的栈在程序中客观存在，它是在程序运行时由系统自动处理的，不需要程序员编写代码去维护，这个特性和后进先出的特性是栈明显区别于堆的标志。例如，一个玻璃杯中装了三个球，效果如图 13.3 所示，先放入的红色小球被压到竹筒的底端，当我们想要取出红色小球时，就要先取出上面的两个小球，这就是生活中典型的后进先出的例子。

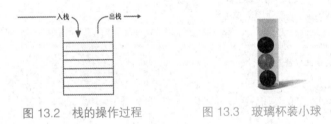

图 13.2 栈的操作过程　　图 13.3 玻璃杯装小球

13.2 动态管理内存空间的函数

13.2.1 malloc() 函数

malloc() 函数的语法格式如下：

```
void *malloc(unsigned int size);
```

该函数包含在 stdlib.h 头文件中，其功能是动态地分配一块 size 大小的内存空间。malloc() 函数会返回一个指针，该指针指向分配的内存空间的地址，如果在分配内存空间时发生错误，则返回 NULL。

学习笔记

使用 malloc() 函数分配的内存空间在堆中，而不在栈中，因此在使用完这块内存空间后一定要将其释放，释放内存空间使用的是 free() 函数（将在 13.2.4 节进行介绍）。

例如，使用 malloc() 函数分配一个 int 型内存空间，代码如下：

```
int *pInt;
pInt=(int*)malloc(sizeof(int));
```

首先定义一个 int 型指针变量 pInt，用于存储分配的内存空间的地址。在使用 malloc() 函数分配内存空间时，需要指定内存空间的大小（size），这时调用 sizeof() 函数就可以得到指定数据类型所占内存空间的大小。malloc() 函数在成功分配内存空间后会返回一个指针，因为分配的是一个 int 型内存空间，所以返回的指针也应该是 int 型指针，需要对返回的指针进行强制类型转换。最后将函数返回的指针赋给指针变量 pInt，pInt 指向的就是动态分配的 int 型内存空间的起始地址。

13.2.2　calloc() 函数

calloc() 函数的语法格式如下：

```
void *calloc(unsigned n, unsigned size);
```

该函数也在 stdlib.h 头文件中，其功能是在内存空间中动态分配 n 个长度为 size 的连续内存空间。calloc() 函数会返回一个指针，该指针指向动态分配的连续内存空间的地址，如果在分配内存空间时发生错误，则返回 NULL。

例如，使用 calloc() 函数分配一个 int 型数组内存空间，代码如下：

```
int* pArray;                          /* 定义指针 */
pArray=(int*)calloc(3,sizeof(int));   /* 分配 int 型数组内存空间 */
```

上述代码中的 pArray 是一个 int 型指针变量，使用 calloc() 函数分配 int 型数组内存空间，第一个参数表示数组中元素的个数，第二个参数表示数组中元素的数据类型。最后将返回的指针赋给指针变量 pArray，pArray 指向的就是动态分配的 int 型数组内存空间的起始地址。

13.2.3　realloc() 函数

realloc() 函数的语法格式如下：

```
void *realloc(void *ptr,size_t size);
```

该函数也在 stdlib.h 头文件中，其功能是将 ptr 指针指向的内存空间设置为 size 大小。设置的 size 大小可以是任意的，既可以比原来的内存空间大，也可以比原来的内存空间小。返回值是一个指向新地址的指针，如果在分配内存空间时发生错误，则返回 NULL。

例如，将一个分配的 doulde 型内存空间的大小修改为 int 型内存空间的大小，代码如下：

```
fDouble=(double*)malloc(sizeof(double));
iInt=realloc(fDouble,sizeof(int));
```

其中，fDouble 指针指向分配的 double 型内存空间，之后使用 realloc() 函数修改 fDouble 指针指向的内存空间的大小，将其内存空间大小设置为 int 型内存空间大小，然后将改变后的内存空间的起始地址返回并赋给 iInt 指针变量。

13.2.4　free() 函数

free() 函数的语法格式如下：

```
void free(void *ptr);
```

free() 函数的功能是释放指针 ptr 指向的内存空间，使释放的内存空间能被其他变量使用。ptr 指针是最近一次调用 calloc() 函数、malloc() 函数或 realloc() 函数时返回的指针。free() 函数无返回值。

例如，释放一个分配给 int 型变量的内存空间，代码如下：

```
free(pInt);
```

上述代码中的 pInt 是一个指向 int 型内存空间的指针，使用 free() 函数将其指向的内存空间释放。

下面来看一个实例。将分配的内存空间释放，并且在释放前输出该内存空间中存储的数据，在释放后利用指针再输出一次，代码如下（实例内容参考配套资源中的源码）：

```
#include<stdio.h>
#include<stdlib.h>
```

```
int main()
{
    int* pInt;                              /*int 型指针 */
    pInt = (int*)malloc(sizeof(pInt));      /* 分配的 int 型内存空间 */
    *pInt = 100;                            /* 赋值 */
    printf("%d\n", *pInt);                  /* 将值输出 */
    free(pInt);                             /* 释放该内存空间 */
    printf("%d\n", *pInt);                  /* 将值输出 */
    return 0;
}
```

运行上述程序，运行结果如图 13.4 所示。

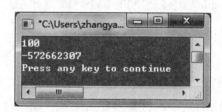

图 13.4　使用 free() 函数释放内存空间

观察两次输出的结果，可以看出在调用 free() 函数后，内存空间被释放了。

13.2.5　malloc()、calloc()、realloc() 函数的区别

这 3 个函数都是动态分配内存空间的函数，初学者在使用时很难选择。这 3 个函数除了语法格式不同，本质上也有很大区别，malloc() 函数和 calloc() 函数的主要区别是 malloc() 函数不能初始化所分配的内存空间，而 calloc() 函数能，它会将所分配的内存空间中的每一位都初始化为零，而 realloc() 函数可以对申请的内存空间的大小进行调整。

13.3　内存空间丢失

在分配内存空间后，要使用 free() 函数释放分配的内存空间，否则会造成内存空间丢失，可能会导致系统崩溃。

如果程序很简单，在程序运行结束之前不会使用过多的内存空间，不会降低系统的性能，那么可以不使用 free() 函数释放内存空间。在程序运行结束后，操作系统会自动释放

内存空间。

但是在开发大型程序时，如果不使用 free() 函数释放内存空间，那么后果是很严重的。例如，在一个程序中要重复多次分配 10MB 的内存空间，如果在每次用完分配的内存空间后使用 free() 函数将其释放，那么这个程序只需使用 10MB 的内存空间；但是如果在每次用完分配的内存空间后不使用 free() 函数将其释放，那么这个程序要重复分配多个 10MB 的内存空间，从而造成内存空间的浪费。这些占用的内存空间包括大部分虚拟内存空间，由于虚拟内存空间的操作需要读 / 写磁盘，因此会极大地影响系统的性能，可能造成系统崩溃。

因此，在程序中分配了内存空间后，使用 free() 函数释放分配的内存空间是一个良好的编程习惯。

但有时会有将内存空间丢失的情况。例如：

```
pOld=(int*)malloc(sizeof(int));
pNew=(int*)malloc(sizeof(int));
```

上述两行代码分别创建了一块内存空间，并且将内存空间的地址分别赋给了指针 pOld 和 pNew，此时指针 pOld 和 pNew 分别指向两块内存空间。如果进行如下操作：

```
pOld=pNew;
```

pOld 指针就指向了 pNew 指针指向的内存空间，这时再进行释放内存空间的操作：

```
free(pOld);
```

此时释放的 pOld 指针指向的内存空间是 pNew 指针指向的内存空间，但是 pOld 指针原来指向的内存空间还没有被释放，因为没有指针指向这块内存空间，所以这块内存空间就丢失了。

第三篇　数据库篇

第 14 章　管理 SQL Server 2014

如果用户的数据库较大，安全性要求较高，一般使用 SQL Server 数据库。本章会详细介绍 SQL Server 2014 的安装、管理和维护，很多操作附带了教学视频，读者可以轻松学习。通过对本章内容的学习，读者可以轻松管理和维护 SQL Server 数据库。

14.1　SQL Server 数据库简介

SQL Server 是由微软公司开发的一个大型的关系型数据库管理系统，它为用户提供了一个安全、可靠、易管理和高端的客户端 / 服务器端数据库平台。

SQL Server 数据库的中心数据存储于一个中心计算机中，该计算机被称为服务器。用户通过客户端的应用程序访问服务器端的数据库，在用户访问数据库时，SQL Server 首先会对访问的用户请求进行安全验证，在验证通过后才能处理请求，并且将处理的结果返回给客户端应用程序。

14.2　安装 SQL Server

SQL Server 是微软公司推出的数据库管理系统，深受广大开发者的喜欢。从 SQL Server 2005 开始，SQL Server 数据库的安装与配置过程类似，这里以 SQL Server 2014 为例讲解 SQL Server 数据库的安装与配置过程。

14.2.1　安装 SQL Server 2014 的必备条件

在安装 SQL Server 2014 之前，首先要了解安装 SQL Server 2014 的必备条件，检查计算机的软硬件配置是否满足 SQL Server 2014 的安装要求。安装 SQL Server 2014 的必备条件如表 14.1 所示。

表 14.1　安装 SQL Server 2014 的必备条件

名　　称	说　　明
操作系统	Windows 7（SP1）、Windows 8、Windows 8.1、Windows Server 2008 R2 SP1（x64）、Windows Server 2012（x64）、Windows 10
软件	SQL Server 安装程序需要使用 Microsoft Windows Installer 4.5 或更高版本，以及微软数据访问组件（MDAC）2.8 SP1 或更高版本
处理器	1.4GHz 处理器，建议使用 2.0 GHz 或速度更快的处理器
RAM	最小 2GB，建议使用 4GB 或更大的 RAM
可用硬盘空间	至少 2.2 GB 的可用硬盘空间
CD-ROM 驱动器或 DVD-ROM 驱动器	在从磁盘中进行安装时需要相应的 CD 驱动器或 DVD 驱动器
显示器	SQL Server 2014 要求有 Super-VGA 800×600 或更高分辨率的显示器

14.2.2　SQL Server 2014 的安装步骤

SQL Server 2014 的安装步骤如下。

（1）使用虚拟光驱软件加载下载的 SQL Server 2014 的安装镜像文件（.iso 文件），在"SQL Server 安装中心"窗口中选择左侧的"安装"选项，再单击"全新 SQL Server 独立安装或向现有安装添加功能"超链接，如图 14.1 所示。

（2）打开"SQL Server 2014 安装程序"窗口，在该窗口的"产品密钥"页面选择"输入产品密钥"单选按钮，然后在下面的文本框中输入产品密钥，单击"下一步"按钮，如图 14.2 所示。

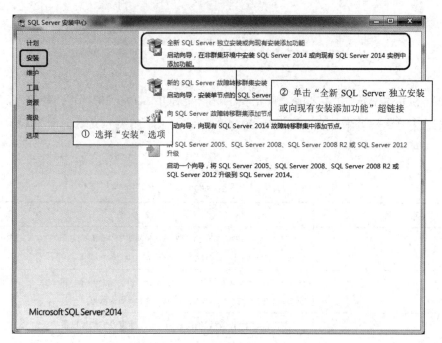

图 14.1　"SQL Server 安装中心"窗口

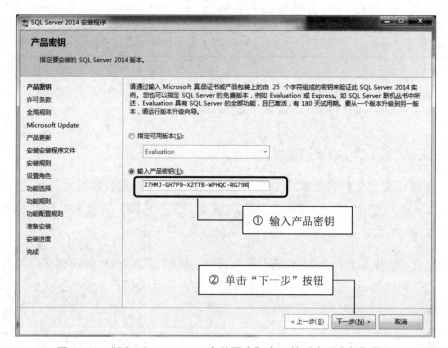

图 14.2　"SQL Server 2014 安装程序"窗口的"产品密钥"页面

（3）进入"许可条款"页面，勾选"我接受许可条款"复选框，单击"下一步"按钮，如图 14.3 所示。

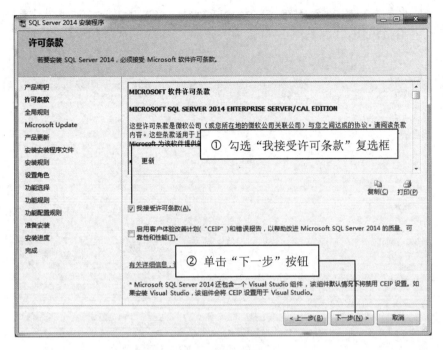

图 14.3　"许可条款"页面

（4）进入"全局规则"页面，在规则检查完成后，单击"下一步"按钮，如图 14.4 所示。

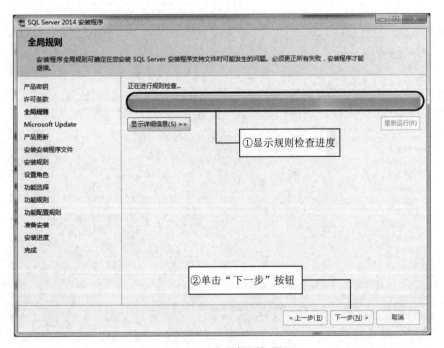

图 14.4　"全局规则"页面

（5）进入"Microsoft Update"页面，单击"下一步"按钮，如图 14.5 所示。

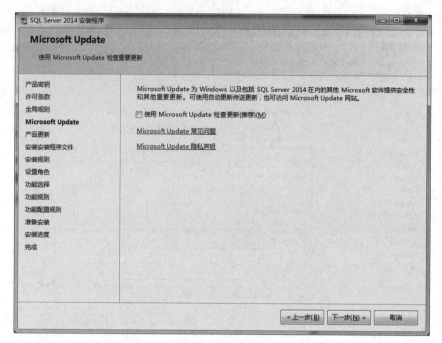

图 14.5　"Microsoft Update" 页面

（6）进入"产品更新"页面，在该页面中之所以出现错误提示，是因为 Windows 系统没有设置自动更新，忽略该错误，单击"下一步"按钮，如图 14.6 所示。

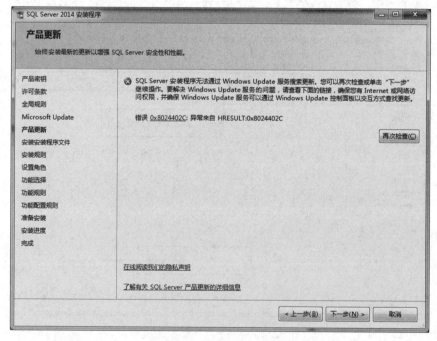

图 14.6　"产品更新" 页面

（7）进入"安装安装程序文件"页面，在安装完必要的安装程序文件后，单击"下一步"按钮，如图 14.7 所示。

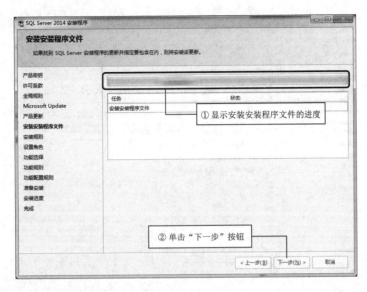

图 14.7　"安装安装程序文件"页面

（8）进入"安装规则"页面，如果所有规则都通过了，则单击"下一步"按钮，如图 14.8 所示

图 14.8　"安装规则"页面

（9）进入"设置角色"页面，选择"SQL Server 功能安装"单选按钮，单击"下一步"按钮，如图 14.9 所示。

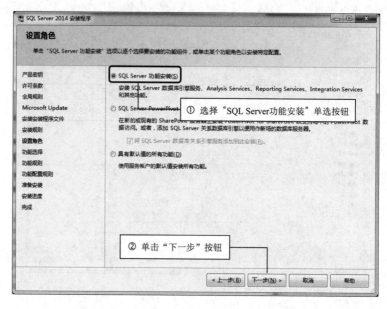

图 14.9　"设置角色"页面

（10）进入"功能选择"页面，在该页面中可以选择要安装的功能，这里单击"全选"按钮，即可安装所有功能，单击"下一步"按钮，如图 14.10 所示。

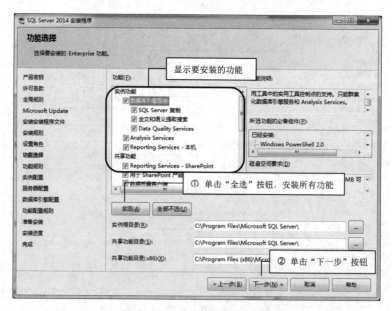

图 14.10　"功能选择"页面

（11）进入"实例配置"页面，在该页面中选择"命名实例"单选按钮并在后面的文本框中输入实例的名称，然后选择实例目录，单击"下一步"按钮，如图 14.11 所示。

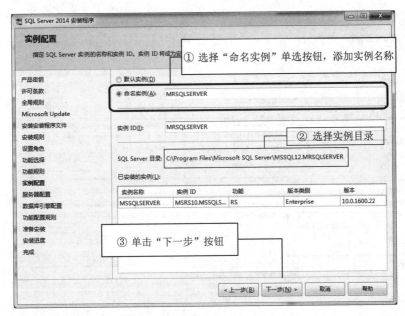

图 14.11　"实例配置"页面

（12）进入"服务器配置"页面，单击"下一步"按钮，如图 14.12 所示。

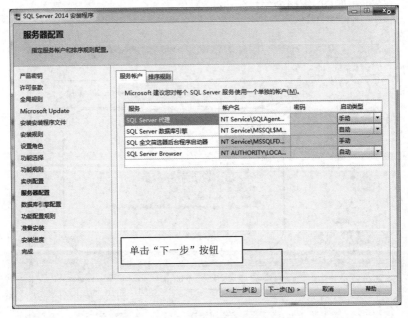

图 14.12　"服务器配置"页面

（13）进入"数据库引擎配置"页面，首先在该页面中选择身份验证模式，然后设置密码，再单击"添加当前用户"按钮，最后单击"下一步"按钮，如图 14.13 所示。

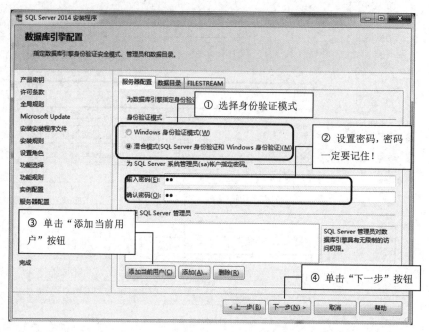

图 14.13 "数据库引擎配置"页面

（14）进入"准备安装"页面，在该页面中会显示准备安装的 SQL Server 2014 功能，单击"安装"按钮，如图 14.14 所示。

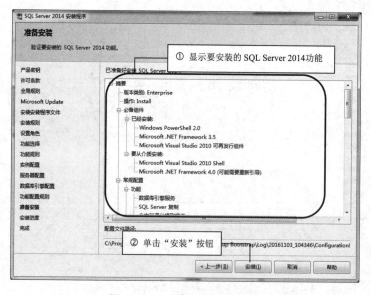

图 14.14 "准备安装"页面

（15）进入"安装进度"页面，在该页面中会显示 SQL Server 2014 的安装进度，单击"下一步"按钮，如图 14.15 所示。

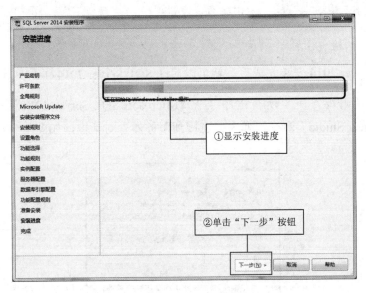

图 14.15 "安装进度"页面

（16）进入"完成"页面，在该页面中会显示安装的所有功能是否安装成功，单击"关闭"按钮，即可完成 SQL Server 2014 的安装，如图 14.16 所示。

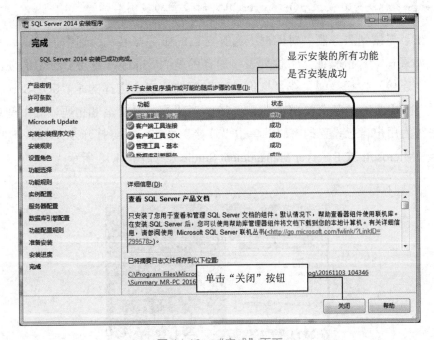

图 14.16 "完成"页面

14.3 启动 SQL Server 2014

在 SQL Server 2014 安装完成后，就可以启动 SQL Server 2014 了，具体步骤如下。

（1）选择"开始"→"所有程序"→"Microsoft SQL Server 2014"→"SQL Server 2014 Management Studio"命令，弹出"连接到服务器"对话框，如图 14.17 所示。

图 14.17 "连接到服务器"对话框

📋 **学习笔记**

> 服务器名称就是在安装 SQL Server 2014 时设置的实例名称。

（2）在"连接到服务器"对话框中选择自己的服务器名称（通常为默认）和身份验证方式，如果在"身份验证"下拉列表中选择的是"Windows 身份验证"选项，则可以直接单击"连接"按钮；如果在"身份验证"下拉列表中选择的是"SQL Server 身份验证"选项，则需要输入在安装 SQL Server 2014 时设置的登录名和密码，其中登录名通常为 sa，密码为用户自己设置的密码，单击"连接"按钮，即可打开 SQL Server 2014 的企业管理器（Microsoft SQL Server Management Studio），如图 14.18 所示。

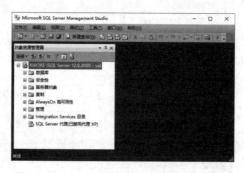

图 14.18 SQL Server 2014 的企业管理器

14.4　脚本与批处理

14.4.1　将数据库生成脚本

（1）打开 SQL Server 2014 的企业管理器，在"对象资源管理器"中展开"数据库"节点，选中欲生成脚本的数据库，具体操作如图 14.19 所示。

图 14.19　打开"生成和发布脚本"窗口的具体操作

（2）打开"生成和发布脚本"窗口，在"简介"页面勾选"不再显示此页"复选框，单击"下一步"按钮，如图 14.20 所示。

图 14.20　"生成和发布脚本"窗口的"简介"页面

（3）进入"选择对象"页面，因为要将数据库及数据库中的全部数据对象生成脚本，所以直接单击"下一步"按钮，如图 14.21 所示。

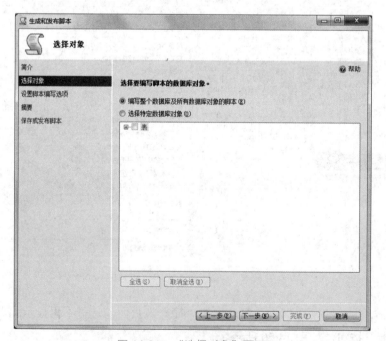

图 14.21　"选择对象"页面

（4）进入"设置脚本编写选项"页面，单击"文件名"文本框后的▭▭按钮可以设置脚本的存储位置，在设置好脚本的存储位置后，单击"下一步"按钮，如图 14.22 所示。

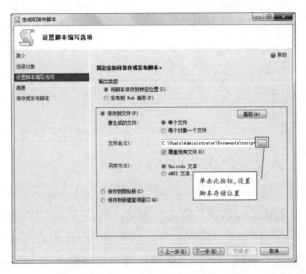

图 14.22　"设置脚本编写选项"页面

（5）进入"保存或发布脚本"页面，在此页面中单击"完成"按钮，即可完成数据库脚本文件的生成，如图 14.23 所示。生成的数据库脚本文件如图 14.24 所示。

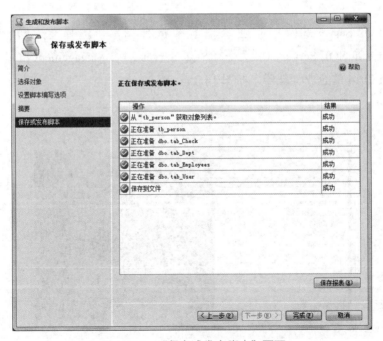

图 14.23　"保存或发布脚本"页面

图 14.24　生成的数据库脚本文件

14.4.2　将指定表生成脚本

生成表脚本与生成数据库脚本的步骤大致相同，只是在 14.4.1 节的步骤（3）中的"选择对象"页面中选择"选择特定数据库对象"单选按钮，具体步骤可以参考 14.4.1 节。表脚本与数据库脚本的区别在于表脚本会在当前数据库中创建数据表、视图、存储过程等数据库对象，而数据库脚本会创建一个新的数据库，并且在该数据库中创建各种数据库对象。

14.4.3　执行脚本

可以在 SQL Server 2014 的企业管理器中执行脚本。选择"开始"→"所有程序"→"Microsoft SQL Server 2014"→"SQL Server 2014 Management Studio"命令，进入 SQL Server 2014 的企业管理器，如图 14.25 所示。

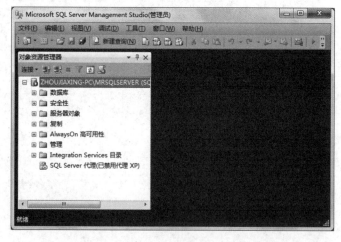

图 14.25　SQL Server 2014 的企业管理器

在 SQL Server 2014 的企业管理器中选择"文件"→"打开"→"文件"命令，弹出"打开文件"对话框，如图 14.26 所示。

图 14.26 "打开文件"对话框

在"打开文件"对话框中选择需要执行的脚本，如 script.sql 脚本，单击"打开"按钮打开该脚本，如图 14.27 所示。

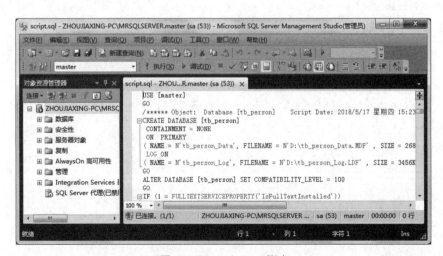

图 14.27 script.sql 脚本

在 SQL Server 2014 的企业管理器中单击"执行"按钮或按〈F5〉快捷键执行脚本中的 SQL 语句。

14.4.4　批处理

批处理是指两条或更多条 SQL 语句的集合，当要完成的任务不能由单独一条 SQL 语句完成时，可以使用批处理组织多条 SQL 语句，从应用程序一次性发送到 SQL Server 并由 SQL Server 编译成一个可执行单元，此单元称为执行计划。执行计划中的 SQL 语句每次只能执行一条。

在建立批处理时，使用 GO 语句作为批处理的结束标记。但是在一条 GO 语句中只能使用注释文字，不能包含其他 SQL 语句。如果在一个批处理中存在语法错误，如引用了一个并不存在的对象，则整个批处理都不能被成功地编译和执行。如果一个批处理中某条 SQL 语句发生执行错误，如违反了约束，则仅影响该条 SQL 语句的执行，并不影响批处理中其他 SQL 语句的执行。

在建立批处理时，应当注意以下几点：

- CREATE DEFAULT、CREATE PROCEDURE、CREATE RULE、CREATE TRIGGER 及 CREATE VIEW 不能与其他语句放在一个批处理中。
- 不能在一个批处理中引用其他批处理中定义的变量。
- 在将规则和默认值绑定到表字段或用户自定义数据类型上后，不能立即在同一个批处理中使用它们。
- 在一个 CHECK 约束定义完成后，不能立即在同一个批处理中使用该约束。
- 在表中的一个字段名修改完成后，不能立即在同一个批处理中引用新字段名。
- 如果一个批处理中的第一条语句是执行某个存储过程的 EXECUTE 语句，则 EXECUTE 关键字可以省略；否则必须使用 EXECUTE 关键字，或者将 EXECUTE 缩写为 EXEC。

14.5　备份和还原数据库

14.5.1　备份和还原的概念

备份数据库是指对数据库或事务日志进行复制，当系统、磁盘或数据库文件损坏时，可以使用备份文件进行恢复，从而防止数据丢失。

还原数据库是指使用数据库的备份文件对数据库进行还原操作。病毒的破坏、磁盘损坏或操作员操作失误等都会导致数据丢失或数据错误，此时，需要对数据库进行还原操作。将数据还原到某一天，前提是当天进行了数据备份。

14.5.2 备份数据库

（1）打开 SQL Server 2014 的企业管理器，在"对象资源管理器"中展开"数据库"节点，选中欲备份的数据库，具体操作如图 14.28 所示。

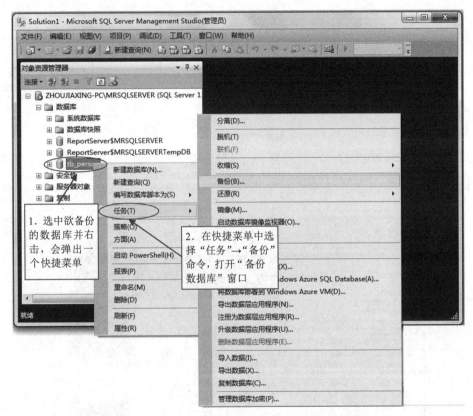

图 14.28 打开"备份数据库"窗口的具体操作

（2）打开"备份数据库"窗口，为数据库指定备份文件，单击"添加"按钮可以更改备份文件的名称和位置，单击"确定"按钮开始备份数据库，如图 14.29 所示。

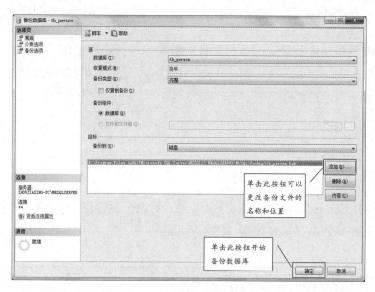

图 14.29 "备份数据库"窗口

14.5.3 还原数据库

打开 SQL Server 2014 的企业管理器，在"对象资源管理器"中展开"数据库"节点，选中欲还原的数据库，具体操作如图 14.30 所示。

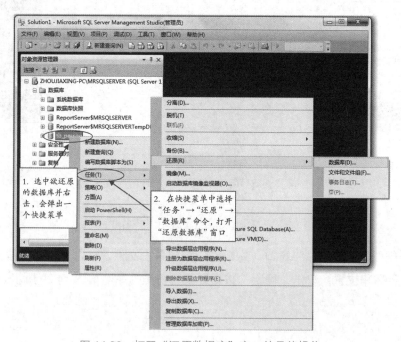

图 14.30 打开"还原数据库"窗口的具体操作

14.6 分离和附加数据库

14.6.1 分离数据库

分离数据库是指将数据库从服务器中分离出去，但并没有删除数据库，数据库文件依然存在，如果在需要使用数据库时，可以通过附加的方式将数据库附加到服务器中。在SQL Server 2014 中分离数据库非常简单，方法如下：

打开 SQL Server 2014 的企业管理器，在"对象资源管理器"中展开"数据库"节点，选中欲分离的数据库，具体操作如图 14.31 所示。

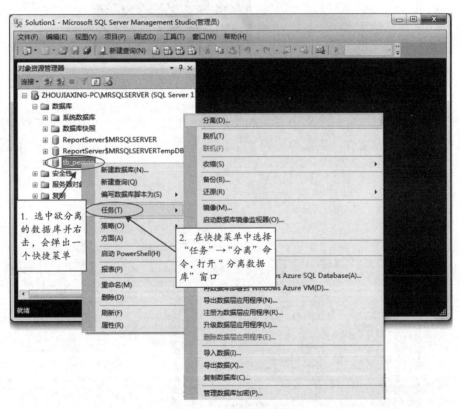

图 14.31 打开"分离数据库"窗口的具体操作

14.6.2　附加数据库

通过附加的方式可以向服务器中添加数据库，前提是需要存在数据库文件和数据库日志文件。下面以附加 14.6.1 节分离的数据库为例，介绍如何附加数据库。

打开 SQL Server 2014 的企业管理器，在"对象资源管理器"中选中"数据库"节点，具体操作如图 14.32 所示。

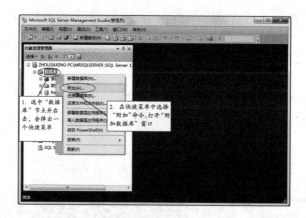

图 14.32　打开"附加数据库"窗口的具体操作

在"附加数据库"窗口中单击"添加"按钮，在打开的"定位数据库文件"窗口中选择欲附加的数据库文件，连续单击两次"确定"按钮，即可完成附加数据库操作，如图 14.33 所示。

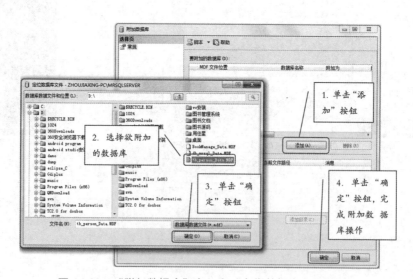

图 14.33　"附加数据库"窗口和"定位数据库文件"窗口

14.7　导入和导出数据库、数据表

14.7.1　导入数据库

在 SQL Server 2014 中，用户可以将其他服务器中的数据库导入自己的系统中，而且在导入过程中可以选择自己需要的数据表，不必将所有数据表都导入自己的系统中。

14.7.2　导入 SQL Server 数据表

在 SQL Server 2014 中导入 SQL Server 数据表非常方便，下面以向 tb_person 数据库中导入 BookManage 数据库中的 tb_bookinfo 数据表为例，介绍如何导入 SQL Server 数据表。

（1）打开 SQL Server 2014 的企业管理器，在"对象资源管理器"中选中"数据库"节点，具体操作如图 14.34 所示。

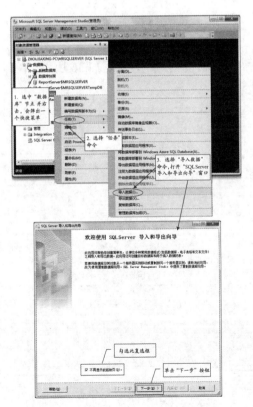

图 14.34　打开"SOL Server 导入和导出向导"窗口

📋 **学习笔记**

> 选择"开始"→"所有程序"→"Microsoft SQL Server 2014"→"SQL Server 2014 导入和导出数据"命令，也能打开"SQL Server 导入和导出向导"窗口。

（2）进入"选择数据源"页面，具体操作如图 14.35 所示。

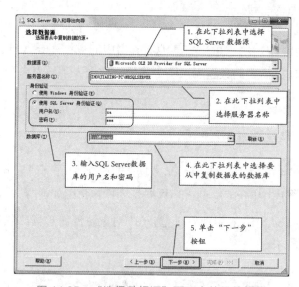

图 14.35　"选择数据源"页面中的具体操作

（3）进入"选择目标"页面，具体操作如图 14.36 所示。

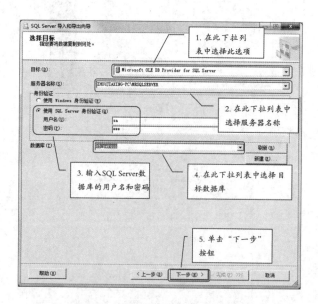

图 14.36　"选择目标"页面中的具体操作

（4）进入"指定表复制或查询"页面，选择"复制一个或多个表或视图的数据"单选按钮，单击"下一步"按钮，如图 14.37 所示。

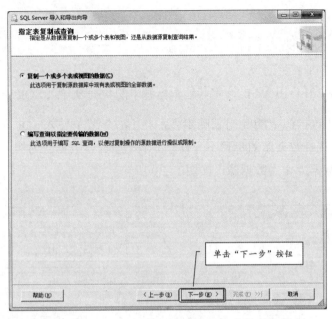

图 14.37　"指定表复制或查询"页面中的具体操作

（5）进入"选择源表和源视图"页面，选择要导入的数据表，单击"下一步"按钮，如图 14.38 所示。

图 14.38　"选择源表和源视图"页面中的具体操作

（6）进入"保存并运行包"页面，单击"完成"按钮，即可向 tb_person 数据库中导入 BookManage 数据库中的 tb_bookinfo 数据表。

14.7.3　导入其他数据源中的数据表

在 SQL Server 2014 中，还能够将其他数据源中的数据表导入 SQL Server 中。

（1）导入其他数据源中的数据表的步骤，与 14.7.2 节中导入 SQL Server 数据表的步骤大致类似，只有选择数据源的步骤不一致。以导入 Access 数据表为例，在选择数据源时，选择一个 Access 数据库作为数据源，如图 14.39 所示。

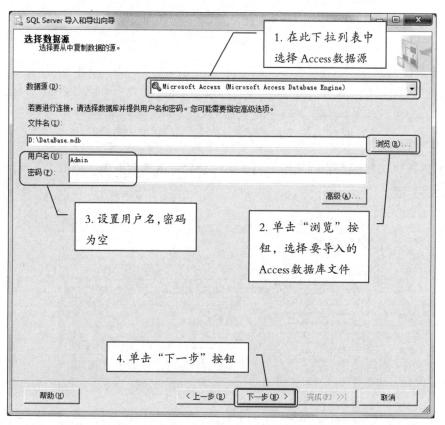

图 14.39　"选择数据源"页面中的具体操作

（2）在设置好数据源和目标数据库后，需要选择要导入的数据表，如图 14.40 所示，要导入的数据表为 employees，勾选该复选框，单击"完成"按钮，即可导入该数据表。

图 14.40　"选择源表和源视图"页面中的具体操作

14.7.4　导出数据库

在 SQL Server 2014 中，可以将本地服务器或远程服务器中的数据库导出到另一个服务器中。

14.7.5　导出 SQL Server 数据表

下面以将 tb_person 数据库中的 tab_Employees 数据表导出到 BookManage 数据库中为例，介绍导出 SQL Server 数据表，具体步骤如下。

（1）选择"开始"→"所有程序"→"Microsoft SQL Server 2014"→"SQL Server 2014 导入和导出数据"命令，打开"SQL Server 导入和导出向导"窗口，在"选择数据源"页面中的具体操作如图 14.41 所示。

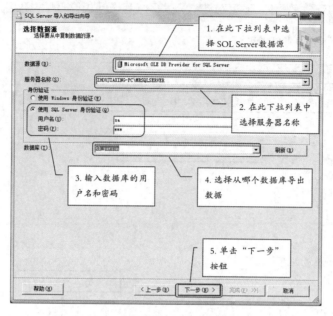

图 14.41 "选择数据源"页面中的具体操作

（2）进入"选择目标"页面，具体操作如图 14.42 所示。

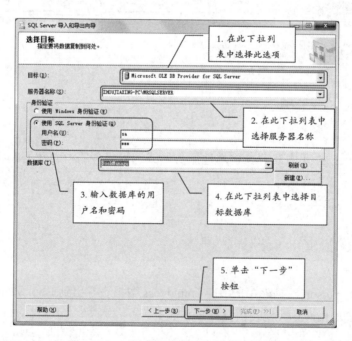

图 14.42 "选择目标"页面中的具体操作

（3）进入"指定表复制或查询"页面，选择"复制一个或多个表或视图的数据"单选按钮，单击"下一步"按钮，如图 14.43 所示。

图 14.43　"指定表复制或查询"页面中的具体操作

（4）进入"选择源表和源视图"页面，选择需要导出的数据表，单击"下一步"按钮，如图 14.44 所示。

图 14.44　"选择源表和源视图"页面中的具体操作

（5）进入"保存并运行包"页面，单击"完成"按钮，即可将 tb_person 数据库中的 tab_Employees 数据表导出到 BookManage 数据库中。

第 15 章 数据库表的创建与维护

上一章详细介绍了 SQL Server 数据库的管理和维护，本章会详细介绍 SQL Server 数据库表的创建与维护。通过对本章内容的学习，读者可以轻松实现 SQL Server 数据库、数据表、索引的创建与维护，为开发信息管理系统奠定坚实的数据库基础。

15.1 SQL Server 数据库概述

15.1.1 SQL Server 数据库文件分类

SQL Server 数据库文件根据其作用不同，可以分为以下三种类型。

主数据文件：用于存储数据和数据库的启动信息。每个数据库中有且仅有一个主数据文件，其扩展名为 .mdf。

辅助数据文件：用于存储数据。使用辅助数据文件可以扩展存储空间。如果数据库只用主数据文件存储数据，那么在数据库中存储文件的最大容量将受整个磁盘容量的限制，如果数据库用一个主数据文件和一个辅助数据文件存储数据，并且将它们存储在不同的磁盘中，数据的容量就不再只受一个磁盘容量的限制了。每个数据库都可以有多个辅助数据文件，辅助数据文件的扩展名为 .ndf。

事务日志文件：用于存储数据库的修改信息。凡是对数据库中的数据进行修改的操作（如 INSERT、UPDATE、DELETE 等 SQL 命令），都会被记录在数据库的事务日志文件中。当数据库被破坏时，可以利用事务日志文件还原数据库。在每个数据库中都有一个或多个事务日志文件，其扩展名为 .ldf。

在创建数据库时，默认的文件存储路径是 "C:\program file\Microsoft sql server\mssql\data"，可以改变文件存储路径。

15.1.2　SQL Server 数据库对象

将数据库中的数据按不同的形式组织在一起，就构成了不同的数据库对象，如以二维表的形式组合在一起就构成了表对象。一个用户在连接到数据库服务器后，看到的是逻辑对象，而不是存储在物理磁盘中的文件。数据库对象在磁盘中没有对应的文件。

数据库对象包括数据表、视图、存储过程、触发器、用户自定义数据类型、用户自定义函数、索引、规则、默认、约束等。

15.2　设计数据库

15.2.1　创建数据库

在 SQL Server 2014 中创建数据库的方法有两种，一种是使用 SQL Server 2014 的企业管理器，另一种是使用 CREATE DATABASE 语句，二者在功能上是等效的。前者使用比较简单，在没有特殊要求的情况下，使用的都是这种方法；后者相对复杂，但可以通过程序控制，灵活性是前者无法比拟的。

1. 使用 SQL Server 2014 的企业管理器创建数据库

使用 SQL Server 2014 的企业管理器创建 SQL Server 数据库的特点是简单、高效。下面以创建 tb_mrdata 数据库为例，介绍使用 SQL Server 2014 的企业管理器创建数据库的方法。

（1）打开 SQL Server 2014 的企业管理器，展开服务器节点。

（2）右击"数据库"节点，在弹出的快捷菜单中选择"新建数据库"命令，如图 15.1 所示。

（3）打开"新建数据库"窗口，选择"常规"选择页，在"数据库名称"文本框中输入需要创建的数据库名称，如图 15.2 所示。

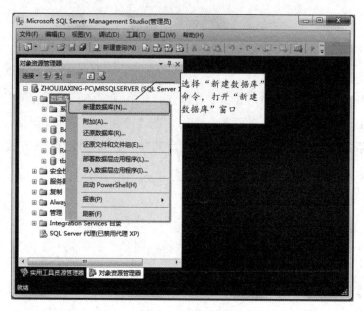

图 15.1　选择"新建数据库"命令

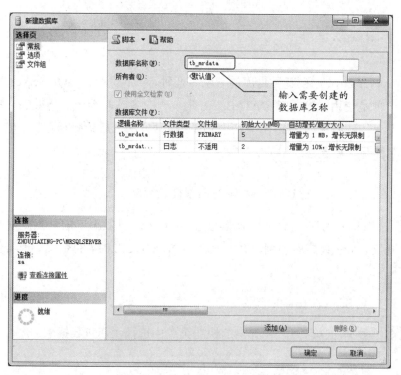

图 15.2　"新建数据库"窗口的"常规"选择页（一）

（4）在"数据库文件"列表中可以设置数据文件，如图 15.3 所示。

图 15.3　"新建数据库"窗口的"常规"选择页（二）

下面介绍数据库文件的相关知识点。

● 数据库文件：此列表框中包含数据库属性中最重要的信息，在这里，用户可以设置
数据库文件的逻辑名称、存储位置、占用空间，还可以为指定数据库文件定义文件组。

● 删除：删除在"数据库文件"列表框中选中的数据库文件。

● 文件增长：用于设置文件增长的方式。

● 最大文件大小：如果选择"限制为 (MB)"单选按钮，则以 MB 为单位，其后的数
值框用于设置数据库文件大小的上限，如将该值设置为 50 表示数据库文件的大小
可以增大到 50MB。如果选择"无限制"单选按钮，则不设置数据库文件大小的上限，
即数据库文件可以无限制增大。

📋 学习笔记

为了防止数据库文件无限增大而耗尽磁盘空间，最好设置数据库文件大小的上限。

（5）单击"确定"按钮，完成数据库的创建工作。

2. 使用 CREATE DATABASE 语句创建数据库

在某些需要灵活创建数据库的场合，使用 SQL Server 2014 的企业管理器创建数据库
就不能满足应用的需求了，为此，SQL Server 提供了 CREATE DATABASE 语句来创建数
据库。

CREATE DATABASE 语句的语法格式如下：

```
CREATE DATABASE database_name
[ON[PRIMARY]
[<filespec>[,...n]]
[,<filegroup>[,...n]]
]
[LOG ON {<filespec>[,...n]}]
[COLLATE collation_name]
[FOR LOAD|FOR ATTACH]
<filespec>::=
([NAME=logical_file_name,]
FILENAME='os_file_name'
[,SIZE=size]
[,MAXSIZE={max_size|UNLIMITED}]
[,FILEGROWTH=growth_increment])[,...n]
<filegroup>::=
FILEGROUP filegroup_name<filespec>[,...n]
```

参数说明如下。

- database_name：新建数据库的名称。在一台服务器中，数据库的名称必须是惟一的，并且用户指定的数据库名称不能超过 123 个字符。

- ON：指定存储数据库数据的文件名或文件组名。其后可以跟一个或多个文件名、文件组名。

- n：表示该数据库包含文件的最大数目。

- LOG ON：指定存储事务日志文件的文件列表，各个事务日志文件之间以逗号隔开。当用户未指定事务日志文件名时，系统会自动产生一个单独的事务日志文件。

- FOR LOAD：表示只有在用户使用该数据库时才加载这个数据库。

- FOR ATTACH：表示附加数据库，其后紧跟需要附加的文件。

CREATE DATABASE 语句不能自动执行，需要使用某些工具或程序代码执行它。在 SQL Server 2014 中，类似这样的功能都是使用 SQL Server 2014 的企业管理器完成的。

（1）在 SQL Server 2014 的企业管理器的工具栏中，单击"新建查询"按钮，打开查询窗口。

（2）在查询窗口的代码区中输入创建数据库的 SQL 语句，单击工具栏中的"执行"按钮（或按〈F5〉快捷键），在 SQL 语句执行完毕后，执行结果会显示在"消息"窗格中，如图 15.4 所示。

在图 15.4 中，执行 SQL 语句创建了数据库 tb_mrdata，用户没有设置任何参数，所有参数均保持默认设置。所以创建的 tb_mrdata 数据库完全是由 tb_person 数据库复制过来的，其大小与 tb_person 数据库的大小完全相同，所创建的数据文件和事务日志文件均存储在

SQL Server 2014 默认的程序安装路径下。例如，本实例中文件的存储路径为 "E:\Program Files (x86)\Microsoft SQL Server\MSSQL12.MRSQLSERVER\MSSQL\DATA\"，在该目录下可以找到创建数据库的所有文件。

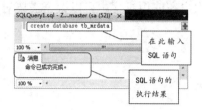

图 15.4　创建数据库 tb_mrdata

也可以运用自定义的方式创建数据库 tb_mrdata，用户可以动态地改变数据库空间的大小和数据库文件的存储位置。如图 15.5 所示，在查询窗口的代码区中输入用户自定义的创建数据库的 SQL 语句，按〈F5〉快捷键或单击工具栏中的"执行"按钮，即可创建用户自定义的数据库 tb_mrdata。

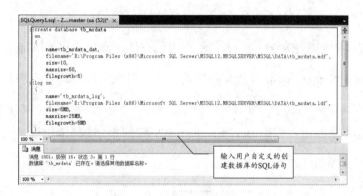

图 15.5　使用用户自定义的方式创建数据库 tb_mrdata

图 15.5 中的 SQL 语句可以在 "E:\Program Files (x86)\Microsoft SQL Server\MSSQL12. MRSQLSERVER\MSSQL\DATA\" 目录下创建一个主数据文件 tb_mrdata.mdf，而事务日志文件 tb_mrdata.ldf 也存储于相同目录下。

在图 15.5 中，如果所创建的数据库名称已经存在，那么在执行创建数据库操作时会提示如下代码错误信息。

```
消息 1801，级别 16，状态 3，第 1 行
数据库 'tb_mrdata' 已存在。请选择其他数据库名称。
```

解决这个问题的方法：重新指定一个与 tb_mrdata 不同的数据库名称；或者在运行创建数据库语句之前删除已经存在的 tb_mrdata 数据库，删除 tb_mrdata 数据库的 SQL 语句如下：

```
DROP DATABASE tb_mrdata
```

15.2.2 修改数据库

在数据库创建完成后，用户在使用过程中可以根据需要对其进行修改，修改的内容主要包括以下几项：

- 修改数据库文件。

- 添加和删除文件组。

- 修改数据库选项。

- 修改权限。

- 修改扩展属性。

- 修改镜像。

- 修改事务日志传送。

1. 使用 SQL Server 2014 的企业管理器修改数据库

下面介绍修改数据库 BookManage 的所有者的方法，具体操作步骤如下。

（1）打开 SQL Server 2014 的企业管理器，在"对象资源管理器"中展开"数据库"节点。

（2）右击需要修改的数据库 BookManage，在弹出的快捷菜单中选择"属性"命令，如图 15.6 所示。

图 15.6 选择"属性"命令

（3）打开"数据库属性"窗口，在该窗口中可以修改数据库的相关选项。在"数据库属性"窗口中选择"文件"选择页，然后单击"所有者"文本框后的浏览按钮，如图15.7所示。

图 15.7　"数据库属性"窗口

（4）弹出"选择数据库所有者"对话框，单击"浏览"按钮，如图15.8所示。

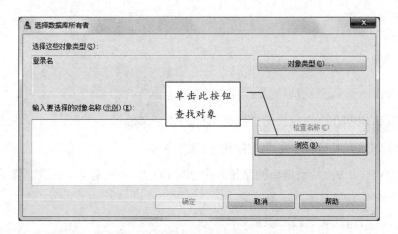

图 15.8　"选择数据库所有者"对话框

（5）弹出"查找对象"对话框，在"匹配的对象"列表框中勾选"sa"复选框，单击"确定"按钮，如图15.9所示，即可完成修改数据库所有者的操作。

图 15.9 "查找对象"对话框

2. 使用 ALTER DATABASE 语句修改数据库

在 SQL Server 中，使用 **ALTER DATABASE** 语句修改数据库，其语法格式如下：

```
ALTER DATABASE database_name
{ADD FILE<filespec>[,...n][TO FILEGROUP filegroup_name]
|ADD LOG FILE<filespec>[,...n]
|REMOVE FILE logical_file_name
|ADD FILEGROUP filegroup_name
|REMOVE FILEGROUP filegroup_name
|MODIFY FILE<filespec>
|MODIFY NAME=new_dbname
|MODIFY FILEGROUP filegroup_name{filegroup_property|NAME=new_filegroup_name}
|SET<optionspec>[,...n][WITH<termination>]
|COLLATE<collation_name>
}
```

参数说明如下。

- ADD FILE：指定要增加的数据库文件。

- TO FILEGROUP：指定要增加数据文件到哪个文件组。

- ADD LOG FILE：指定要增加的事务日志文件。

- REMOVE FILE：从数据库的系统表中删除指定文件的定义，并且删除其物理文件。
  文件只有在为空时才能被删除。

- ADD FILEGROUP：指定要增加的文件组。

- REMOVE FILEGROUP：从数据库中删除指定文件组的定义，并且删除其包含的所
  有数据库文件。文件组只有在为空时才能被删除。

- MODIFY FILE：修改指定文件的文件名、容量大小、最大容量、文件增容方式

等属性，但一次只能修改一个文件的一个属性。在使用此选项时应注意，在文件格式 filespec 中必须用 NAME 明确指定文件名称；如果文件大小是已经确定的，那么新定义的 SIZE 必须比当前的文件容量大；FILENAME 只能指定在 tempdb 数据库中存在的文件，并且新的文件名只有在 SQL Server 重新启动后才发生作用。

- MODIFY FILEGROUP filegroup_name{filegroup_property|NAME=new_filegroup_name}：修改文件组属性。如果 filegroup_property 的值为 READONLY，则表示设置文件组为只读，需要注意的是，主文件组不能设置为只读，只有对数据库有独占访问权限的用户才可以将一个文件组设置为只读；如果 filegroup_property 的值为 READWRITE，则表示设置文件组为可读 / 写，只有对数据库有独占访问权限的用户才可以将一个文件组设置为可读 / 写；如果 filegroup_property 的值为 DEFAULT，则表示设置文件组为默认文件组，一个数据库中只能有一个默认文件组。

- SET：设置数据库属性。

ALTER DATABASE 命令可以修改数据库大小、缩小数据库、更改数据库名称等。

例如，将一个大小为 10MB 的辅助数据文件 mrkj.ndf 添加到 tb_mrdata 数据库中，mrkj.ndf 文件的大小为 10MB、最大大小为 100MB、增长速度为 2MB，tb_mrdata 数据库的物理地址为 E 盘根目录下，SQL 语句如下：

```
ALTER DATABASE tb_mrdata              -- 修改数据库
ADD FILE                              -- 添加文件
(
    NAME=mrkj,                        -- 文件名
    Filename='E:\mrkj.ndf',           -- 路径
    size=10MB,                        -- 大小
    Maxsize=100MB,                    -- 最大大小
    Filegrowth=2MB                    -- 增长速度
)
```

上述代码的运行结果如图 15.10 所示。

图 15.10　向 tb_mrdata 数据库中添加辅助数据文件 mrkj.ndf

如果要修改数据库名称，则需要使用系统存储过程 sp_renamedb。

例如，将数据库 tb_mrdata 的名称修改为 mrsoft。在 tb_mrdata 数据库中，使用系统存储过程 sp_renamedb 将数据库 tb_mrdata 重命名为 mrsoft，SQL 语句如下：

```
exec sp_renamedb 'tb_mrdata', 'mrsoft'                -- 数据库重命名
```

上述代码的运行结果如图 15.11 所示。

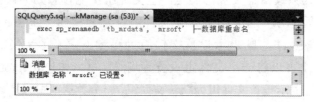

图 15.11　将数据库 tb_mrdata 重命名为 mrsoft

📋 学习笔记

只有属于固定服务器角色 sysadmin 的成员才可以执行系统存储过程 sp_renamedb。

15.2.3　删除数据库

如果一个数据库不再使用，那么用户可以删除这个数据库。数据库一旦被删除，它的所有信息，包括文件和数据，就都会从磁盘中被物理删除。

📋 学习笔记

除非进行了备份，否则被删除的数据库是不可恢复的。所以用户在删除数据库时一定要慎重。

在删除数据库时，可以使用 SQL Server 2014 的企业管理器删除，也可以使用 DROP DATABASE 语句删除。

1. 使用 SQL Server 2014 的企业管理器删除数据库

使用 SQL Server 2014 的企业管理器删除数据库的方法很简单，具体步骤如下。

（1）打开 SQL Server 2014 的企业管理器，展开"数据库"节点，选中要删除的数据库 tb_mrdata。

（2）右击 tb_mrdata 数据库，在弹出的快捷菜单中选择"删除"命令，如图 15.12 所示，

弹出"确认"对话框，单击"确定"按钮，即可将 **tb_mrdata** 数据库删除。

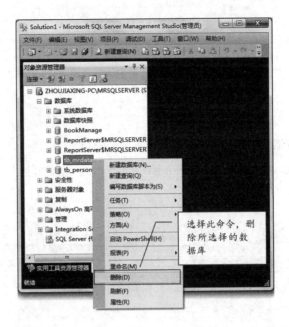

图 15.12　使用 SQL Server 2014 的企业管理器删除数据库

2.　使用 DROP DATABASE 语句删除数据库

在 SQL Server 中，使用 DROP DATABASE 语句删除数据库，其语法格式如下：

```
DROP DATABASE database_name[,...n]
```

其中，**database_name** 是要删除的数据库名称。

使用 SQL 语句删除当前不需要的 **tb_mrdata** 数据库，如图 15.13 所示。

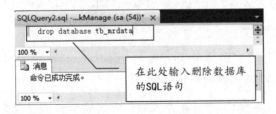

图 15.13　使用 SQL 语句删除 tb_mrdata 数据库

学习笔记

当前正在使用的数据库（打开的数据库）不能被删除，如图 15.14 所示。

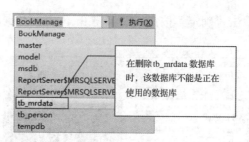

图 15.14　当前正在使用的数据库不能被删除

在删除 tb_mrdata 数据库后，系统删除了 tb_mrdata 数据库中所有的数据文件和事务日志文件。因为 tb_mrdata 数据库没有备份，所以它被永久性地删除了。

📋 **学习笔记**

　　用户在删除数据库时，应该事先对系统数据库 master 进行备份。因为在删除数据库后，master 的系统表发生改动，如果不对系统数据库 master 进行备份，在使用删除数据库前的系统数据库 master 备份恢复数据库时，已被删除的数据库信息也会被恢复到系统数据库 master 的系统表中，而这个数据库实际上已经不存在了。因此用户应该养成定期备份系统数据库 master 的良好习惯。

15.2.4　创建数据表

在数据库创建完成后，下面需要创建数据表。在 SQL Server 中，数据表简称表，它是一种关于特定主题的数据集合。

表是以行（记录）和列（字段）形成的二维表的格式组织数据的。字段是表中包含特定信息的元素类别，如货物总类、货物数量等。记录是关于人员、地点、事件或其他相关事项的数据集合。

以在 tb_mrdata 数据库中创建 Bookinfo 数据表为例，讲解使用 SQL Server 2014 的企业管理器在数据库中创建数据表的具体步骤。

（1）打开 SQL Server 2014 的企业管理器，在"对象资源管理器"中依次展开"数据库"→"tb_mrdata"节点，右击"表"节点，在弹出的快捷菜单中选择"新建"→"表"命令，如图 15.15 所示。

图 15.15　在 tb_mrdata 数据库中新建表

（2）打开表设计窗格，在该窗格的列表框中填写每行的相关信息，用于定义表结构，如图 15.16 所示，这里的一行对应着新建数据表中的一列（字段）。

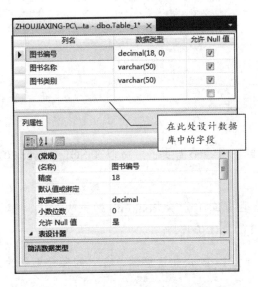

图 15.16　表设计窗格

表设计窗格的列表框中每列的含义如下。

- 列名：表中字段的名称。

- 数据类型：字段的数据类型，可在下拉列表中选取。

- 长度：字段中存储的数据长度。某些数据类型，如 decimal（十进制实数），还需要在"列属性"选项卡中定义数据的精度。

- 允许 Null 值：字段是否允许为 Null（空）值，如果勾选该复选框，则表示允许为 Null 值，否则表示不允许为 Null 值。

📖 **学习笔记**

行前有▶图标的字段为当前正在定义的字段，右击▶图标所在行中的任意位置，在弹出的快捷菜单中选择"设置主键"命令，即可将当前字段设置为表的主键，行前图标变为📍。

（3）在表结构定义完毕后，单击💾按钮或按 <Ctrl+S> 快捷键保存数据表，弹出"选择名称"对话框，在"输入表名称"文本框中输入新建数据表的名称，单击"确定"按钮，即可保存新建的数据表，并且将新建的数据表添加到 tb_mrdata 数据库中，如图 15.17 所示。

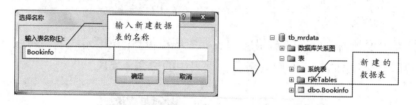

图 15.17 保存数据表

15.2.5 删除数据表

如果数据库中的数据表已经不需要了，可以在 SQL Server 2014 的企业管理器中将其删除。

下面以在 tb_mrdata 数据库中删除 Bookinfo 数据表为例，讲解使用 SQL Server 2014 的企业管理器删除数据表的具体步骤。

（1）打开 SQL Server 2014 的企业管理器，在"对象资源管理器"中依次展开"数据库"→"tb_mrdata"→"表"节点。

（2）右击要删除的数据表 Bookinfo，在弹出的快捷菜单中选择"删除"命令，即可将其删除，如图 15.18 所示。

图 15.18　删除 tb_mrdata 数据库中的 Bookinfo 数据表

15.3　索引的建立与删除

SQL Server 在数据表中使用索引查找数据，就像在书中使用目录查找相对应的内容一样。利用 SQL Server 2014 的企业管理器或相应的系统存储过程可以创建或查看特定数据表中的索引信息，也可以删除不需要的索引信息。

15.3.1　建立索引

本节以给 tb_person 数据库中的 tab_Employees 数据表添加索引为例，讲解使用 SQL Server 2014 的企业管理器建立索引的具体步骤。

（1）打开 SQL Server 2014 的企业管理器，在"对象资源管理器"中依次展开"数据库"→"tb_person"→"表"→"dbo.tab_Employees"节点，右击"索引"节点，在弹出的快捷菜单中选择"新建索引"→"非聚集索引"命令，如图 15.19 所示。

图 15.19　在 SQL Server 2014 的企业管理器中建立索引

📋 **学习笔记**

　　可以将唯一性索引设置为聚集索引，如果表中已经有了一个聚集索引，则该命令会被禁用（字体为灰色，不能选择）。

　　（2）打开"新建索引"窗口，在"索引名称"文本框中输入新建索引的名称，勾选"唯一"复选框，单击"添加"按钮，如图 15.20 所示。

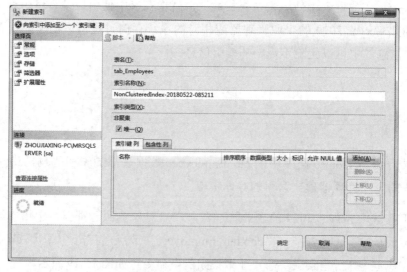

图 15.20　"新建索引"窗口

（3）打开添加索引键列窗口，勾选需要添加到索引中的列，单击"确定"按钮，如图 15.21 所示。

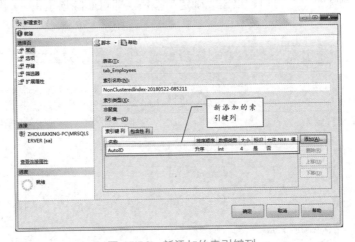

图 15.21　勾选需要添加到索引中的列

（4）返回"新建索引"窗口，即可在"索引键列"列表框中看到新添加的索引键列，如图 15.22 所示，单击"确定"按钮，结束索引的建立过程。

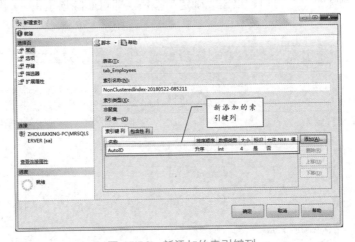

图 15.22　新添加的索引键列

（5）在"对象资源管理器"中依次展开"数据库"→"tb_person"→"表"→"dbo. tab_Employees"→"索引"节点，即可看到 tab_Employees 数据表中新建立的索引，如图 15.23 所示。

图 15.23　新建立的索引

15.3.2 删除索引

在数据表中，并不是每个字段都需要建立索引的。数据表中建立的索引越多，在修改或删除记录时服务器维护索引花费的时间越长。当不需要某些索引时，可以将它们从数据表中删除。可以使用 SQL Server 2014 的企业管理器删除数据库中相应表中的索引，也可以使用 DROP INDEX 语句删除数据库中相应表中的索引。

1. 使用 SQL Server 2014 的企业管理器删除索引

使用 SQL Server 2014 的企业管理器删除数据库中相应表中的索引，具体步骤如下。

（1）打开 SQL Server 2014 的企业管理器，在"对象资源管理器"中展开"数据库"节点，展开相应的数据库节点，接着依次展开"表"→"索引"节点。

（2）在要删除索引的名称上右击，在弹出的快捷菜单中选择"删除"命令。

（3）打开"删除对象"窗口，单击"确定"按钮，即可删除该索引，如图 15.24 所示。

图 15.24　"删除对象"对话框

2. 使用 DROP INDEX 语句删除索引

使用 DROP INDEX 语句删除数据库中相应表中的索引的语法格式如下：

```
DROP INDEX 表名 . 索引名 [,...n]
```

例如，删除 gysxxb 数据表中的 index_name 索引和 rkb 数据表中的 rkb_index_1 索引，
SQL 语句如下：

```
DROP INDEX gysxxb.index_name,rkb.rkb_index_1
```

15.4 维护数据表

15.4.1 在数据表中添加新字段

在设计数据表时，有时需要在数据表中添加新的字段。以在 tb_person 数据库中的 tb_
Dept 数据表中添加新字段为例，讲解在数据表中添加新字段的具体步骤。

（1）打开 SQL Server 2014 的企业管理器，在"对象资源管理器"中依次展开"数据
库"→"tb_person"→"表"节点，右击"dbo.tab_Dept"节点，在弹出的快捷菜单中选择"设
计"命令，如图 15.25 所示。

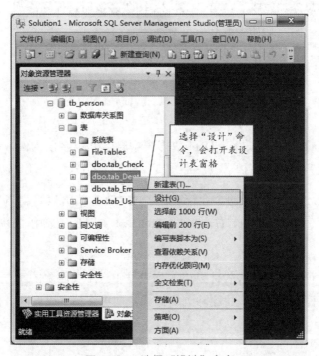

图 15.25 选择"设计"命令

（2）打开表设计窗格，在表设计窗格的列表框中可以直接添加新字段的字段信息，如图 15.26 所示。

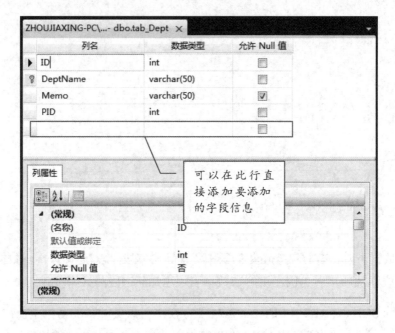

图 15.26　向数据表中添加新字段

（3）在字段信息添加完成后，单击工具栏中的 ■ 按钮，保存添加的字段信息。

此时，在数据表中添加新字段的工作就完成了。

15.4.2　在数据表中删除字段

以在 tb_person 数据库中的 tab_Dept 数据表中删除 PID 字段为例，讲解在数据表中删除字段的具体步骤。

（1）打开 SQL Server 2014 的企业管理器，在"对象资源管理器"中依次展开"数据库"→"tb_person"→"表"节点，右击"dbo.tab_Dept"节点，在弹出的快捷菜单中选择"设计"命令。

（2）打开表设计窗格，在表设计窗格的列表框中选中要删除的字段，然后在该字段上右击，在弹出的快捷菜单中选择"删除列"命令，即可将该字段删除，如图 15.27 所示。

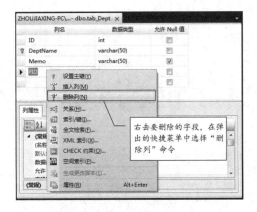

图 15.27　删除数据表中的字段

（3）在删除字段之后，单击工具栏中的 ![]按钮，保存改动后的字段信息。

15.4.3　数据表重命名

如果数据表需要重命名，则可以使用 SQL Server 2014 的企业管理器完成。以将 tb_person 数据库中的 tab_Check 数据表重命名为例，讲解数据库重命名的具体步骤。

打开 SQL Server 2014 的企业管理器，在"对象资源管理器"中依次展开"数据库"→"tb_person"→"表"节点，右击"dbo.tab_Check"节点，在弹出的快捷菜单中选择"重命名"命令，如图 15.28 所示，即可将该数据表重命名。

图 15.28　使用 SQL Server 2014 的企业管理器将数据表重命名

第 16 章　SQL Server 数据表操作

在 SQL Server 数据表创建完成后，需要向数据表中插入、修改、删除数据，或者浏览、查询数据表中的数据。本章会通过实例详细介绍如何对 SQL Server 数据表进行最基本的操作，包括插入、修改、删除、浏览和查询数据。通过对本章内容的学习，读者可以轻松地在 SQL Server 数据库中编辑和维护数据。

16.1　插入、修改和删除数据

16.1.1　插入数据

在数据表创建完成后，需要向数据表中插入数据。可以使用 SQL Server 2014 的企业管理器向数据表中插入数据，方法如下。

（1）打开 SQL Server 2014 的企业管理器，在"对象资源管理器"中展开"数据库"节点，展开数据表所在的数据库节点，右击要插入数据的数据表，在弹出的快捷菜单中选择"编辑前 200 行"命令，如图 16.1 所示。

（2）打开表编辑窗格，在表编辑窗格中插入数据，如图 16.2 所示。

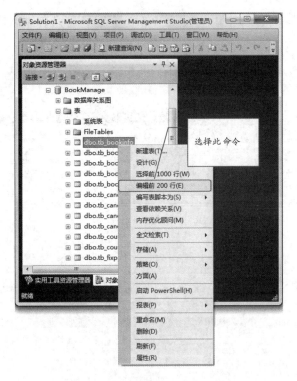

图 16.1 选择"编辑前 200 行"命令

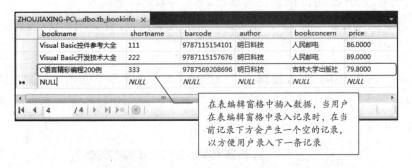

图 16.2 插入数据

📋 **学习笔记**

> 在表编辑窗格中插入数据时，数据类型要符合字段类型，数据也要符合数据表的各种约束。

16.1.2 修改数据

（1）打开 SQL Server 2014 的企业管理器，在"对象资源管理器"中展开"数据库"节点，展开数据表所在的数据库节点，右击需要修改数据的数据表，在弹出的快捷菜单中选择"编辑前 200 行"命令。

（2）打开表编辑窗格，在表编辑窗格中修改数据，如图 16.3 所示。

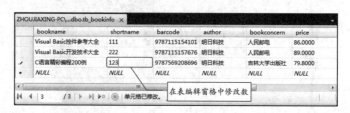

图 16.3　修改数据

📋 **学习笔记**

在表编辑窗格中修改数据时，数据类型要符合字段类型，数据也要符合数据表的各种约束。

16.1.3　删除数据

（1）打开 SQL Server 2014 的企业管理器，在"对象资源管理器"中展开"数据库"节点，展开数据表所在的数据库节点，右击需要删除数据的数据表，在弹出的快捷菜单中选择"编辑前 200 行"命令。

（2）打开表编辑窗格，在表编辑窗格中选中要删除的记录并右击，在弹出的快捷菜单中选择"删除"命令，弹出确认对话框，如图 16.4 所示，如果单击"是"按钮，则删除该记录；如果单击"否"按钮，则取消删除操作。

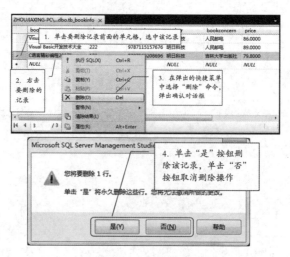

图 16.4　删除数据

> **学习笔记**
>
> 　如果要删除数据的数据表与其他数据表有关联，那么不允许删除数据，或者会进行级联删除，将其他数据表中的相关数据一起删除。

16.2　浏览数据

　　打开 SQL Server 2014 的企业管理器，在"对象资源管理器"中展开"数据库"节点，展开数据表所在的数据库节点，展开"表"节点，右击要浏览数据的数据表，在弹出的快捷菜单中选择"选择前 1000 行"命令，打开表编辑窗格，即可浏览该数据表中的数据，如图 16.5 所示。

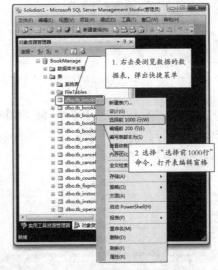

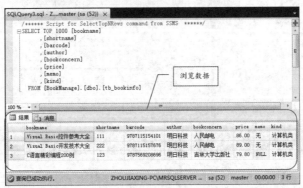

图 16.5　浏览数据

16.3　使用 SQL 语句查询数据

在表编辑窗格中可简单查询数据，如果数据较多，那么这种方法就不行了。用户可以在查询窗口的代码区中编写 SQL 语句来查询数据，具体步骤如下。

（1）在 SQL Server 2014 的企业管理器的工具栏中单击"新建查询"按钮，打开查询窗口。

（2）选择需要查询的数据库 BookManage，具体操作如图 16.6 所示。

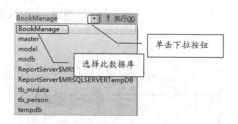

图 16.6　选择数据库

（3）在查询窗口的代码区中输入"SELECT * FROM tb_bookinfo WHERE bookname='C 语言精彩编程 200 例';"，单击"执行"按钮进行查询，即可得到所需的查询结果，如图 16.7 所示。

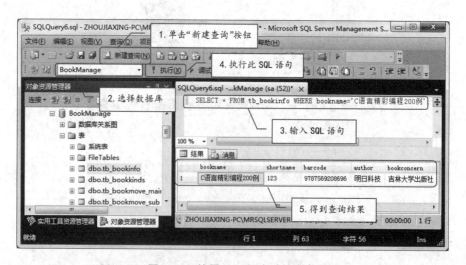

图 16.7　使用 SQL 语句查询数据

第 17 章　SQL 语句

SQL（Structured Query Language，结构化查询语言）是一种组织、管理和检索存储在数据库中的数据的工具，它是一种计算机语言，可以与数据库交互。本章会详细介绍如何使用 SQL 语句管理数据库中的数据。通过对本章内容的学习，读者不但可以学会 SQL 语句的相关语法，还可以通过实例熟练掌握 SQL 语句的使用方法和技巧。

17.1　创建查询和测试查询

17.1.1　编写 SQL 语句

在 SQL Server 2014 中，用户可以通过单击"新建查询"按钮打开查询窗口，并且通过在查询窗口的代码区中编写 SQL 语句来操作数据库中的数据，如图 17.1 所示。

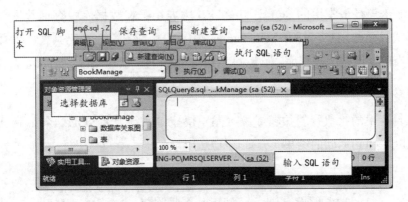

图 17.1　查询窗口

在工具栏中的数据库下拉列表中显示了当前连接的数据库，用户可以在该下拉列表中选择数据库，从而改变当前连接的数据库。查询窗口的空白区域是代码区，用户可以在代码区中输入 SQL 语句。

17.1.2　测试 SQL 语句

在查询窗口的代码区中输入 SQL 语句后，为了查看 SQL 语句是否有语法错误，需要对 SQL 语句进行测试。单击工具栏中的"调试"按钮，可以对当前的 SQL 语句进行测试，如果 SQL 语句的语法有错误，则会在代码区下方出现错误提示信息。

17.1.3　执行 SQL 语句

在查询窗口的代码区中输入 SQL 语句后，需要执行 SQL 语句才能实现各种操作。单击工具栏中的"执行"按钮或按〈F5〉快捷键即可执行 SQL 语句，如果 SQL 语句执行失败，则会在代码区下方出现错误提示信息。

17.2　SELECT 查询

17.2.1　简单的 SELECT 查询

SELECT 语句是最常用的 SQL 语句之一，主要用于在数据库中查询数据并将数据以结果集的形式显示给用户。打开 SQL Server 2014 的查询窗口，在工具栏中的数据库下拉列表中选择当前要连接的数据库，如 BookManage 数据库，在代码区中输入如下 SQL 语句：

```
SELECT * From tb_bookinfo
```

单击工具栏中的"执行"按钮或按〈F5〉快捷键执行上述 SQL 语句，在代码区下方会显示 SELECT 语句返回的结果集，如图 17.2 所示。

	bookname	shortname	barcode	author	bookconcern	price	memo	kind
1	Visual Basic控件参考大全	111	9787115154101	明日科技	人民邮电	86.00	无	计算机类
2	Visual Basic开发技术大全	222	9787115157676	明日科技	人民邮电	89.00	无	计算机类
3	C语言精彩编程200例	123	9787569208696	明日科技	吉林大学出版社	79.80	NULL	计算机类

图 17.2　查询结果

分析上面的 SQL 语句，SELECT 是关键字，表示该语句是一条查询语句；"*"表示返回数据表中所有字段的数据；FROM 是关键字，指定数据的来源，即从哪个表中返回数据，其后是数据表名称（如本例中的"tb_bookinfo"）。

17.2.2　选择字段查询

用户在查询数据时，有时只需查询数据表中某些字段的数据，而不想查询所有字段的数据。此时，SELECT 语句的语法格式如下：

```
SELECT 字段名称 [,字段名称 ...] FROM 表名称
```

打开查询窗口，在工具栏中的数据库下拉列表中选择"tb_person"选项，在代码区中输入如下 SQL 语句：

```
SELECT Emp_Id,Emp_NAME,Sex FROM tab_Employees
```

按〈F5〉快捷键执行上述 SQL 语句，会发现返回的结果集中只有 SELECT 语句中列出的字段，如图 17.3 所示。

图 17.3　选择字段查询返回的结果集

17.2.3　使用 WHERE 关键字设置数据过滤条件

在 SELECT 语句中使用 WHERE 关键字可以设置数据过滤条件，语法格式如下：

```
SELECT 字段名称 [,字段名称 ...] FROM 表名称 WHERE 查询条件
```

打开查询窗口，在工具栏中的数据库下拉列表中选择"mrkj"选项，在代码区中输入如下 SQL 语句：

```
SELECT * FROM student WHERE 语文 <= 80
```

按〈F5〉快捷键执行上述 SQL 语句，会发现返回的结果集中只有符合条件的数据，如图 17.4 所示。

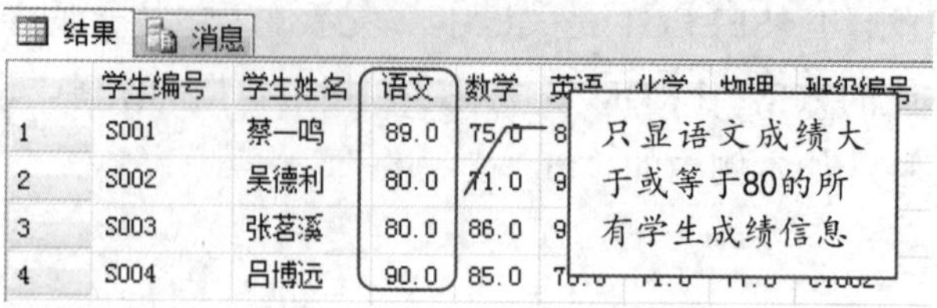

图 17.4　条件查询返回的结果集

17.2.4　对查询结果进行排序

在 SELECT 语句中使用 ORDER BY 子句可以对查询结果进行排序，语法格式如下：

```
SELECT 字段名称 [,字段名称 ...] FROM 表名称　ORDER BY 排序表达式 [ASC|DESC]
```

其中排序表达式主要用于指定要排序的列，ASC 表示按升序排列，DESC 表示按降序排列，在默认情况下按升序排列。

打开查询窗口，在工具栏中的数据库下拉列表中选择 "mrkj" 选项，在代码区中输入如下 SQL 语句：

```
SELECT * FROM student ORDER BY 语文 DESC
```

按〈F5〉快捷键执行上述 SQL 语句，会发现在返回的结果集中，"语文" 字段按降序排列，如图 17.5 所示。

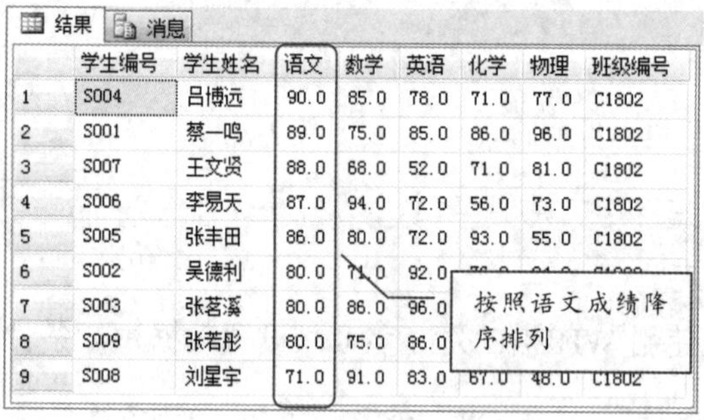

图 17.5　对查询结果进行排序

在对查询结果进行排序时，可以同时对多个字段进行排序，SQL 语句如下：

```
SELECT * FROM student ORDER BY 语文 DESC,数学 ASC
```

在上述 SQL 语句中，首先将 "语文" 字段按降序排列，如果 "语文" 字段中有相同的值，则将相同值所在数据行中的 "数学" 字段按升序排列；如果 "语文" 字段中没有相同的值，则不会对“数学”字段进行排序。

按〈F5〉快捷键执行上述 SQL 语句，返回的结果集如图 17.6 所示。

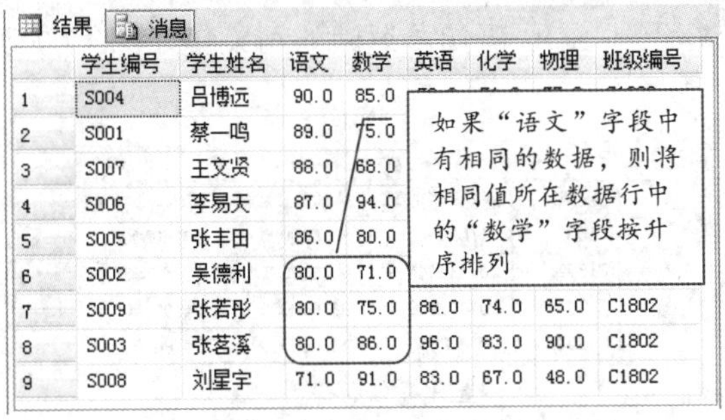

	学生编号	学生姓名	语文	数学	英语	化学	物理	班级编号
1	S004	吕博远	90.0	85.0				
2	S001	蔡一鸣	89.0	75.0				
3	S007	王文贤	88.0	68.0				
4	S006	李易天	87.0	94.0				
5	S005	张丰田	86.0	80.0				
6	S002	吴德利	80.0	71.0				
7	S009	张若彤	80.0	75.0	86.0	74.0	65.0	C1802
8	S003	张茗溪	80.0	86.0	96.0	83.0	90.0	C1802
9	S008	刘星宇	71.0	91.0	83.0	67.0	48.0	C1802

图 17.6　对多个字段进行排序返回的结果集

17.2.5　对查询结果进行分组统计

1. 语法格式

在 SELECT 语句中使用 GROUP BY 子句可以对数据表中的字段进行分组统计，语法格式如下：

```
SELECT  聚合函数 [ 聚合函数 ,...] ,字段名称 [,字段名称 ...] FROM 表名称 GROUP BY [ALL]
统计表达式 [,统计表达式 ...] [WITH {CUBE|ROLLUP}][HAVING 条件表达式 ]
```

- ALL 是可选项，它包含所有组和结果集，甚至包含那些任何行都不满足 WHERE 子句指定搜索条件的组和结果集。如果指定了 ALL，那么组中不满足搜索条件的汇总列会返回空值。
- 统计表达式是对其分组的表达式，在通常情况下为字段名称。
- [WITH {CUBE|ROLLUP}] 是可选项，CUBE 指定在结果集中不仅包含由 GROUP BY 提供的正常行，还包含汇总行，在结果集中返回所有可能的组和子组组合的 GROUP BY 汇总行。ROLLUP 指定在结果集中不仅包含由 GROUP BY 提供的正常行，还包含汇总行。使用 ROLLUP 关键字可以按层次结构顺序从组内的最低级别到最高级别汇总组。
- HAVING 关键字与 WHERE 关键字类似，用于设置查询条件，只是它用于 GROUP BY 子句中。

打开查询窗口，在工具栏中的数据库下拉列表中选择“mrkj”选项，在代码区中输入如下 SQL 语句：

SELECT 班级编号,AVG（语文） 语文平均成绩 ,AVG（数学） 数学平均成绩,AVG（英语） 英语平均成绩 FROM student GROUP BY 班级编号

按〈F5〉快捷键执行上述 SQL 语句，返回的结果集如图 17.7 所示。

图 17.7 分组查询返回的结果集

2. 使用 WHERE 关键字设置查询条件

在进行分组查询时，可以在 SELECT 语句中使用 WHERE 关键字设置查询条件，即只对符合条件的记录进行分组统计。

打开查询窗口，在工具栏中的数据库下拉列表中选择 "mrkj" 选项，在代码区中输入如下 SQL 语句：

SELECT 班级编号,AVG（语文） 语文平均成绩,AVG（数学） 数学平均成绩,AVG（英语） 英语平均成绩
FROM student WHERE 语文 > 70 GROUP BY 班级编号

按〈F5〉快捷键执行上述 SQL 语句，返回的结果集如图 17.8 所示。

图 17.8 条件分组查询返回的结果集（一）

在前面的语法格式中介绍了可以在 GROUP BY 子句中使用 ALL 关键字，那么不满足 WHERE 条件的汇总列会返回空值。

在代码区中输入如下 SQL 语句：

SELECT 班级编号,AVG（语文） 语文平均成绩,AVG（数学） 数学平均成绩,AVG（英语） 英语平均成绩

```
FROM student WHERE 语文 > 70 GROUP BY ALL 班级编号
```

按〈F5〉快捷键执行上述 SQL 语句，返回的结果集如图 17.9 所示。

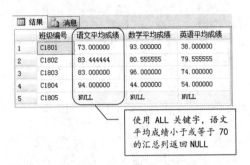

图 17.9　条件分组查询返回的结果集（二）

3. 使用 HAVING 关键字设置分组条件

在 GROUP BY 子句中使用 HAVING 关键字可以设置分组条件。

打开查询窗口，在工具栏中的数据库下拉列表中选择"mrkj"选项，在代码区中输入如下 SQL 语句：

```
SELECT 班级编号,AVG（语文） 语文平均成绩,AVG（数学） 数学平均成绩,AVG（英语） 英语平均成绩
FROM student GROUP BY 班级编号 HAVING 班级编号 <> 'C1803'
```

按〈F5〉快捷键执行上述 SQL 语句，返回的结果集如图 17.10 所示。

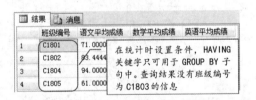

图 17.10　设置分组条件返回的结果集

4. 对多个字段进行分组

SQL 语句可以根据两个或多个字段的内容进行分组。例如，根据班级编号和学生姓名对学生成绩进行分组，并且统计每班的每名学生的总成绩，SQL 语句如下：

```
SELECT 班级编号,学生姓名,SUM（语文＋数学＋英语＋物理＋化学） 总成绩 FROM student
GROUP BY 班级编号,学生姓名
```

按〈F5〉快捷键执行上述 SQL 语句，返回的结果集如图 17.11 所示。

图 17.11　对多个字段进行分组返回的结果集

5. 使用 CUBE 关键字与 ROLLUP 关键字进行分组

在 GROUP BY 子句中使用 CUBE 关键字，在结果集中不仅包含 GROUP BY 子句提供的正常行，还包含汇总行。在结果集中返回所有可能的组和子组组合的 GROUP BY 汇总行。

在查询窗口的代码区中输入如下 SQL 语句：

```
SELECT　班级编号,SUM（语文＋数学＋英语＋物理＋化学）总成绩 FROM student
GROUP BY　班级编号 WITH CUBE
```

按〈F5〉快捷键执行上述 SQL 语句，返回的结果集如图 17.12 所示。

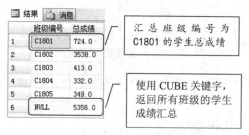

图 17.12　统计所有汇总数据返回的结果集

学习笔记

CUBE 关键字指明在结果集中返回每个可能的组与子组组合的 GROUP BY 汇总行，组是指在 GROUP BY 子句中不指明 CUBE 关键字所返回的记录；子组是指在 GROUP BY 子句中指明 CUBE 关键字所返回的记录，子组通常在结果集的分组字段中含有空值，如图 17.12 中的第 6 条记录（表示对所有班级的学生记录的统计结果）。

在 GROUP BY 子句中使用 ROLLUP 关键字，在结果集中不仅包含 GROUP BY 子句提供的正常行，还包含汇总行。使用 ROLLUP 关键字可以按层次结构顺序从组内的最低级别到最高级别汇总组。

17.2.6　模糊查询

模糊查询是指 SELECT 语句匹配模糊查询条件的数据。模糊查询需要在 SELECT 语句中使用关键字 LIKE，语法格式如下：

SELECT　字段名称 [, 字段名称 ...] FROM 表名称　WHERE 字段名称 [NOT] LIKE 通配符 表达式

在 SQL Server 中，通配符共有 4 个，分别为 "%"、"_"、"[ ]" 与 "[^]"。

- "%" 表示可以包含零个或多个字符的任意字符串。
- "_" 表示任意一个字符。
- "[]" 表示指定范围或集合中的任意一个字符。
- "[^]" 表示不属于指定范围或集合中的任意一个字符。

打开查询窗口，在工具栏中的数据库下拉列表中选择 "mrkj" 选项，在代码区中输入如下 SQL 语句：

```
SELECT * FROM class WHERE 班级编号 LIKE '%03%'
SELECT * FROM class WHERE 班级编号 LIKE '_1804'
SELECT * FROM class WHERE 班级编号 LIKE '[a-b]%'
SELECT * FROM class WHERE 班级编号 LIKE '[^a-b]%'
```

第一条语句返回在 "班级编号" 字段任意位置包含字符串 "03" 的结果集。第二条语句返回 "班级编号" 字段以 "1804" 结尾的 5 个字符的结果集。第三条语句返回以字母 a ～ b 中任意一个字母开头的所有字符串。第四条语句返回不以字母 a ～ b 中任意一个字母开头的所有字符串。

按〈F5〉快捷键执行上述 SQL 语句，返回的结果集如图 17.13 所示。

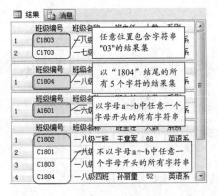

图 17.13　模糊查询返回的结果集

17.2.7 给字段起一个别名

在使用 SELECT 语句查询数据时，可以给查询的字段起一个别名，在 SQL Server 中给字段起别名的方式有以下 3 种：

```
SELECT 字段名称 AS 别名 [,字段名称 ...] FROM 表名称
SELECT 字段名称 别名 [,字段名称 ...] FROM 表名称
SELECT 别名 = 字段名称 [,字段名称 ...] FROM 表名称
```

打开查询窗口，在工具栏中的数据库下拉列表中选择"mrkj"选项，在代码区中输入如下 SQL 语句：

```
SELECT 学生编号,学生姓名,语文成绩=语文,数学 AS 数学成绩,英语 英语成绩 FROM student
```

按〈F5〉快捷键执行上述 SQL 语句，返回的结果集如图 17.14 所示。

图 17.14　给字段起别名

17.2.8 在 SELECT 语句中进行计算

使用 SELECT 语句不仅可以查询数据表中的数据，还可以对数据表中的多个字段进行计算，从而得到计算列。

打开查询窗口，在工具栏中的数据库下拉列表中选择"mrkj"选项，在代码区中输入如下 SQL 语句：

```
SELECT 学生编号,学生姓名,语文+数学+英语 主科成绩 FROM student
```

按〈F5〉快捷键执行上述 SQL 语句，返回的结果集如图 17.15 所示。

图 17.15　计算列

在上面的 SELECT 语句中,"语文 + 数学 + 英语"表示一个计算列,其数据是由"语文"列、"数学"列和"英语"列的和组成的。在计算列中支持"+""-""*""/""%"共 5 个算术运算符,分别用于进行加、减、乘、除、取模运算。

17.3　使用聚合函数进行查询

17.3.1　数据平均值查询

在 SQL Server 提供的聚合函数中有一个计算平均值的函数 AVG(),使用该函数可以返回组中数据的平均值,其语法格式如下:

AVG([ALL| DISTINCT] 表达式)

使用 ALL 关键字可以对所有值进行聚合函数运算,默认使用 ALL 关键字。使用 DISTINCT 关键字可以指定计算平均值操作只使用每个值的唯一实例,而不管该值出现了多少次。表达式是计算结果为精确数字或近似数字的表达式,不允许使用聚合函数和子查询。

打开查询窗口,在工具栏中的数据库下拉列表中选择"mrkj"选项,在代码区中输入如下 SQL 语句:

SELECT　AVG(语文) 语文成绩, AVG(数学) 数学成绩 FROM　student

按〈F5〉快捷键执行上述 SQL 语句,返回的结果集如图 17.16 所示。

在 AVG() 函数中使用 DISTINCT 关键字,SQL 语句如下:

SELECT　AVG(DISTINCT 语文) 语文成绩 , AVG(DISTINCT 数学) 数学成绩 FROM student

按〈F5〉快捷键执行上述 SQL 语句,返回的结果集如图 17.17 所示。

图 17.16　计算平均值　　　　图 17.17　使用 DISTINCT 关键字计算平均值

17.3.2　数据记录数查询

在 SELECT 语句中使用聚合函数 COUNT() 可以返回结果集的记录数。COUNT() 函数的语法格式如下：

```
COUNT({[ALL|DISTINCT 字段名]|*})
```

📋 学习笔记

　　使用 ALL 关键字可以对所有的值进行聚合函数运算，默认使用 ALL 关键字。使用 DISTINCT 关键字可以指定 COUNT() 函数返回唯一非空值的数量。使用字段名可以返回指定列的值的数量（NULL 不计入）。不允许使用聚合函数和子查询。"*"表示返回表中的总记录数。COUNT(*) 不需要任何参数。

打开查询窗口，在工具栏中的数据库下拉列表中选择"mrkj"选项，在代码区中输入如下 SQL 语句：

```
SELECT COUNT(语文) AS 记录数 FROM student
```

按〈F5〉快捷键执行上述 SQL 语句，返回的结果集如图 17.18 所示。

在 COUNT() 函数中使用 DISTINCT 关键字，SQL 语句如下：

```
SELECT COUNT(DISTINCT 语文) AS 记录数 FROM student
```

按〈F5〉快捷键执行上述 SQL 语句，返回的结果集如图 17.19 所示。

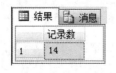

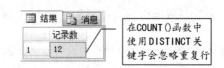

图 17.18　查询记录数　　　　图 17.19　使用 DISTINCT 关键字查询记录数

在 COUNT() 函数中使用"*"，SQL 语句如下：

```
SELECT COUNT(*) AS 记录数 FROM student
```

按〈F5〉快捷键执行上述 SQL 语句，返回的结果集如图 17.20 所示。

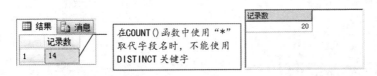

图 17.20 查询总记录数

17.3.3 数据最小值查询

在 SELECT 语句中使用聚合函数 MIN() 可以返回在某个集合中数值表达式求得的最小值。

打开查询窗口，在工具栏中的数据库下拉列表中选择"mrkj"选项，在代码区中输入如下 SQL 语句：

```
SELECT MIN(语文) 最低成绩,AVG(语文) 平均成绩 FROM student
```

按〈F5〉快捷键执行上述 SQL 语句，返回的结果集如图 17.21 所示。

图 17.21 查询数据最小值

17.3.4 数据最大值查询

在 SELECT 语句中使用聚合函数 MAX() 可以返回在某个集合中数值表达式求得的最大值。

打开查询窗口，在工具栏中的数据库下拉列表中选择"mrkj"选项，在代码区中输入如下 SQL 语句：

```
SELECT MAX(语文) 最高成绩,AVG(语文) 平均成绩 FROM student
```

按〈F5〉快捷键执行上述 SQL 语句，返回的结果集如图 17.22 所示。

图 17.22 查询数据最大值

17.4 复杂查询

17.4.1 子查询

子查询是指在一个查询中进行的查询，它的特征是允许将一个查询的结果作为另一个查询的一部分使用。在 SELECT 语句中使用子查询需要将子查询语句放在小括号内。

打开查询窗口，在工具栏中的数据库下拉列表中选择"mrkj"选项，在代码区中输入如下 SQL 语句：

```
SELECT * FROM student WHERE EXISTS(SELECT * FROM class WHERE 班级编号 = 'C1802')
```

📋 **学习笔记**

关键字 EXISTS 可以指定一个子查询，用于检测行是否存在。

按〈F5〉快捷键执行上述 SQL 语句，返回的结果集如图 17.23 所示。

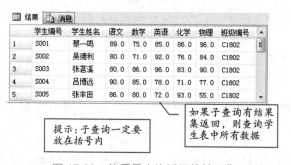

图 17.23 使用子查询返回的结果集

17.4.2 连接

使用连接可以根据各个表之间的逻辑关系在两个或多个表中查询数据。在连接表时，创建的连接类型会影响出现在结果集中的行。SQL Server 中有 3 种连接类型，分别为内连接、外连接和交叉连接。

内连接会返回两个连接表中的匹配行，它是 SQL Server 的默认连接类型。

外连接会返回 FROM 子句中提到的至少一个表或视图中的所有行，只要这些行符合任何 WHERE 或 HAVING 查询条件。

在交叉连接返回的结果集中，两个表中每两个可能成对的行占一行，如果交叉连接没有使用 WHERE 子句，那么返回的结果集是产生连接涉及的表的笛卡尔积。

17.4.3　内连接

内连接是指用比较运算符比较要连接列的值的连接，内连接分为等值连接与不等值连接。

1. 等值连接

等值连接返回在连接列中具有相等值的行，换句话说，在连接条件中使用比较运算符"="的内连接称为等值连接。

打开查询窗口，在工具栏中的数据库下拉列表中选择"mrkj"选项，在代码区中输入如下 SQL 语句：

```
SELECT * FROM class cl INNER JOIN student stu ON cl.班级编号 = stu.班级编号
```

📋 学习笔记

INNER 关键字表示连接类型是内连接，JOIN 关键字表示建立连接，ON 关键字用于设置连接条件。上述 SQL 语句的作用是返回班级表与学生表中的所有列，但只返回"班级编号"字段具有相同数据的行。

按〈F5〉快捷键执行上述 SQL 语句，返回的结果集如图 17.24 所示。

图 17.24　使用等值连接返回的结果集

2. 不等值连接

在连接条件中使用除等号外的其他运算符的内连接称为不等值连接。

打开查询窗口，在工具栏中的数据库下拉列表中选择"mrkj"选项，在代码区中输入如下 SQL 语句：

```
SELECT DISTINCT cl1.* FROM class cl1 INNER JOIN class cl2 ON
cl1.班级编号 <> cl2.班级编号 and cl1.人数 = cl2.人数
```

📋 **学习笔记**

> 使用 DISTINCT 关键字可从 SELECT 语句的结果集中除去重复的行。上述 SQL 语句使用的两个连接表实际上是同一个表，只是为表起了不同的别名，这种连接也称为自连接。该语句的作用是返回班级表中人数相同但班级编号不同的班级信息。

按〈F5〉快捷键执行上述 SQL 语句，返回的结果集如图 17.25 所示。

图 17.25　使用不等值连接返回的结果集

17.4.4　外连接

内连接只有在同属于两表的行符合连接条件时才返回行，而外连接会返回 FROM 子句中提到的至少一个表或视图中的所有行，只要这些行符合 WHERE 或 HAVING 查询条件。在 SQL Server 中外连接有 3 种类型，分别为左向外连接、右向外连接、完整外连接。

1. 左向外连接

左向外连接又称为左连接，结果集中包含左表中所有符合 WHERE 或 HAVING 查询条件的记录。

打开查询窗口，在工具栏中的数据库下拉列表中选择"mrkj"选项，在代码区中输入如下 SQL 语句：

```
SELECT cl.班级编号,cl.班级名称,cl.班主任,stu.学生编号,stu.学生姓名
FROM class cl LEFT OUTER JOIN student stu
```

```
ON cl.班级编号 = stu.班级编号
```

学习笔记

LEFT OUTER 关键字表示连接类型是左向外连接，其中 OUTER 可以省略。上述 SQL 语句会返回 class 表中的所有班级信息，而不是只返回与 student 表中具有相同班级编号的班级信息。

按〈F5〉快捷键执行上述 SQL 语句，返回的结果集如图 17.26 所示。

	班级编号	班级名称	班主任	学生编号	学生姓名
12	C1803	一八级三班	刘红梅	S501	李鑫
13	C1804	一八级四班	孙丽童	S601	李雯
14	C1805	一八级五班	刘立楠	S701	胡故
15	C1703	一七级三班	吴莉	NULL	NULL
16	A1601	一六级一班	张立坡	NULL	NULL

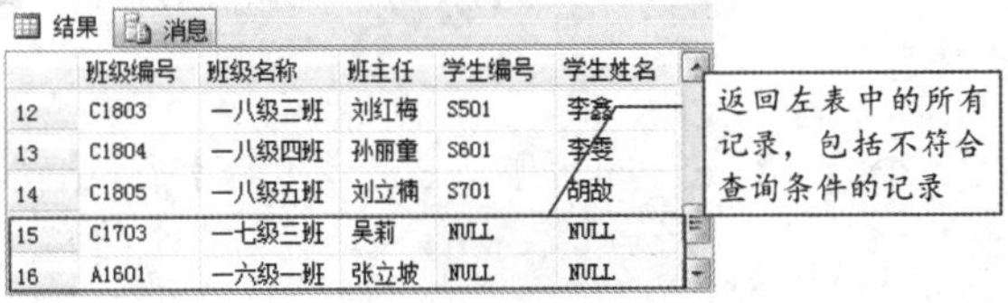

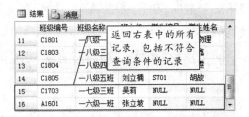

图 17.26 使用左向外连接返回的结果集

2. 右向外连接

右向外连接又称为右连接，结果集中包含右表中所有符合 WHERE 或 HAVING 查询条件的记录。

打开查询窗口，在工具栏中的数据库下拉列表中选择“mrkj”选项，在代码区中输入如下 SQL 语句：

```
SELECT cl.班级编号,cl.班级名称,cl.班主任,stu.学生编号,stu.学生姓名
FROM student stu RIGHT OUTER JOIN class cl
ON cl.班级编号 = stu.班级编号
```

学习笔记

RIGHT OUTER 关键字表示连接类型是右向外连接，其中 OUTER 可以省略。上述 SQL 语句会返回 class 表中的所有班级信息，而不是只返回与 student 表中具有相同编号的班级信息。

按〈F5〉快捷键执行上述 SQL 语句，返回的结果集如图 17.27 所示。

图 17.27 使用右向外连接返回的结果集

📖 **学习笔记**

上面两条 SQL 语句的执行结果一样,是因为在 OUTER JOIN 左右两边的数据表不一致。

3. 完整外连接

完整外连接又称为完整连接,结果集中包含两个表中所有符合 WHERE 或 HAVING 查询条件的记录,可以将完整外连接看作左向外连接与右向外连接的组合。

打开查询窗口,在工具栏中的数据库下拉列表中选择 "mrkj" 选项,在代码区中输入如下 SQL 语句:

```
SELECT cl.班级编号,cl.班级名称,cl.班主任,stu.学生编号,stu.学生姓名
FROM student stu
FULL OUTER JOIN
class cl ON cl.班级编号 = stu.班级编号
```

📖 **学习笔记**

FULL OUTER 关键字表示连接类型是完整外连接,其中 OUTER 可以省略。上述 SQL 语句会返回左表(学生表)与右表(教师表)中的所有记录。

按〈F5〉快捷键执行上述 SQL 语句,返回的结果集如图 17.28 所示。

图 17.28 使用完整外连接返回的结果集

17.4.5 交叉连接

没有 WHERE 子句的交叉连接会返回连接涉及的数据表的笛卡尔积,结果集的行数等于第一个数据表的行数与第二个数据表的行数的乘积,如果在交叉连接中使用 WHERE 子句,则交叉连接与内连接类似。

打开查询窗口,在工具栏中的数据库下拉列表中选择 "mrkj" 选项,在代码区中输入如下 SQL 语句:

```
SELECT cl.班级编号,cl.班级名称,cl.班主任,stu.学生编号,stu.学生姓名
FROM student stu CROSS JOIN class cl
```

📋 **学习笔记**

CROSS JOIN 关键字表示连接类型是交叉连接。

按〈F5〉快捷键执行上述 SQL 语句，返回的结果集如图 17.29 所示。

图 17.29　使用交叉连接返回的结果集（一）

在交叉连接中使用 WHERE 子句，SQL 语句如下：

```
SELECT cl.班级编号,cl.班级名称,cl.班主任,stu.学生编号,stu.学生姓名
FROM student stu CROSS JOIN class cl
WHERE cl.班级编号 = stu.班级编号
```

按〈F5〉快捷键执行上述 SQL 语句，返回的结果集如图 17.30 所示。

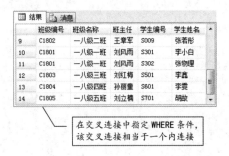

图 17.30　使用交叉连接返回的结果集（二）

17.5　插入数据

17.5.1　INSERT 语句介绍

在 SQL 语句中提供了 INSERT 语句来插入数据，其语法格式如下：

```
INSERT [INTO] table_name [(column_list)] VALUES (data_values)
```

    INSERT 关键字表示插入数据。INTO 是可选项。table_name 是要插入数据的表名，即向哪个表中插入数据。column_list 是表中的字段名，如果为多个字段，则字段名之间用逗号隔开，如果省略该参数，则会向表中所有字段中插入数据。data_values 是向表中插入的数据。

17.5.2 　INSERT 语句的基本应用

向 class 表中添加班级信息，如图 17.31 所示。

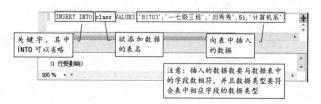

图 17.31　向 class 表中添加班级数据

17.6 　修改数据

17.6.1 　UPDATE 语句介绍

在 SQL 语句中提供了 UPDATE 语句来修改数据，其语法格式如下：

```
UPDATE table_name
SET { column_name = { expression | DEFAULT | NULL }[,...n]
[ WHERE search_condition  ]
```

    UPDATE 关键字表示修改数据。table_name 是要修改数据的表名。SET 关键字指定修改哪些字段。column_name 是要修改数据的字段名。expression 是为字段指定的新值。DEFAULT 表示使用字段的默认值。NULL 表示将字段值设为 NULL（空）。WHERE 关键字是可选项，用于设置数据修改条件，即只对符合数据修改条件的记录进行修改，如果不指定 WHERE 条件，则会对表中的所有记录进行修改。

17.6.2 UPDATE 语句的基本应用

修改 student 表中的学生信息，将学生编号为 S008 的物理成绩设置为 68 分，如图 17.32 所示。

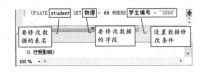

图 17.32 修改 student 表中的学生信息

17.7 删除数据

17.7.1 DELETE 语句介绍

在 SQL 语句中提供了 DELETE 语句来删除数据，其语法格式如下：

```
DELETE table_name  [WHERE  search_condition]
```

学习笔记

DELETE 关键字表示删除数据。table_name 是要删除数据的表名。WHERE 是可选项，用于设置数据删除条件，只有符合数据删除条件的记录才会被删除，如果不指定数据删除条件，则会删除表中的所有记录。

17.7.2 DELETE 语句的基本应用

删除 class 表中班级编号为 B1703 的班级信息，如图 17.33 所示。

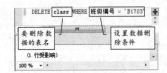

图 17.33 删除 class 表中班级编号为 B1703 的班级信息

第 18 章　存储过程、触发器与视图

18.1　存储过程概述

存储过程是指存储于数据库管理系统中，并且能实现某种功能的 SQL 语句的集合。在存储过程中可以使用数据存取语句、流程控制语句、错误处理语句等。存储过程的主要特点是执行效率高，可重复使用。在创建存储过程时，SQL Server 会将存储过程编译成一个执行计划并存储起来，在执行存储过程时，不需要重新编译，因此执行速度快。在一个存储过程创建完成后，很多需要执行该存储过程中包含的 SQL 语句的应用程序都可以调用该存储过程，从而减少程序员在编写 SQL 语句时可能出现的错误。

18.2　存储过程的应用

18.2.1　新建存储过程

在 SQL Server 中，使用 CREATE PROCEDURE 语句创建存储过程，其语法格式如下：

```
CREATE PROC[EDURE] procedure_name [ ; number ]
[ { @parameter data_type }
[ VARYING ] [ = DEFAULT ] [ OUTPUT ]
] [ ,...n ]
AS sql_statement
```

CREATE PROCEDURE 语句的参数及说明如表 18.1 所示。

表 18.1　CREATE PROCEDURE 语句的参数及说明

参　数	描　述
CREATE PROCEDURE	关键字，也可以写成 CREATE PROC
procedure_name	创建的存储过程名称
; number	现有的可选整数，用于对具有相同名称的存储过程进行分组。使用删除存储过程语句（DROP PROCEDURE）可将同组的存储过程一起删除
@parameter	存储过程中的参数，存储过程可以声明一个或多个参数。用户必须在执行存储过程时提供每个参数的值（除非给参数设置了默认值）
data_type	参数的数据类型，所有数据类型（包括 text、ntext 和 image）均可以用作存储过程参数的数据类型，但是，cursor 数据类型只能用于 OUTPUT 参数
VARYING	指定作为 OUTPUT 参数支持的结果集（由存储过程动态构造，内容可以变化），该关键字仅适用于游标参数
DEFAULT	表示参数的默认值
OUTPUT	表示参数是返回参数，可以将参数值返回给调用的存储过程
n	表示可以定义多个参数
AS	指定存储过程要执行的操作
sql_statement	存储过程中的过程体

创建存储过程 selecttable，此存储过程实现的功能是在 student 表中查询特定班级的学生信息。SQL 语句与执行结果如图 18.1 所示。

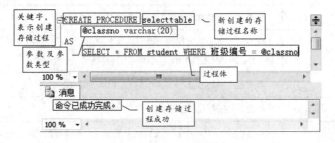

图 18.1　创建存储过程 selecttable

18.2.2　修改存储过程

在 SQL Server 中，使用 ALTER PROCEDURE 语句修改存储过程。ALTER PROCEDURE 语句主要用于修改用户自定义的存储过程。在使用 ALTER PROCEDURE 语句修改存储过程时不会更改权限，也不会影响相关的存储过程或触发器。

ALTER PROCEDURE 语句的语法格式如下：

```
ALTER { PROC | PROCEDURE } [schema_name.] procedure_name [ ; number ]
[ { @parameter [ type_schema_name. ] data_type }
[ VARYING ] [ = DEFAULT ] ] [ OUT [ PUT ]
] [ ,...n ]
[ WITH <procedure_option> [ ,...n ] ]
[ FOR REPLICATION ]
AS
{ <sql_statement> [ ...n ] | <method_specifier> }
<procedure_option> ::=
[ ENCRYPTION ]
[ RECOMPILE ]
[ EXECUTE AS Clause ]
<sql_statement> ::=
{ [ BEGIN ] statements [ END ] }
<method_specifier> ::=
EXTERNAL NAME
assembly_name.class_name.method_name
```

ALTER PROCEDURE 语句的参数及说明如表 18.2 所示。

表 18.2　ALTER PROCEDURE 语句的参数及说明

参　　数	描　　述
schema_name	存储过程所属架构的名称
procedure_name	要修改的存储过程名称。存储过程名称必须符合标识符规则
; number	现有的可选整数，用于对具有相同名称的存储过程进行分组。使用删除存储过程语句（DROP PROCEDURE）可将同组的存储过程一起删除
@ parameter	存储过程中的参数。最多可以指定 2100 个参数
[type_schema_name.] data_type	参数及其所属架构的数据类型
VARYING	指定作为 OUTPUT 参数支持的结果集（由存储过程动态构造，内容可以变化），该关键字仅适用于游标参数
DEFAULT	参数的默认值
OUTPUT	表示参数是返回参数
FOR REPLICATION	指定为复制创建的存储过程，不能在订阅服务器上执行
AS	存储过程要执行的操作
ENCRYPTION	表示数据库引擎会将 ALTER PROCEDURE 语句的原始文本转换为模糊格式
RECOMPILE	表示 SQL Server 2014 数据库引擎不会缓存该存储过程的执行计划，该存储过程在运行时会重新编译

续表

参 数	描 述
EXECUTE AS Class	指定在访问存储过程后执行该存储过程所用的安全上下文
\<sql_statement\>	存储过程中要包含的任意数目和类型的 SQL 语句，有一些限制
EXTERNAL NAME assembly_ name.class_name.method_name	指定 Microsoft .NET Framework 程序集的方法，以便 CLR 存储过程引用。class_name 必须为有效的 SQL Server 标识符，并且必须作为类存在于程序集中。如果类具有使用句点 (.) 分隔命名空间部分的限定命名空间的名称，则必须使用中括号 ([ ]) 或引号 (" ") 分隔类名。指定的方法必须为该类的静态方法

📋 **学习笔记**

在默认情况下，SQL Server 不能执行 CLR 代码，但可以创建、修改和删除引用公共语言运行时模块的数据库对象；不过，只有在启用 clr enabled 服务器配置选项之后，才能在 SQL Server 中进行这些操作。可以使用 sp_configure 启用 clr enabled 服务器配置选项。

修改存储过程 selecttable，将该存储过程实现的功能修改为在 student 表中查询特定班级的数学成绩大于特定值的学生信息。SQL 语句与执行结果如图 18.2 所示。

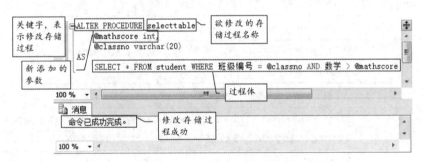

图 18.2 修改存储过程 selecttable

📋 **学习笔记**

两个参数之间的逗号不要遗漏。

18.2.3 调用存储过程

在 SQL Server 中，使用 EXECUTE 语句调用存储过程，其语法格式如下：

```
[ { EXEC | EXECUTE } ]
{
```

```
[ @return_status = ]
{ procedure_name [ ;number ] | @procedure_name_var }
[ [ @parameter = ] { VALUE
                            | @variable [ OUTPUT ]
                            | [ DEFAULT ] }
]
[,...n ]
}
```

EXECUTE 语句的参数及说明如表 18.3 所示。

表 18.3 EXECUTE 语句的参数及说明

参　　数	描　　述
@return_status	可选的整型变量,存储模块的返回状态。在使用 EXECUTE 语句前,这个变量必须在批处理、存储过程或函数中声明过
procedure_name	要调用的存储过程或标量值,用户定义函数的完全限定或不完全限定名称。模块名称必须符合标识符命名规则。无论服务器的排序规则如何,扩展存储过程的名称都要区分大小写
:number	现有的可选整数,用于对具有相同名称的存储过程进行分组。该参数不能用于扩展存储过程
@procedure_name_var	局部定义的变量名,表示模块名称
@parameter	procedure_name 的参数,与在模块中定义的相同。参数名称前必须加上符号"@"
VALUE	传递给模块(或传递命令)的参数值。如果没有指定参数名称,那么参数值必须以在模块中定义的顺序提供
@variable	用于存储参数或返回参数的变量
OUTPUT	指定模块或命令字符串返回一个参数。该模块或命令字符串中的匹配参数必须已使用 OUTPUT 关键字创建。在使用游标变量作为参数时使用该关键字
DEFAULT	根据模块的定义,提供参数的默认值。如果模块需要的参数值没有定义默认值,那么在缺少参数时会出现错误

使用 EXECUTE 语句调用存储过程 selecttable,查询 student 表中 C1802 班的数学成绩高于 80 分的学生信息。SQL 语句与执行结果如图 18.3 所示。

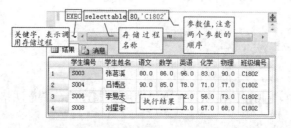

图 18.3 调用存储过程 selecttable

18.2.4　查看数据库中的所有存储过程

在 SQL Server 中，表、视图、存储过程等数据库对象的信息都存储于系统表 sysobjects 中，因此可以通过该表查看当前数据库中的对象信息。

查看当前数据库中的所有存储过程，SQL 语句与执行结果如图 18.4 所示。

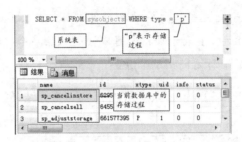

图 18.4　查看当前数据库中的所有存储过程

18.2.5　查看指定存储过程的定义

SQL Server 提供了系统存储过程 sp_helptext 来查看规则、默认值、未加密的存储过程、用户自定义函数、触发器、视图的定义，其语法格式如下：

```
sp_helptext [ @objname = ] 'name'
```

📋 **学习笔记**

sp_helptext 是系统存储过程。[@objname =] 'name' 是数据库对象的名称，数据库对象必须在当前数据库中存在。

查看存储过程 selecttable 的定义，SQL 语句与执行结果如图 18.5 所示。

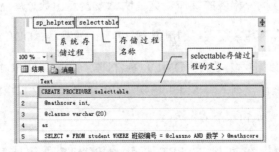

图 18.5　查看存储过程 selecttable 的定义

18.2.6　删除存储过程

在 SQL Server 中，使用 DROP PROCEDURE 语句删除存储过程，其语法格式如下：

```
DROP PROCEDURE { procedure_name } [ ,...n ]
```

学习笔记

> DROP PROCEDURE 关键字表示要删除存储过程。procedure_name 是要删除的存储过程或存储过程组的名称。n 表示该语句可以同时删除多个存储过程或存储过程组，存储过程或存储过程组的名称之间用逗号分隔。

删除存储过程 selecttable 和 droptable，SQL 语句与执行结果如图 18.6 所示。

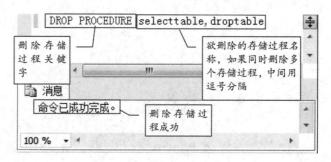

图 18.6　删除存储过程 selecttable 和 droptable

18.3　触发器概述

触发器是一种特殊的存储过程，它与数据表结合在一起，当数据表中的数据被更改时，触发器会被触发，并且执行相应的操作，这说明触发器是由数据库管理系统调用的。

SQL Server 中包含 3 种常规类型的触发器：DML 触发器、DDL 触发器和登录触发器。

当数据库中发生数据操作语言（DML）事件时，会调用 DML 触发器。DML 事件包括在指定表或视图中操作数据的 INSERT 语句、UPDATE 语句和 DELETE 语句。

DML 触发器可以分为以下几种类型。

● AFTER 触发器：在执行 INSERT 语句、UPDATE 语句或 DELETE 语句后执行

AFTER 触发器。

- INSTEAD OF 触发器：执行 INSTEAD OF 触发器代替通常的触发动作。可以为带有一个或多个基表的视图定义 INSTEAD OF 触发器，从而扩展视图更新的类型。
- CLR 触发器：CLR 触发器可以是 AFTER 触发器，也可以是 INSTEAD OF 触发器。CLR 触发器还可以是 DDL 触发器。CLR 触发器可以执行在托管代码（在 .NET Framework 中创建并在 SQL Server 中加载的程序集的成员）中编写的方法，而不用执行存储过程。

DDL 触发器是一种特殊的触发器，它在响应数据定义语言（DDL）语句时触发，主要用于在数据库中执行管理任务，如审核及规范数据库操作。

登录触发器会在响应 LOGON 事件时触发。在与 SQL Server 实例建立用户会话时会触发 LOGON 事件。登录触发器会在登录的身份验证阶段完成之后、在用户会话实际建立之前触发。可以使用登录触发器审核和控制服务器会话，如通过跟踪登录活动限制 SQL Server 的登录名或限制特定登录名的会话数。

18.4　触发器的应用

18.4.1　创建触发器

在 SQL Server 中，使用 CREATE TRIGGER 语句创建触发器，其语法格式如下：

```
CREATE TRIGGER trigger_name
ON { TABLE | VIEW }
{
{ FOR | AFTER | INSTEAD OF }
{ [ INSERT ] [ , ] [ UPDATE ] [ , ] [ DELETE ] }
AS
sql_statement [ ,...n ]
}
```

创建触发器的参数及说明如表 18.4 所示。

表 18.4　创建触发器的参数及说明

参　　数	描　　述
trigger_name	触发器名称。trigger_name 必须遵循标识符命名规则，但 trigger_name 不能以 "#" 或 "##" 开头
TABLE | VIEW	对其执行 DML 触发器的表或视图，可以称为触发器表或触发器视图。可以根据需要指定表或视图的完全限定名称。视图只能被 INSTEAD OF 触发器引用。不能对局部或全局临时表定义 DML 触发器
FOR | AFTER	FOR 或 AFTER 指定仅在触发 SQL 语句中指定的所有操作都成功执行后才触发 DML 触发器
INSTEAD OF	INSTEAD OF 指定执行 DML 触发器而不是触发 SQL 语句，其优先级高于触发 SQL 语句
{ [INSERT] [,] [UPDATE] [,] [DELETE] }	指定数据修改语句，这些语句指定在对此表或视图进行指定操作时激活 DML 触发器。必须至少指定一个选项
sql_statement	触发条件和操作。触发条件指定其他标准，用于确定尝试的 DML、DDL 或 LOGON 事件是否导致执行触发器操作

创建触发器 tri_select，用于查询 class 表中的班级信息，SQL 语句与执行结果如图 18.7 所示。

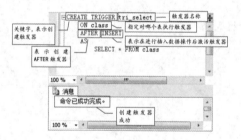

图 18.7　创建触发器 tri_select

18.4.2　修改触发器

在 SQL Server 中，使用 ALTER TRIGGER 语句修改触发器，其语法格式如下：

```
ALTER TRIGGER trigger_name
ON { table | view }
{
{ { FOR | AFTER | INSTEAD OF } { [DELETE] [,] [INSERT] [,] [UPDATE] }
AS
sql_statement [ ,...n ]
}
}
```

📖 学习笔记

　　修改触发器与创建触发器语法格式基本相同，只是关键字不同，此处不再赘述，读者可以参考 18.4.1 节的内容。

　　修改触发器 tri_select，将触发器的触发条件修改为在进行删除数据操作后，SQL 语句与执行结果如图 18.8 所示。

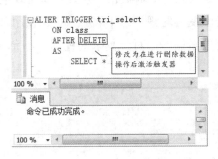

图 18.8　修改触发器 tri_select

18.4.3　删除触发器

　　在 SQL Server 中，使用 DROP TRIGGER 语句删除触发器，其语法格式如下：

```
DROP TRIGGER { trigger_name } [ ,...n ]
```

📖 学习笔记

　　DROP TRIGGER 关键字表示删除触发器，trigger_name 是要删除的触发器名称，n 表示可以同时删除多个触发器，触发器名称间用逗号分隔。

　　删除触发器 tri_select，SQL 语句与执行结果如图 18.9 所示。

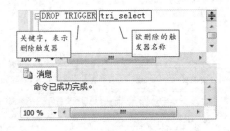

图 18.9　删除触发器 tri_select

18.5　视图概述

视图是存储于数据库中的 SELECT 语句的结果集，又称虚拟表。使用视图可以简化查询操作，视图能够从多个数据表中提取数据，并且以单个表的形式显示查询结果，这样，可以将针对多表的数据查询转变为对视图的单表查询。在使用视图时也有一些限制。例如，对于简单的视图，可以进行更新操作；对于复杂的视图，不允许进行更新操作。

18.6　视图的应用

18.6.1　创建视图

在 SQL Server 中，使用 CREATE VIEW 语句创建视图，其语法格式如下：

```
CREATE VIEW view_name
AS
select_statement
```

📋 **学习笔记**

CREATE VIEW 关键字表示创建视图，view_name 是新创建的视图名称，AS 表示指定视图要执行的查询操作，select_statement 表示视图中的具体查询语句。

创建视图 score_query，查询物理成绩高于 80 分的学生信息，SQL 语句与执行结果如图 18.10 所示。

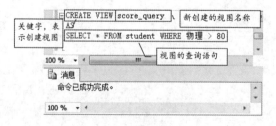

图 18.10　创建视图 score_query

18.6.2 修改视图

在 SQL Server 中，使用 ALTER VIEW 语句修改视图，其语法格式如下：

```
ALTER VIEW  view_name
AS
select_statement
```

📋 **学习笔记**

修改视图与创建视图的语法格式基本相同，只是关键字不同，此处不再赘述，读者可以参考 18.6.1 节的内容。

修改视图 score_query 的查询语句，查询物理成绩高于 80 分、数学成绩高于 80 分的学生信息，SQL 语句与执行结果如图 18.11 所示。

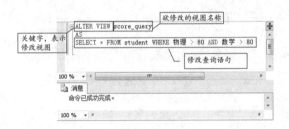

图 18.11 修改视图 score_query

18.6.3 删除视图

在 SQL Server，可以使用 DROP VIEW 语句删除视图，其语法格式如下：

```
DROP VIEW { view_name } [ ,...n ]
```

📋 **学习笔记**

DROP VIEW 关键字表示删除视图，view_name 是要删除的视图名称，n 表示一次可以删除多个视图，视图名称之间用逗号分隔。

删除视图 score_query，SQL 语句与执行结果如图 18.12 所示。

图 18.12 删除视图 score_query

18.6.4 查看数据库中的所有视图

前面已经介绍过，SQL Server 中的表、视图、存储过程等数据库对象的信息都存储于系统表 sysobjects 中，因此可以通过该表查看当前数据库中的所有视图，如图 18.13 所示。

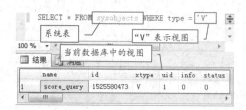

图 18.13 查看当前数据库中的所有视图

18.6.5 查看指定视图的定义

前面已经介绍过，SQL Server 提供了系统存储过程 sp_helptext 来查看规则、默认值、未加密的存储过程、用户自定义函数、触发器、视图的定义。因此，可以使用系统存储过程 sp_helptext 查看视图的定义。查看视图 score_query 的定义，SQL 语句与执行结果如图 18.14 所示。

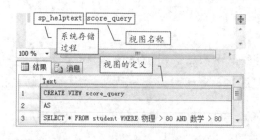

图 18.14 查看视图 score_query 的定义

第 19 章　使用 C 语言操作数据库

通过对本章内容的学习，读者可以熟练掌握连接 SQL Server 数据库的各种方法，可以对数据进行插入、修改、删除和查询等操作。

19.1　连接数据库的准备工作

19.1.1　概述

C 语言连接 SQL Server 数据库的方法有两种，分别为非数据源方式和 ODBC 数据源方式。

19.1.2　配置 SQL Server 环境

（1）安装 SQL Server 2014，并且确保已经开放了 1433 端口。

检测方法：选择"开始"→"运行"命令，在"打开"文本框中输入"cmd"，按回车键，打开控制台。在控制台中输入"netstat -ano"，按回车键，即可查看 SQL Server 数据库的端口号，如图 19.1 所示，其中 1433 为 SQL Server 数据库的端口号。

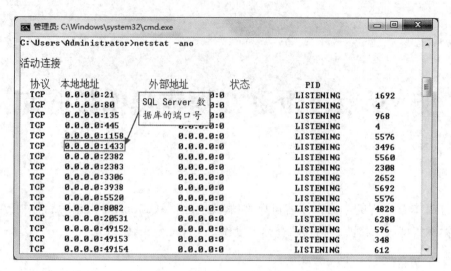

图 19.1　查看 SQL Server 数据库的端口号

（2）以 SQL Server 身份验证模式连接数据库，即使用用户 sa 的身份登录数据库并进行操作，如图 19.2 所示。

图 19.2　以 SQL Server 身份验证模式连接数据库

（3）启用 SQL Server 协议，启用的方法是打开 SQL Server 配置管理器，展开"SQL Server 网络配置"节点，选择"MSSQLSERVER 的协议"选项，将右边列表框中的 Named Pipes 协议和 TCP/IP 协议的状态设置为"已启用"，如图 19.3 所示。

图 19.3 启用 SQL Server 协议

📋 **学习笔记**

本章使用的数据库为 mrkj，该数据库是使用 sa 身份登录数据库并创建的。mrkj 数据库中有两个数据表，分别为 student 表和 class 表。

19.1.3 配置 C 语言环境

使用 Visual Studio 2017 创建一个空项目，具体步骤如下。

（1）在编写程序之前，首先需要创建一个新程序文件，具体方法如下：在 Visual Studio 2017 欢迎界面选择"文件"→"新建"→"项目"命令，如图 19.4 所示，或者按 <Ctrl+Shift+N> 快捷键，打开"新建项目"对话框。

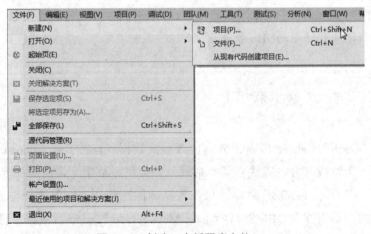

图 19.4 创建一个新程序文件

（2）在"新建项目"对话框中创建空项目的具体操作如图 19.5 所示。

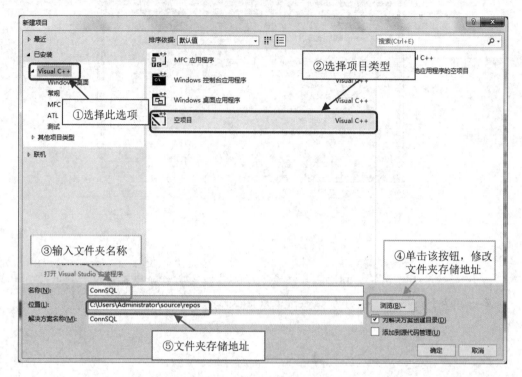

图 19.5　在"新建项目"对话框中创建空项目的具体操作

19.2　使用 ODBC 数据源连接数据库

使用 ODBC 数据源连接数据库，简单来说，就是通过一个媒介连接数据库和程序代码，下面讲解如何创建和使用 ODBC 数据源。

19.2.1　ODBC 数据源简介

ODBC（Open Database Connectivity，开放式数据库连接）是 Microsoft 公司提供的有关数据库的一个组成部分，它建立了一组规范并提供了数据库访问的标准 API（应用程序编程接口）。一个使用 ODBC 数据源操作数据库的应用程序，基本操作都是由 ODBC 驱动程序完成的，不依赖于 DBMS（Database Management System，数据库管理系统）。

应用程序在访问数据库时，首先使用 ODBC 管理器注册一个数据源，该数据源包括数据库位置、数据库类型和 ODBC 驱动程序等信息，ODBC 管理器根据这些信息建立 ODBC 数据源与数据库的连接。

使用 ODBC 数据源可以连接 SQL Server、MySQL、DB2、Oracle、Access 等数据库，使用统一的函数访问各种数据库，屏蔽了连接不同数据库的差异性。

19.2.2 配置 ODBC 数据源

配置 ODBC 数据源的步骤如下。

（1）在 Windows 操作系统中，选择"开始"→"控制面板"命令，打开控制面板，在"查看方式"下拉列表中选择"小图标"选项，然后选择"管理工具"选项，如图 19.6 所示，即可打开"管理工具"文件夹。

图 19.6 在控制面板中选择"管理工具"选项

（2）在"管理工具"文件夹中双击"数据源 (ODBC)"图标，如图 19.7 所示，即可打开"ODBC 数据源管理器"对话框。

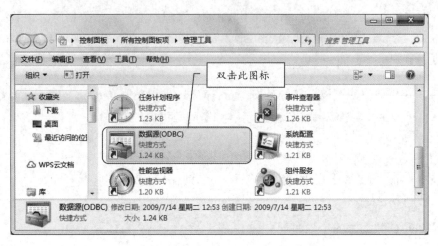

图 19.7 双击"数据源 (ODBC)"图标

（3）在"ODBC 数据源管理器"对话框中单击"添加"按钮，如图 19.8 所示，即可打开"创建新数据源"对话框。

图 19.8 "ODBC 数据源管理器"对话框

（4）在"创建新数据源"对话框中选择 ODBC 数据源驱动程序，包括 Access 类驱动程序、dBase 类驱动程序、Excel 类驱动程序、FoxPro 类驱动程序、Visual FoxPro 类驱动程序、Paradox 类驱动程序、Text 类驱动程序、Oracle 类驱动程序和 SQL Server 类驱动程序。本章主要介绍创建 SQL Server 的 ODBC 数据源，所以在驱动程序列表框中选择"SQL Server Native Client 11.0"选项，单击"完成"按钮，如图 19.9 所示，即可打开"创建到 SQL Server 的新数据源"对话框。

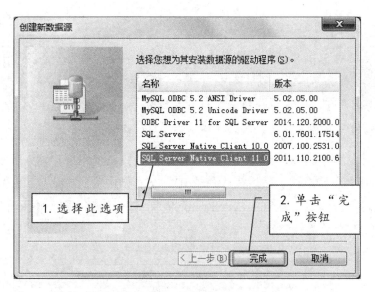

图 19.9　"创建新数据源"对话框

　　（5）在"创建到 SQL Server 的新数据源"对话框中，在"名称"文本框中输入新的数据源名称，这里输入"csql"；在"说明"文本框内输入对数据源的描述，也可以为空，这里没有输入内容；在"服务器"下拉列表中选择需要连接的服务器，这里选择"ZHOUJIAXING-PC\MRSQLSERVER"选项；单击"下一步"按钮。在"创建到 SQL Server 的新数据源"对话框中进行的具体操作如图 19.10 所示。

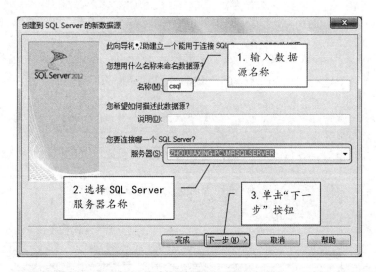

图 19.10　在"创建到 SQL Server 的新数据源"对话框中进行的具体操作

📋 **学习笔记**

如果要连接的 SQL Server 安装在本地计算机中，那么在"服务器"下拉列表中选择"local"选项，表示连接到本地服务器；如果要连接的 SQL Server 安装在其他服务器中，那么在"服务器"下拉列表中选择所需的服务器名称；如果"服务器"下拉列表为空，那么可以手动输入服务器名称。

（6）接下来选择 SQL Server 的登录验证方式，选择"使用用户输入登录 ID 和密码的 SQL Server 验证"单选按钮，然后在"登录 ID"文本框中输入"sa"。在"密码"文本框中输入密码，这个密码是安装 SQL Server 时设置的，如果为空，则不输入。单击"下一步"按钮，如图 19.11 所示。

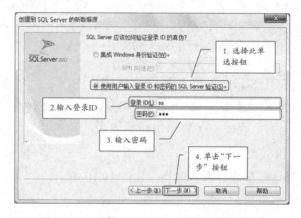

图 19.11　选择 SQL Server 的登录验证方式

（7）勾选"更改默认的数据库为"复选框，在下面的下拉列表中选择需要的 SQL Server 数据库（这里选择"mrkj"选项），然后单击"下一步"按钮，如图 19.12 所示。

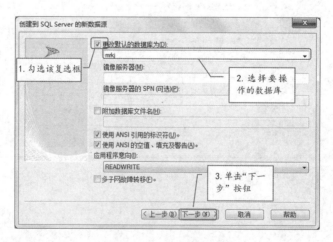

图 19.12　选择数据库

（8）单击"完成"按钮，弹出"ODBC Microsoft SQL Server 安装"对话框，单击"测试数据源"按钮，如果正确，则连接成功；如果不正确，则系统会指出具体的错误，用户需要重新检查配置的内容是否正确，如图 19.13 所示。

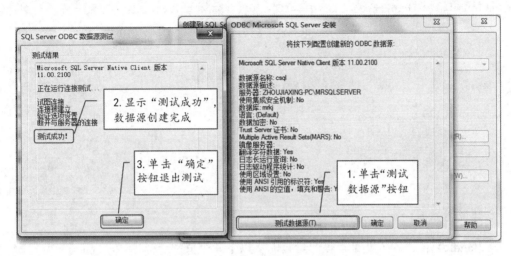

图 19.13　测试 ODBC 数据源

（9）单击"确定"按钮，即可将新创建的 ODBC 数据源添加到"ODBC 数据源管理器"对话框中的"用户数据源"列表框中，再次单击"确定"按钮，如图 19.14 所示，一个新的 ODBC 数据源就创建完成了。

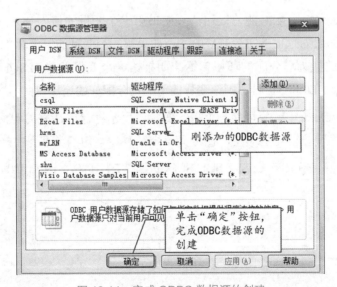

图 19.14　完成 ODBC 数据源的创建

至此，ODBC 数据源 csql 就创建完成了，接下来就可以使用 ODBC 数据源连接数据库了。

19.2.3 连接数据库函数

使用 C 语言连接数据库需要使用一些函数，下面分别进行讲解。

1. SQLAllocHandle() 函数

该函数主要用于分配句柄，语法格式如下：

```
SQLRETURN SQLAllocHandle(
     SQLSMALLINT HandleType,
     SQLHANDLE InputHandle,
     SQLHANDLE* OutputHandlePtr
);
```

参数说明如下。

- HandleType：输入变量，该变量只能从以下 4 个值中选择。
  - » SQL_HANDLE_ENV，用于申请环境句柄。
  - » SQL_HANDLE_DBC，用于申请连接句柄。
  - » SQL_HANDLE_DESC，用于申请描述符句柄。
  - » SQL_HANDLE_STMT，用于申请语句句柄。
- InputHandle：已分配好的前提句柄，如果第一个变量的值为 SQL_HANDLE_ENV，则该变量的值为 SQL_NULL_HANDLE；如果第一个变量的值为 SQL_HANDLE_DBC，则该变量的值为已分配的环境句柄；如果第一个变量的值为 SQL_HANDLE_DESC 或 SQL_HANDLE_STMT，则该变量的值为已分配好的连接句柄。
- OutputHandlePtr：该变量为一个指针变量，用于存储申请来的句柄，申请句柄的类型为第一个变量的句柄类型，在定义该指针时注意句柄类型保持一致。

返回值有 4 种：SQL_SUCCESS、SQL_SUCCESS_WITH_INFO、SQL_INVALID_HANDLE、SQL_ERROR。

2. SQLSetEnvAttr() 函数

该函数主要用于设置环境属性，语法格式如下：

```
SQLRETURN SQLSetEnvAttr(
     SQLHENV EnvironmentHandle,
     SQLINTEGER Attribute,
     SQLPOINTER ValuePtr,
```

```
SQLINTEGER StringLength
);
```

参数说明如下。

- EnvironmentHandle：输入变量，变量值为环境句柄。

- Attribute：输入变量，设置的属性。

- ValuePtr：输入变量，指向与 Attribute 关联的值的指针。

Attribute 和 ValuePtr 的取值如表 19.1 所示。

表 19.1　Attribute 和 ValuePtr 的取值

Attribute 的取值	ValuePtr 的取值
SQL_ATTR_CONNECTION_POOLING	SQL_CP_OFF：默认值，关闭连接池。 SQL_CP_ONE_PER_DRIVER：连接池中的每个连接都与同一个驱动程序关联。 SQL_CP_ONE_PER_HENV：连接池中的每个连接都与同一个环境关联
SQL_ATTR_CP_MATCH	当调用 SQLConnect() 函数或 SQLDriverConnect() 函数时，该参数用于从连接池中选择连接的精度。 SQL_CP_STRICT_MATCH：默认值，当连接的属性和驱动池中的连接完全一致时才会采用。 SQL_CP_RELAXED_MATCH：并非所有的连接属性都必须匹配
SQL_ATTR_ODBC_VERSION	ODBC 表现出的版本特性。 SQL_OV_ODBC3 SQL_OV_ODBC2
SQL_ATTR_OUTPUT_NTS	确定返回字符串的结束符。 SQL_TRUE：默认值，返回以 "\0" 为结束符的字符串。 SQL_FALSE：不返回以 "\0" 为结束符的字符串

- StringLength：输入变量。

如果 ValuePtr 为一个整型指针，则该变量可以忽略；如果 ValuePtr 为二进制数或字符串，则该变量为 ValuePtr 的长度。

返回值有 4 种：SQL_SUCCESS、SQL_SUCCESS_WITH_INFO、SQL_INVALID_HANDLE、SQL_ERROR。

3. 连接函数

在分配环境句柄和连接句柄并设置连接属性后，应用程序会连接到数据源或驱动程序。有 3 种连接函数，分别为 SQLConnect() 函数、SQLDriverConnect() 函数、SQLBrowseConnect() 函数。

1）SQLConnect() 函数。

SQLConnect() 函数是最简单的连接函数，其语法格式如下：

```
SQLRETURN SQLConnect(
SQLHDBC          ConnectionHandle,
SQLCHAR *        ServerName,
SQLSMALLINT      ServerNameLength,
SQLCHAR *        UserName,
SQLSMALLINT      UserNameLength,
SQLCHAR *        Authentication,
SQLSMALLINT      AuthenticationLength
);
```

参数说明如下。

- ConnectionHandle：连接句柄。

- ServerName：数据源名称。

- ServerNameLength：数据源名称的长度。

- UserName：用户标识符。

- UserNameLength：用户标识符的长度。

- Authentication：验证密码。

- AuthenticationLength：验证密码的长度。

2）SQLDriverConnect() 函数。

SQLDriverConnect() 函数需要比 SQLConnect() 函数更详细的信息，其语法格式如下：

```
SQLRETURN SQLDriverConnect(
SQLHDBC          ConnectionHandle,
SQLHWND          WindowHandle,
SQLCHAR *        InConnectionString,
SQLSMALLINT      StringLength1,
SQLCHAR *        OutConnectionString,
SQLSMALLINT      BufferLength,
SQLSMALLINT *    StringLength2Ptr,
SQLUSMALLINT     DriverCompletion
);
```

参数说明如下。

- ConnectionHandle：连接句柄。

- WindowHandle：窗口句柄。应用程序可以传递父窗口的句柄（如果适用），如果窗口句柄不适用或 SQLDriverConnect() 函数不显示任何对话框，则可以传递空指针。

- InConnectionString：连接字符串。

- StringLength1：连接字符串的长度。

- OutConnectionString：指向完整连接字符串的缓冲区的指针。

- BufferLength：OutConnectionString 指针指向的缓冲区的长度，以字符为单位。

- StringLength2Ptr：指向缓冲区的指针，OutConnectionString 指针可返回的字符总数（不包括空终止符）。

- DriverCompletion：指示驱动程序管理器或驱动程序是否必须提示用户提供更多连接信息。可取的值有 SQL_DRIVER_PROMPT、SQL_DRIVER_COMPLETE、SQL_DRIVER_COMPLETE_REQUIRED、SQL_DRIVER_NOPROMPT。

3）SQLBrowseConnect() 函数。

SQLBrowseConnect() 函数与 SQLDriverConnect() 函数类似，使用的是连接字符串，其语法格式如下：

```
SQLRETURN SQLBrowseConnect(
SQLHDBC          ConnectionHandle,
SQLCHAR *        InConnectionString,
SQLSMALLINT      StringLength1,
SQLCHAR *        OutConnectionString,
SQLSMALLINT      BufferLength,
SQLSMALLINT *    StringLength2Ptr
);
```

参数说明如下。

- ConnectionHandle：连接句柄。

- InConnectionString：浏览请求连接字符串。

- StringLength1：浏览请求连接字符串的长度，以字符为单位。

- OutConnectionString：指向字符缓冲区的指针，在该字符缓冲区中返回浏览结果连接字符串。

- BufferLength：字符缓冲区的长度。

- StringLength2Ptr：指向字符缓冲区的指针可返回的字符总数（不包括空终止符）。

4. SQLExecDirect() 函数

如果语句中存在任何参数，则 SQLExecDirect() 函数使用参数标记变量的当前值执行可准备语句。使用 SQLExecDirect() 函数是提交一次执行的 SQL 语句的最快方式，其语法格式如下：

```
SQLRETURN SQLExecDirect(
      SQLHSTMT StatementHandle,
      SQLCHAR *StatementText,
      SQLINTEGER TextLength
);
```

参数说明如下。

- StatementHandle：SQL 语句句柄。

- StatementText：要执行的 SQL 语句。

- TextLength：SQL 语句的长度。

5. SQLPrepare() 函数

SQLPrepare() 是 ODBC 中的一个 API 函数，用于创建 SQL 语句，其语法格式如下：

```
SQLRETURN SQLPrepare(
      SQLHSTMT StatementHandle,
      SQLCHAR * StatementText,
      SQLINTEGER TextLength
);
```

参数说明如下。

- StatementHandle：SQL 语句句柄。

- StatementText：要执行的 SQL 语句。

- TextLength：SQL 语句的长度。

6. SQLBindCol() 函数

SQLBindCol() 函数可以将数据缓冲区绑定到结果集的列，其语法格式如下：

```
SQLRETURN SQLBindCol(
      SQLHSTMT StatementHandle,
      SQLUSMALLINT ColumnNumber,
      SQLSMALLINT TargetType,
      SQLPOINTER TargetValuePtr,
      SQLINTEGER BufferLength,
      SQLLEN * StrLen_or_Ind
);
```

参数说明如下。

- StatementHandle：SQL 语句句柄。

- ColumnNumber：结果集中要绑定的列号。

- TargetType：TargetValuePtr 指针指向的缓冲区的 C 语言数据类型的标识符。

- TargetValuePtr：指向绑定列的数据缓冲区的指针。

- BufferLength：缓冲区的长度（以字节为单位）。

- StrLen_or_IndPtr：要绑定的列的长度。

7．SQLFetch() 函数

SQLFetch() 函数可以从结果集中提取下一行数据，并且返回所有绑定列的数据，其语法格式如下：

```
SQLRETURN SQLFetch(
    SQLHSTMT StatementHandle
);
```

参数说明如下。

- StatementHandle：SQL 语句句柄。

19.2.4　通过 C 语言代码操作数据库

下面看一个通过 C 语言代码操作数据库的实例。

向 mrkj 数据库中的 class 表中插入一条记录，代码如下：

```
#include <stdio.h>
#include <string.h>
#include <windows.h>
#include <sql.h>
#include <sqlext.h>
#include <sqltypes.h>
#include <odbcss.h>

SQLHENV henv = SQL_NULL_HENV;
SQLHDBC hdbc1 = SQL_NULL_HDBC;
SQLHSTMT hstmt1 = SQL_NULL_HSTMT;

int main() {
    RETCODE retcode;
    UCHAR szDSN[SQL_MAX_DSN_LENGTH + 1] = "csql",
```

```
                szUID[MAXNAME] = "sa",
                szAuthStr[MAXNAME] = "111";
    //SQL 语句
     UCHAR sql[200] = "insert into class values('C1707',' 一七级七班 ',' 刘梓
平 ','52',' 数学系 ')";
    // 预编译 SQL 语句
    UCHAR pre_sql[200] = "insert into class values(?,?,?,?,?)";
    // 连接数据源，设置环境句柄
    retcode = SQLAllocHandle(SQL_HANDLE_ENV, NULL, &henv);
    retcode = SQLSetEnvAttr(henv, SQL_ATTR_ODBC_VERSION,
                (SQLPOINTER)SQL_OV_ODBC3,
                SQL_IS_INTEGER);
    // 设置连接句柄
    retcode = SQLAllocHandle(SQL_HANDLE_DBC, henv, &hdbc1);
    retcode = SQLConnect(hdbc1, szDSN, 4, szUID, 2, szAuthStr, 3);
    // 判断是否连接成功
    if ((retcode != SQL_SUCCESS) && (retcode != SQL_SUCCESS_WITH_INFO)) {
        printf(" 连接失败 !\n");
        getchar();
    }
    else {
        retcode = SQLAllocHandle(SQL_HANDLE_STMT, hdbc1, &hstmt1);
        // 直接执行
        SQLExecDirect(hstmt1,sql,200);
        printf(" 操作成功 !");
        getchar();
        // 释放语句句柄
        SQLCloseCursor(hstmt1);
        SQLFreeHandle(SQL_HANDLE_STMT, hstmt1);

    }
    /*
    1. 断开与数据源的连接
    2. 释放连接句柄
    3. 释放环境句柄（如果不需要在这个环境中进行更多连接）
    */
    SQLDisconnect(hdbc1);
    SQLFreeHandle(SQL_HANDLE_DBC, hdbc1);
    SQLFreeHandle(SQL_HANDLE_ENV, henv);
    return(0);
}
```

运行上述程序，运行结果如图 19.15 所示。

图 19.15　向 mrkj 数据库中的 class 表中插入一条记录的运行结果

查看 mrkj 数据库中的 class 表，如图 19.16 所示，显示已经向 class 表插入了一条记录。

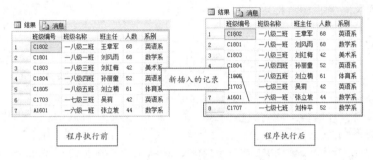

图 19.16　查看 mrkj 数据库中的 class 表

19.3　使用非 ODBC 方式操作数据库

对数据的操作可以分为两种，一种是对数据的查询，即从数据库中查询数据；另一种是对数据的操作，如插入数据、修改数据、删除数据。

19.3.1　插入、修改、删除数据

C 语言对数据库的操作主要体现在 SQL 语句上，分为直接执行 SQL 语句和预编译执行 SQL 语句两种。

1. 直接执行 SQL 语句

使用 SQLExecDirect() 函数可以直接执行 SQL 语句。

下面来看一个实例。向 mrkj 数据库中的 class 表中插入一条记录，代码如下：

```
#include <stdio.h>
#include <string.h>
```

```
#include <windows.h>
#include <sql.h>
#include <sqlext.h>
#include <sqltypes.h>

#define MAXBUFLEN 255

SQLHENV henv = SQL_NULL_HENV;
SQLHDBC hdbc1 = SQL_NULL_HDBC;
SQLHSTMT hstmt1 = SQL_NULL_HSTMT;

int main() {
    RETCODE retcode;

    // 定义 SQL 语句
    UCHAR    sql[200] = "insert into class values('C1806',' 一八级六班 ',' 纪伍
迪 ','45',' 体育系 ')";
     SQLCHAR ConnStrIn[MAXBUFLEN] = "DRIVER={SQL Server};SERVER=ZHOUJIAXING-
PC \\MRSQLSERVER;UID=sa;PWD=111;DATABASE=mrkj;";
    // 连接数据源，设置环境句柄
    retcode = SQLAllocHandle(SQL_HANDLE_ENV, NULL, &henv);
    retcode = SQLSetEnvAttr(henv, SQL_ATTR_ODBC_VERSION, (SQLPOINTER)SQL_OV_
ODBC3, SQL_IS_INTEGER);
    // 设置连接句柄
    retcode = SQLAllocHandle(SQL_HANDLE_DBC, henv, &hdbc1);
     retcode = SQLDriverConnect(hdbc1, NULL, ConnStrIn, SQL_NTS, NULL, NULL,
NULL, SQL_DRIVER_NOPROMPT);
    // 判断是否连接成功
    if ((retcode != SQL_SUCCESS) && (retcode != SQL_SUCCESS_WITH_INFO)) {
      printf(" 连接失败 !\n");
      getchar();
    }
    else {

        // 分配句柄
        retcode = SQLAllocHandle(SQL_HANDLE_STMT, hdbc1, &hstmt1);
        // 直接执行
        SQLExecDirect (hstmt1,sql,200);
        printf(" 操作成功 !");
        getchar();
        // 释放语句句柄
        SQLCloseCursor(hstmt1);
        SQLFreeHandle(SQL_HANDLE_STMT, hstmt1);
```

```
}
/*
1. 断开与数据源的连接
2. 释放连接句柄
3. 释放环境句柄（如果不需要在这个环境中进行更多连接）
*/
SQLDisconnect(hdbc1);
SQLFreeHandle(SQL_HANDLE_DBC, hdbc1);
SQLFreeHandle(SQL_HANDLE_ENV, henv);
return(0);
}
```

运行上述程序，运行结果如图 19.17 所示。

图 19.17　向 mrkj 数据库中的 class 表中插入一条记录的运算结果

查看 mrkj 数据库中的 class 表，如图 19.18 所示，显示已经向 class 表中插入了一条记录。

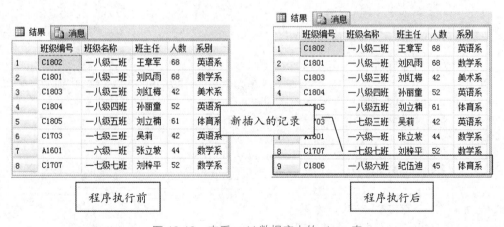

图 19.18　查看 mrkj 数据库中的 class 表

2. 预编译执行 SQL 语句

使用 **SQLPrepare()** 函数可以预编译执行 SQL 语句。

下面来看一个实例。向 **mrkj** 数据库中的 **student** 表中插入一条记录，代码如下：

```c
#include <stdio.h>
#include <string.h>
#include <windows.h>
#include <sql.h>
#include <sqlext.h>
#include <sqltypes.h>

#define MAXBUFLEN 255

SQLHENV henv = SQL_NULL_HENV;
SQLHDBC hdbc1 = SQL_NULL_HDBC;
SQLHSTMT hstmt1 = SQL_NULL_HSTMT;

int main() {
    RETCODE retcode;
    // 预编译 SQL 语句
    UCHAR    pre_sql[225] = "insert into student values(?,?,?,?,?,?,?,?)";
    SQLCHAR ConnStrIn[MAXBUFLEN] = "DRIVER={SQL Server};SERVER=ZHOUJIAXING-
PC \\MRSQLSERVER;UID=sa;PWD=111;DATABASE=mrkj;";
    // 连接数据源，设置环境句柄
    retcode = SQLAllocHandle(SQL_HANDLE_ENV, NULL, &henv);
    retcode = SQLSetEnvAttr(henv, SQL_ATTR_ODBC_VERSION, (SQLPOINTER)SQL_OV_
ODBC3, SQL_IS_INTEGER);
    // 设置连接句柄
    retcode = SQLAllocHandle(SQL_HANDLE_DBC, henv, &hdbc1);
    retcode = SQLDriverConnect(hdbc1, NULL, ConnStrIn, SQL_NTS, NULL, NULL,
NULL, SQL_DRIVER_NOPROMPT);
    // 判断是否连接成功
    if ((retcode != SQL_SUCCESS) && (retcode != SQL_SUCCESS_WITH_INFO)) {
            printf(" 连接失败 !\n");
            getchar();
    }
    else {
            // 分配句柄
            retcode = SQLAllocHandle(SQL_HANDLE_STMT, hdbc1, &hstmt1);
            //绑定参数方式
            char a[200] = "S812";
            char b[200] = " 任生 ";
            char c[200] = "96";
            char d[200] = "55";
            char e[200] = "85";
            char f[200] = "82";
            char g[200] = "93";
            char h[200] = "C1801";
```

```
                SQLINTEGE p = SQL_NTS;
                // 预编译
                SQLPrepare(hstmt1, pre_sql, 200); // 第三个参数与数组大小相同，而不
是数据库列相同
                // 绑定参数值
                SQLBindParameter(hstmt1, 1, SQL_PARAM_INPUT, SQL_C_CHAR, SQL_
CHAR, 200, 0, &a, 0, &p);
                SQLBindParameter(hstmt1, 2, SQL_PARAM_INPUT, SQL_C_CHAR, SQL_
CHAR, 200, 0, &b, 0, &p);
                SQLBindParameter(hstmt1, 3, SQL_PARAM_INPUT, SQL_C_CHAR, SQL_
CHAR, 200, 0, &c, 0, &p);
                SQLBindParameter(hstmt1, 4, SQL_PARAM_INPUT, SQL_C_CHAR, SQL_
CHAR, 200, 0, &d, 0, &p);
                SQLBindParameter(hstmt1, 5, SQL_PARAM_INPUT, SQL_C_CHAR, SQL_
CHAR, 200, 0, &e, 0, &p);
                SQLBindParameter(hstmt1, 6, SQL_PARAM_INPUT, SQL_C_CHAR, SQL_
CHAR, 200, 0, &f, 0, &p);
                SQLBindParameter(hstmt1, 7, SQL_PARAM_INPUT, SQL_C_CHAR, SQL_
CHAR, 200, 0, &g, 0, &p);
                SQLBindParameter(hstmt1, 8, SQL_PARAM_INPUT, SQL_C_CHAR, SQL_
CHAR, 200, 0, &h, 0, &p);
                // 执行
                SQLExecute(hstmt1);
                printf(" 操作成功 !");
                getchar();
                // 释放语句句柄
                SQLCloseCursor(hstmt1);
                SQLFreeHandle(SQL_HANDLE_STMT, hstmt1);
        }
        /*
        1. 断开与数据源的连接
        2. 释放连接句柄
        3. 释放环境句柄 ( 如果不需要在这个环境中进行更多连接 )
        */
        SQLDisconnect(hdbc1);
        SQLFreeHandle(SQL_HANDLE_DBC, hdbc1);
        SQLFreeHandle(SQL_HANDLE_ENV, henv);
        return(0);
}
```

运行上述程序，运行结果如图 19.19 所示。

图 19.19 　向 mrkj 数据库中的 student 表中插入一条记录的运算结果

查看 mrkj 数据库中的 student 表，如图 19.20 所示，显示已经向 student 表中插入了一条记录。

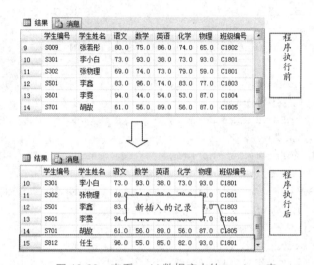

图 19.20 　查看 mrkj 数据库中的 student 表

19.3.2　查询数据

C 语言对数据库的操作，除了插入数据、修改数据和删除数据，还可以查询数据，下面通过一个实例介绍如何通过 C 语言程序查询数据库中的数据。

查询 mrkj 数据库中的 class 表中的所有记录，代码如下：

```
#include <stdio.h>
#include <iostream>
#include <windows.h>
#include <sqltypes.h>
#include <sql.h>
#include <sqlext.h>

#define NAME_LEN 20
```

```
int main() {
    SQLHENV env;
    SQLHDBC dbc;
    SQLHSTMT stmt;
    SQLRETURN ret;

    // 将查询的结果存储于这些变量中
    SQLCHAR 班级编号[10], 班级名称[15], 班主任[10], 人数[10], 系别[10];

    SQLINTEGER no = SQL_NTS, nname = SQL_NTS,headmaster = SQL_NTS, num =
SQL_NTS, pro = SQL_NTS;
    SQLAllocHandle(SQL_HANDLE_ENV, SQL_NULL_HANDLE, &env);
    SQLSetEnvAttr(env, SQL_ATTR_ODBC_VERSION, (void *)SQL_OV_ODBC3, 0);
    SQLAllocHandle(SQL_HANDLE_DBC, env, &dbc);

    SQLDriverConnectW(dbc, NULL, L"DRIVER={SQL Server};SERVER=ZHOUJIAXING-
PC\\ MRSQLSERVER;DATABASE=mrkj;UID=sa;PWD=111;", SQL_NTS, NULL, 0, NULL,
SQL_DRIVER_COMPLETE);

    if (SQL_SUCCESS != SQLAllocHandle(SQL_HANDLE_STMT, dbc, &stmt))
    {
            printf("数据库连接错误！\n");
    }
    else
    {
            printf("数据库连接成功！\n");

            // 初始化句柄
            ret = SQLAllocHandle(SQL_HANDLE_STMT, dbc, &stmt);
            ret = SQLSetStmtAttr(stmt, SQL_ATTR_ROW_BIND_TYPE, (SQLPOINTER)
SQL_BIND_BY_COLUMN, SQL_IS_INTEGER);

            // 查询
            ret = SQLExecDirect(stmt, (SQLCHAR *)("SELECT * FROM class"),
SQL_NTS);
            if (ret == SQL_SUCCESS || ret == SQL_SUCCESS_WITH_INFO)
            {
                /*将数据缓冲区绑定到数据库中的数据表中的相应字段（参数分别表示句柄、
列、变量类型、接收缓冲、缓冲长度、返回的长度）*/
                ret = SQLBindCol(stmt, 1, SQL_C_CHAR, 班级编号, 10, &no);
                ret = SQLBindCol(stmt, 2, SQL_C_CHAR, 班级名称, 15, &nname);
                ret = SQLBindCol(stmt, 3, SQL_C_CHAR, 班主任, 10, &headmaster);
                ret = SQLBindCol(stmt, 4, SQL_C_CHAR, 人数, 10, &num);
```

```
                 ret = SQLBindCol(stmt, 5, SQL_C_CHAR, 系别, 10, &pro);
        }
        // 遍历数据
        while ((ret = SQLFetch(stmt)) != SQL_NO_DATA_FOUND)
        {
                if (ret == SQL_ERROR)
                        printf(" 数据查询出错 \n");
                else
                {
                        printf(" 班级编号为 %s 的班主任是 %s，班级共有 %s 人，是
%s\n", 班级编号, 班主任, 人数, 系别);
                }
        }
        getchar();
        // 断开与数据源的连接，释放句柄
        SQLFreeHandle(SQL_HANDLE_STMT, stmt);
        SQLDisconnect(dbc);
        SQLFreeHandle(SQL_HANDLE_DBC, dbc);
        SQLFreeHandle(SQL_HANDLE_ENV, env);
    }
    return 0;
}
```

运行上述程序，运行结果如图 19.21 所示。

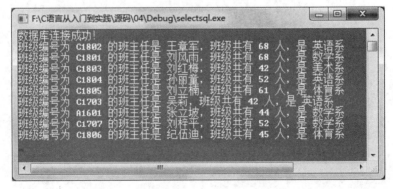

图 19.21　查询 mrkj 数据库中的 class 表中的所有记录的运行结果

第四篇 项目篇

第 20 章　俄罗斯方块游戏

俄罗斯方块游戏是一款老少皆宜的经典益智类游戏，该游戏的趣味性是很多游戏都无法比拟的。游戏的规则很简单，堆积各种形状的方块，满行消除，但要避免堆积到屏幕最上方。通过对本章内容的学习，读者会学到：

▶▶ 基本的控制台输入、输出　　　　　　▶▶ 函数的声明、定义和调用

▶▶ switch 选择结构　　　　　　　　　▶▶ goto 无条件转移语句

▶▶ 控制台字体颜色　　　　　　　　　　▶▶ 设置控制台中的文字显示位置

▶▶ 使用随机数函数 rand()　　　　　　 ▶▶ 获取键盘按键并进行相应操作

20.1　开发背景

俄罗斯方块游戏是一款风靡全球的掌上游戏和 PC 游戏，它由俄罗斯人阿列克谢·帕基特诺夫发明并因此得名。俄罗斯方块游戏的基本规则是移动、旋转和摆放游戏自动输出的各种方块，使之排列成完整的一行或多行并消除得分，看似简单，却变化无穷。

在俄罗斯方块游戏中，要求使用键盘操作使若干种不同类型的方块进行移动、旋转和摆放，并且在界面中显示下一个俄罗斯方块及玩家的当前积分信息。随着游戏的进行，等级越高，游戏的难度越大，即方块的下落速度越快。

本章会使用 Dev C++ 开发一个俄罗斯方块游戏，并且详细介绍在开发游戏时需要了解和掌握的相关开发细节。俄罗斯方块游戏的开发细节设计如图 20.1 所示。

图 20.1　俄罗斯方块游戏的开发细节设计

20.2　系统功能设计

20.2.1　系统功能结构

俄罗斯方块游戏包含 5 个界面，分别是游戏欢迎界面、游戏主窗体、游戏规则界面、按键说明界面和游戏结束界面，其系统功能结构如图 20.2 所示。

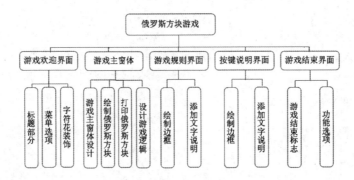

图 20.2　俄罗斯方块游戏的系统功能结构

20.2.2　业务流程图

俄罗斯方块游戏的业务流程图如图 20.3 所示。

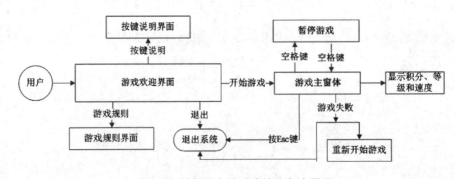

图 20.3　俄罗斯方块游戏的业务流程图

20.3　使用 Dev C++ 创建项目

20.3.1　开发环境需求

本项目的开发及运行环境如下。

操作系统：Windows 7。

开发工具：Dev C++。

开发语言：C 语言。

20.3.2　创建项目

使用 Dev C++ 编写俄罗斯方块游戏。Dev C++ 是一个 Windows 操作系统中的 C/C++ 集成开发环境，包括多页面窗口、工程编辑器及调试器等。在工程编辑器中集合了编辑器、编译器、链接程序和执行程序，提供高亮语法显示，用于减少编辑错误，可以满足初学者与编程高手的不同需求，是学习 C 或 C++ 的首选开发工具。

俄罗斯方块游戏项目的 Dev C++ 代码界面如图 20.4 所示。

图 20.4　俄罗斯方块游戏项目的 Dev C++ 代码界面

📋 **学习笔记**

Dev C++ 分为两个版本，分别为 32 位和 64 位。需要注意的是，如果当前计算机使用 32 位操作系统，那么只可以安装 32 位的 Dev C++；如果当前计算机使用 64 位操作系统，那么只可以安装 64 位的 Dev C++。

下面详细介绍如何使用 Dev C++ 创建项目（以创建俄罗斯方块游戏项目为例）。

（1）打开 Dev C++，选择"文件"→"新建"→"项目"命令，弹出"新项目"对话框，选择"Basic"选项卡中的"Console Application"（控制台应用程序）选项；因为要创建的是 C 语言项目，所以选择"C 项目"单选按钮；在"名称"文本框中输入要创建的项目名称，即"俄罗斯方块"，如图 20.5 所示。

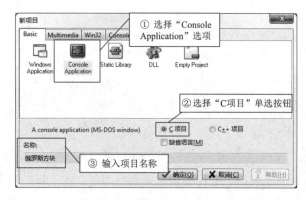

图 20.5 "新项目"对话框

（2）单击"确定"按钮，弹出"另存为"对话框，选择项目的存储位置，单击"保存"按钮，如图 20.6 所示。

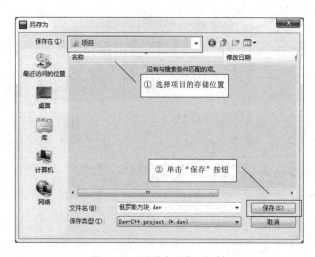

图 20.6 "另存为"对话框

（3）这个项目就创建好了，接下来就可以在 main.c 文件中编写代码了，如图 20.7 所示。

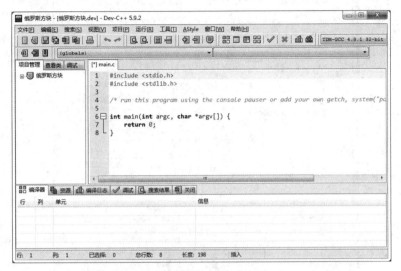

图 20.7　项目创建完成

Dev C++ 在安装完成后是英文版本，如果看着不习惯，则可以将 Dev C++ 界面的显示语言改为中文，操作步骤如下。

（1）选择"Tools"→"Environment Options"命令，如图 20.8 所示。

（2）弹出"Environment Options"对话框，选择"Interface"选项卡，在"Language"下拉列表中选择"Chinese"选项，单击"Ok"按钮，即可将 Dev C++ 界面的显示语言改为中文，如图 20.9 所示。

图 20.8　选择"Environment Options"命令

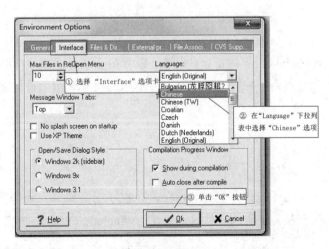

图 20.9　设置语言

有的版本在打开"Environment Options"对话框后的操作如图 20.10 所示。

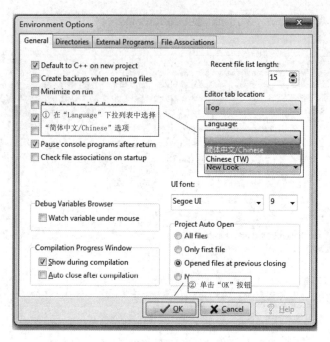

图 20.10　不同版本下的 Dev C++ 的语言设置

20.4　预处理模块设计

　　C 语言规定程序将源码翻译分为若干个有序的阶段，通常前几个阶段由预处理器完成。在预处理模块中以 "#" 起始的行称为预处理命令，包括 #if、#ifdef、#ifndef、#else、#endif、#define（宏定义）、#include（文件引用）、#line（行控制）、#error（错误命令）、#pragma（设置编译器的状态，或者指示编译器完成一些特定的操作）及单独的 #（空命令）。预处理命令一般用于使源码在不同的执行环境中被方便地修改或编译。

20.4.1　文件引用

　　为了使程序更好地运行，在程序中需要引入一些库文件，对程序中的一些基本函数进行支持。在引用文件时需要使用 #include 命令。

　　初学编程的读者需要知道下面几个关于头文件的知识。

　　（1）一个 #include 命令只能指定一个被包含的文件。如果要包含 n 个文件，则需要使

用 *n* 个 #include 命令。

（2）在 #include 命令中，文件名可以用双引号或尖括号括起来，下面两种写法都是正确的。

#include <stdio.h>

#include "stdio.h"

本程序引用的一些外部文件和应用的代码如下：

```
01  /******* 头   文   件 *******/
02  #include <stdio.h>          // 标准输入 / 输出函数库（printf() 函数、scanf() 函数）
03  #include <windows.h>        // 控制 DOS 界面（获取控制台中的坐标位置、设置字体颜色）
04  #include <conio.h>          // 接收键盘输入 / 输出（kbhit() 函数、getch() 函数）
05  #include <time.h>           // 获取随机数
```

20.4.2　宏定义

宏定义是预处理命令的一种，以 #define 开头，提供一种可以替换源码中字符串的机制。

📋 **学习笔记**

> 宏定义不是 C 语句，不用在行末加分号，如果加了分号，则会连分号一起进行替换，会出现语法错误。另外，在代码中出现的标点符号都应该是英文半角格式的标点符号。

宏定义的具体代码如下：

```
01  /******* 宏   定   义 *******/
02  #define FrameX 13               // 游戏窗口左上角的 x 坐标
03  #define FrameY 3                // 游戏窗口左上角的 y 坐标
04  #define Frame_height  20        // 游戏窗口的高度
05  #define Frame_width  18 // 游戏窗口的宽度
```

20.4.3　定义全局变量

变量分为局部变量和全局变量。在函数内部定义的变量称为局部变量，又称为内部变量。局部变量只在本函数范围内有效，也就是说，只有在函数内才能使用局部变量，在函数外不能使用局部变量。

在函数外部定义的变量称为全局变量，又称为外部变量。全局变量可以被其所在的源文件中的所有函数共用。它的有效范围从定义变量的位置开始，到其所在的源文件结束。

下面定义的是本程序中用到的全局变量，具体代码如下：

```
01  /*******定 义 全 局 变 量 *******/
02  int i,j,Temp,Temp1,Temp2;          //temp,temp1,temp2用于记录和转换方块变量的值
03  // 标记游戏屏幕的图案：2,1,0分别表示该位置为游戏边框、方块、无图案，初始化为无图案
04  int a[80][80]={0};
05  int b[4];              // 标记4个方块：1表示有方块，0表示无方块
06  struct Tetris          // 声明俄罗斯方块的结构体类型
07  {
08      int x;          // 中心方块的x坐标
09      int y;          // 中心方块的y坐标
10      int flag;       // 标记俄罗斯方块类型的序号
11      int next;       // 下一个俄罗斯方块类型的序号
12      int speed;      // 俄罗斯方块移动的速度
13      int number;     // 产生俄罗斯方块的个数
14      int score;      // 游戏的积分
15      int level;      // 游戏的等级
16  };
17  HANDLE hOut;        // 控制台句柄
```

20.4.4　函数声明

一个较大的程序一般应分为若干个程序模块，每个模块用于实现一个特定的功能。在 C 语言中，子程序的功能是由函数实现的。一个 C 语言程序由一个主函数和若干个其他函数构成。同一个函数可以被一个或多个函数调用多次。

学习笔记

在程序开发中，经常将一些常用的功能模块编写成函数，然后将其存储于公共函数库中供程序设计人员选用。程序设计人员要善于利用函数，从而减少重复编写程序段的工作量。

在本程序中，函数声明的具体代码如下：

```
01  /*******函 数 声 明 *******/
02  void gotoxy(int x, int y);              // 指定屏幕光标位置
03  void DrwaGameframe();                    // 绘制游戏边框
04  void Flag(struct Tetris *);             // 随机产生俄罗斯方块类型的序号
05  void MakeTetris(struct Tetris *);       // 制作俄罗斯方块
06  void PrintTetris(struct Tetris *);      // 输出俄罗斯方块
07  void CleanTetris(struct Tetris *);      // 清除俄罗斯方块的痕迹
08  int  ifMove(struct Tetris *);  // 判断是否能移动，如果返回值为1，则能移动，否则不能移动
09  void Del_Fullline(struct Tetris *);    // 判断是否满行，并且删除满行的俄罗斯方块
```

```
10  void Gameplay();                        // 开始游戏
11  void regulation();                      // 游戏规则
12  void explation();                       // 按键说明
13  void welcom();                          // 欢迎界面
14  void Replay(struct Tetris * tetris);    // 重新开始游戏
15  void title();                           // 欢迎界面上方的标题
16  void flower();                          // 欢迎界面中的字符花装饰
17  void close();                           // 关闭游戏
```

20.5　游戏欢迎界面设计

20.5.1　游戏欢迎界面概述

游戏欢迎界面为用户提供了一个了解和运行游戏的平台，这里不仅实现了游戏的开始运行、键盘按键的说明、游戏的规则介绍、退出游戏等功能，还进行了适当的美化。按数字键 <1>，即可开始游戏；按数字键 <2>，即可查看游戏过程中的各种功能按键；按数字键 <3>，即可查看本游戏的规则；按数字键 <4>，即可退出游戏。游戏欢迎界面如图 20.11 所示。

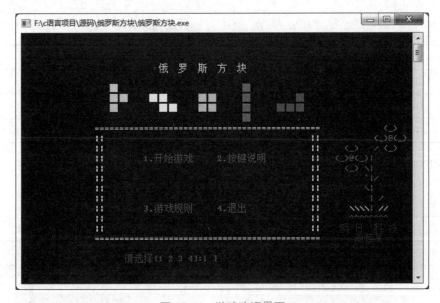

图 20.11　游戏欢迎界面

20.5.2　设置文字颜色

在图 20.11 中，游戏欢迎界面中的文字和图案是彩色的，而系统默认的文字颜色是白色的。要使游戏欢迎界面中的文字和图案变成彩色的，首先要设置文字颜色。

```
01  /**
02   * 文字颜色函数
03     此函数的局限性：（1）只能在 Windows 操作系统下使用；（2）不能改变背景颜色
04   */
05  int color(int c)
06  {
07      SetConsoleTextAttribute(GetStdHandle(STD_OUTPUT_HANDLE), c);// 更改文字颜色
08      return 0;
09  }
```

在 C 语言中，SetConsoleTextAttribute() 函数是用于设置控制台的字体颜色和背景颜色的函数，其语法格式如下：

BOOL SetConsoleTextAttribute(HANDLE consolehwnd, WORD wAttributes);

consolehwnd = GetStdHandle(STD_OUTPUT_HANDLE);

GetStdHandle() 函数主要用于获取输入、输出或错误的屏幕缓冲区的句柄，它的参数值有 3 种，如表 20.1 所示。

表 20.1　GetStdHandle() 函数的参数值

参 数 值	含 义
STD_INPUT_HANDLE	标准输入的句柄
STD_OUTPUT_HANDLE	标准输出的句柄
STD_ERROR_HANDLE	标准错误的句柄

wAttributes 是设置颜色的参数，它的颜色值如表 20.2 所示。

表 20.2　wAttributes 参数的颜色值

颜 色 值	颜 色
0	黑色
1	深蓝色
2	深绿色

续表

颜 色 值	颜 色
3	深蓝绿色
4	深红色
5	紫色
6	暗黄色
7	白色
8	灰色
9	亮蓝色
10	亮绿色
11	亮蓝绿色
12	亮红色
13	粉色
14	亮黄色
15	亮白色

在控制台中能显示的所有颜色如图 20.12 所示。

图 20.12　在控制台中能显示的所有颜色

🗒 学习笔记

为什么看不出 0 号颜色呢？

如果要输出粉色的文字，则只需在输出语句前面写上 color(13)。需要注意的是，只要上面设置了颜色代码，改变的就是下面输出的所有文字。如果要将文字设置成不同的颜色，则只需在要改变颜色的输出语句前面加上要改的颜色代码。

颜色值为 0 ～ 15 的颜色是在控制台中能够显示的所有颜色，如果颜色值超过 15，那么改变的不是文本颜色，而是文本的背景颜色。

学习笔记

使用这种方式设置控制台中的文字颜色，有两点局限性。

- 仅限 Windows 操作系统使用。
- 不能改变控制台的背景颜色，控制台的背景颜色只能是黑色。

20.5.3　设置文字显示位置

可以通过指定屏幕光标位置控制文字的显示位置。用于指定屏幕光标位置的 gotoxy() 函数的详细代码如下：

```
01  /**
02   *  指定屏幕光标位置
03   */
04  void gotoxy(int x, int y)
05  {
06     COORD pos;
07     pos.X = x;     // 横坐标
08     pos.Y = y;     // 纵坐标
09     SetConsoleCursorPosition(GetStdHandle(STD_OUTPUT_HANDLE), pos);
10  }
```

在 C 语言中，可以使用 SetConsoleCursorPosition() 函数定位光标位置。COORD pos 是一个结构体变量，X 和 Y 是它的成员，可以通过修改 pos.X 和 pos.Y 的值指定屏幕光标位置。

20.5.4　标题部分设计

游戏欢迎界面主要由三部分组成，第一部分是标题部分，包括游戏名称和 5 种俄罗斯方块图形；第二部分是右侧的字符花装饰；第三部分是菜单选项。本节主要介绍标题部分的制作。

标题部分的界面如图 20.13 所示。

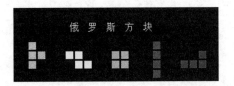

图 20.13　标题部分的界面

想要绘制标题，需要使用设置文字颜色的 color() 函数和指定屏幕光标位置的 gotoxy()
函数，绘制标题的详细代码如下：

```
01  /**
02   * 游戏欢迎界面上方的标题
03   */
04  void title()
05  {
06      color(15);                          // 亮白色
07      gotoxy(28,3);
08      printf(" 俄  罗  斯  方  块 \n");     // 输出标题
09      color(11);                          // 亮蓝绿色
10      gotoxy(18,5);
11      printf("■ ");                       // ■
12      gotoxy(18,6);                        // ■ ■
13      printf("■■ ");                      // ■
14      gotoxy(18,7);
15      printf("■ ");
16
17      color(14);                          // 亮黄色
18      gotoxy(26,6);
19      printf("■■ ");                      // ■ ■
20      gotoxy(28,7);                        //    ■ ■
21      printf("■■ ");
22
23      color(10);                          // 亮绿色
24      gotoxy(36,6);                        // ■ ■
25      printf("■■ ");                      // ■ ■
26      gotoxy(36,7);
27      printf("■■ ");
28
29      color(13);                          // 粉色
30      gotoxy(45,5);
31      printf("■ ");                       // ■
32      gotoxy(45,6);                        // ■
33      printf("■ ");                       // ■
34      gotoxy(45,7);                        // ■
35      printf("■ ");
```

```
36      gotoxy(45,8);
37      printf("■");
38
39      color(12);                              // 亮红色
40      gotoxy(56,6);
41      printf("■");                            //     ■
42      gotoxy(52,7);                           //■ ■ ■
43      printf("■■■");
44 }
```

在绘制标题的这段代码中，引用了 color() 函数和 gotoxy() 函数，分别用于设置输出的文字颜色和位置。

接下来编写主函数 main()，详细代码如下：

```
01 /**
02  * 主  函  数
03  */
04 int main()
05 {
06     title();                                 // 游戏欢迎界面中的标题
07 }
```

学习笔记

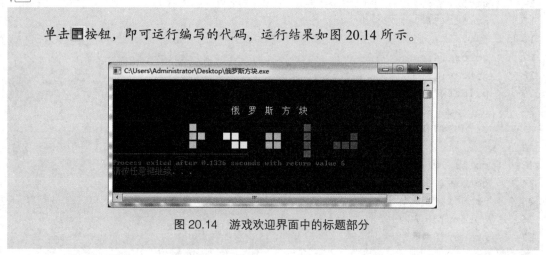

单击■按钮，即可运行编写的代码，运行结果如图 20.14 所示。

图 20.14　游戏欢迎界面中的标题部分

20.5.5　设计字符花装饰界面

为了避免界面过于单调，可以适当地加入一些装饰，使界面更加生动。在本程序中绘制了一个由字符构成的花朵图案，绘制的字符花图案如图 20.15 所示。

图 20.15 字符花图案

在输出字符花图案时，需要从上至下、从左至右算好空行和空格的数量。读者可根据喜好自行搭配颜色，也可换成其他自己感兴趣的图案。在字符花图案的下方，输出开发者所在的公司和开发者名字，读者在练习时可以换成自己的名字。详细代码如下：

```
01  /**
02   * 绘制字符花图案
03   */
04  void flower()
05  {
06      gotoxy(66,11);              // 确定屏幕上要输出的位置
07      color(12);                  // 设置颜色
08      printf("(_)");             // 红花上边花瓣
09
10      gotoxy(64,12);
11      printf("(_)");             // 红花左边花瓣
12
13      gotoxy(68,12);
14      printf("(_)");             // 红花右边花瓣
15
16      gotoxy(66,13);
17      printf("(_)");             // 红花下边花瓣
18
19      gotoxy(67,12);              // 红花花蕊
20      color(6);
21      printf("@");
22
23      gotoxy(72,10);
24      color(13);
25      printf("(_)");             // 粉花左边花瓣
26
27      gotoxy(76,10);
28      printf("(_)");             // 粉花右边花瓣
29
```

```
30      gotoxy(74,9);
31      printf("(_)");          // 粉花上边花瓣
32
33      gotoxy(74,11);
34      printf("(_)");          // 粉花下边花瓣
35
36      gotoxy(75,10);
37      color(6);
38      printf("@");            // 粉花花蕊
39
40      gotoxy(71,12);
41      printf("|");            // 两朵花之间的连接
42
43      gotoxy(72,11);
44      printf("/");            // 两朵花之间的连接
45
46      gotoxy(70,13);
47      printf("\\|");              // 注意，"\"为转义字符，要输入"\"，必须在前面进行转义
48
49      gotoxy(70,14);
50      printf("`|/");
51
52      gotoxy(70,15);
53      printf("\\|");
54
55      gotoxy(71,16);
56      printf("| /");
57
58      gotoxy(71,17);
59      printf("|");
60
61      gotoxy(67,17);
62      color(10);
63      printf("\\\\\\\\\"); // 草地
64
65      gotoxy(73,17);
66      printf("//");
67
68      gotoxy(67,18);
69      color(2);
70      printf("^^^^^^^^");
71
72      gotoxy(65,19);
73      color(5);
74      printf("明 日  科 技");      // 公司名称
```

```
75
76      gotoxy(68,20);
77      printf(" 周佳星 ");              // 开发者名字，读者在练习时可以换成自己的名字
78  }
```

📋 **学习笔记**

　　介绍一下什么是转义字符。"\n""\t"在编程过程中是比较常见的，其中"\"称为转义字符，它之后的字符都不再是它本来的意思了。如要输出"\"本身，则需要在"\"前面再加上一个"\"，因为"\"本身代表转义，前面再加一个"\"，表示转义的转义，就是"\"字符本身了。

　　向主函数 main() 中添加调用 flower() 函数的语句，绘制字符花图案，代码如下：

```
01  /**
02   * 主  函  数
03   */
04  int main()
05  {
06      title();                    // 游戏欢迎界面中的标题
07      flower();                   // 新添加的语句，绘制字符花图案
08  }
```

📋 **学习笔记**

　　无须再写一遍 main() 函数，只需在前面已经定义过的 main() 函数中添加调用 flower() 函数的语句。

📋 **学习笔记**

　　在 main() 函数中添加调用 flower() 函数的语句后运行程序，运行结果如图 20.16 所示。

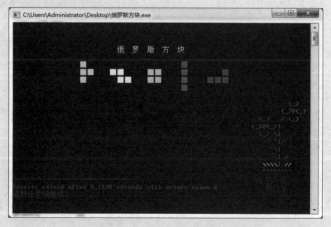

图 20.16　欢迎界面中的字符花图案

20.5.6　设计菜单选项的边框

游戏欢迎界面中的菜单选项在屏幕的下方，如图 20.17 所示。

图 20.17　游戏欢迎界面中的菜单选项

对于菜单选项部分，如果分得再细致一些，则可以将这部分分为边框和里面的文字两部分。本节主要介绍如何绘制菜单选项的边框。

通过一个双层循环嵌套即可绘制菜单选项的边框，详细代码如下：

```
01  /**
02   *  菜单选项的边框
03   */
04  void welcom()
05  {
06      int n;
07      int i,j = 1;
08      color(14);                      // 黄色边框
09      for (i = 9; i <= 20; i++)        // 循环 y 坐标，绘制上、下边框 ===
10      {
11          for (j = 15; j <= 60; j++) // 循环 x 坐标，绘制左、右边框 ||
12          {
13              gotoxy(j, i);
14              if (i == 9 || i == 20) printf("=");    // 绘制上、下边框 ===
15              else if (j == 15 || j == 59) printf("||");// 绘制左、右边框 ||
16          }
17      }
```

20.5.7　设计菜单选项的文字

在菜单选项的边框内部是菜单选项的文字，找准坐标位置进行输出即可，详细代码如下：

```
01  /**
02   * 菜单选项的文字
03   */
04      color(12);
05      gotoxy(25, 12);
06      printf("20.开始游戏 ");
07      gotoxy(40, 12);
08      printf("2.按键说明 ");
09      gotoxy(25, 17);
10      printf("3.游戏规则 ");
11      gotoxy(40, 17);
12      printf("4.退出 ");
13      gotoxy(21,22);
14      color(3);
15      printf(" 请选择 [1 2 3 4]:[ ]\b\b");
16      color(14);
17      scanf("%d", &n);                       // 输出选项
18      switch (n)
19      {
20          case 1:                            // 选择 "1"
21              system("cls");                 // 清屏
22              break;
23          case 2:                            // 选择 "2"
24              break;
25          case 3:                            // 选择 "3"
26              break;
27          case 4:                            // 选择 "4"
28              break;
29      }
30  }
```

将上述代码添加到 welcom() 函数中，用于输出菜单选项的文字。

向主函数 main() 中添加调用 welcom() 函数的语句，输出菜单选项，代码如下：

```
01  /**
02   * 主　函　数
03   */
04  int main()
05  {
06      title();                               // 游戏欢迎界面中的标题
07      flower();                              // 绘制字符花图案
08      welcom();                             // 新添加的语句，输出菜单选项
09  }
```

> **学习笔记**
>
> 无须再写一遍 main() 函数，只需在前面已经定义过的 main() 函数中添加调用 welcom() 函数的语句。

> **学习笔记**
>
> 此时运行程序，运行结果就是如图 20.11 所示的游戏欢迎界面了。

在 Dev C++ 中常用的快捷键如下。

<Ctrl+/>：给代码行加注释。如果要给多行代码加注释，则选中这几行代码，按 <Ctrl+/> 快捷键，即可给这几行代码加上注释。

<Ctrl+D>：删除代码行。只能删除光标所在的代码行。

20.6　游戏主窗体设计

20.6.1　游戏主窗体设计概述

在游戏欢迎界面中按数字键 <1>，即可进入游戏主窗体界面。在游戏主窗体界面中可以玩俄罗斯方块游戏。在界面绘制方面，此界面大致可以分为两部分，一部分是左边的方块下落界面；另一部分是右边的积分信息、下一个出现方块和主要按键说明界面。要制作游戏主窗体，设计思路如下：首先绘制游戏主窗体界面，然后绘制俄罗斯方块，最后添加逻辑，输出俄罗斯方块。游戏主窗体界面如图 20.18 所示。

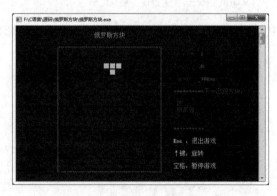

图 20.18　游戏主窗体界面

20.6.2　绘制游戏主窗体界面

要绘制游戏主窗体界面，首先要确定需要绘制哪些内容，如图 20.19 所示。

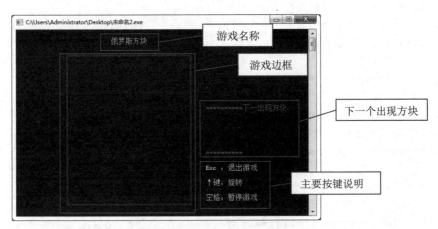

图 20.19　绘制游戏主窗体界面

从图 20.19 中可以看出，需要绘制的内容有游戏名称、游戏边框、下一个出现方块和主要按键说明，这时会有一个疑问：为什么没有输出右上角的积分信息呢？因为积分 score 是变量，需要使用结构体类型 Tetris，在绘制游戏主窗体界面的函数中并没有设置参数，所以将输出积分信息的相关代码放到后面的方法中了。绘制游戏主窗体界面的详细代码如下：

```
01  /**
02   * 绘制游戏主窗体界面
03   */
04  void DrwaGameframe()
05  {
06      gotoxy(FrameX+Frame_width-5,FrameY-2);   // 输出游戏名称
07      color(11);
08      printf(" 俄罗斯方块 ");
09      gotoxy(FrameX+2*Frame_width+3,FrameY+7);
10      color(2);
11      printf("**********");                     // 输出下一个出现方块的上边框
12      gotoxy(FrameX+2*Frame_width+13,FrameY+7);
13      color(3);
14      printf(" 下一出现方块: ");
15      gotoxy(FrameX+2*Frame_width+3,FrameY+13);
16      color(2);
17      printf("**********");                     // 输出下一个出现方块的下边框
```

```
18      gotoxy(FrameX+2*Frame_width+3,FrameY+17);
19      color(14);
20      printf("↑键：旋转");
21      gotoxy(FrameX+2*Frame_width+3,FrameY+19);
22      printf("空格：暂停游戏");
23      gotoxy(FrameX+2*Frame_width+3,FrameY+15);
24      printf("Esc ：退出游戏");
25      gotoxy(FrameX,FrameY);
26      color(12);
27      printf(" ┌");                           // 输出框角
28      gotoxy(FrameX+2*Frame_width-2,FrameY);
29      printf("┐ ");
30      gotoxy(FrameX,FrameY+Frame_height);
31      printf(" └");
32      gotoxy(FrameX+2*Frame_width-2,FrameY+Frame_height);
33      printf("┘ ");
34      for(i=2;i<2*Frame_width-2;i+=2)
35      {
36              gotoxy(FrameX+i,FrameY);
37              printf("━");                    // 输出上横框
38      }
39      for(i=2;i<2*Frame_width-2;i+=2)
40      {
41              gotoxy(FrameX+i,FrameY+Frame_height);
42              printf("━");                    // 输出下横框
43              a[FrameX+i][FrameY+Frame_height]=2;// 标记下横框为游戏边界，防止方块出界
44      }
45      for(i=1;i<Frame_height;i++)
46      {
47              gotoxy(FrameX,FrameY+i);
48              printf("┃");                    // 输出左竖框
49              a[FrameX][FrameY+i]=2;           // 标记左竖框为游戏边界，防止方块出界
50      }
51      for(i=1;i<Frame_height;i++)
52      {
53              gotoxy(FrameX+2*Frame_width-2,FrameY+i);
54              printf("┃");                    // 输出右竖框
55              a[FrameX+2*Frame_width-2][FrameY+i]=2; // 标记右竖框为游戏边界，防止方块出界
56      }
57 }
```

修改 welcom() 函数中的代码，在 switch 语句中添加调用 DrwaGameframe() 函数的语句。
修改的语句如下：

```
01 // 加入调用 DrwaGameframe() 函数的语句
```

```
02  switch (n)
03  {
04      case 1:
05          system("cls");
06          DrwaGameframe();                    // 新添加的语句
07          break;
08      case 2:
09          break;
10      case 3:
11          break;
12      case 4:
13          break;
14  }
```

学习笔记

在代码修改完成后运行程序，在游戏欢迎界面中按数字键 <1>，即可进入游戏主
窗体界面，如图 20.20 所示。

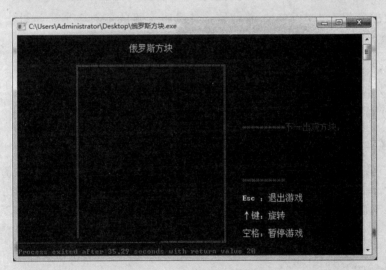

图 20.20　输出游戏主窗体界面

大家都知道，俄罗斯方块要落到下面累计消除才可以得分，那么最下面就应该有一个
边界，防止方块落到边界之外，这个边界就是下横框。同样的道理，在方块向左、向右移
动时，不能移动到左、右竖框的外面。如果没有设置边界，那么输出的游戏主窗体界面如
图 20.21 所示。

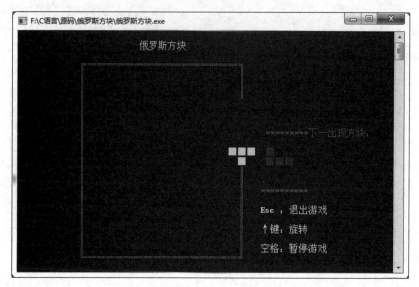

图 20.21 没有设置边界输出的游戏主窗体界面

为了防止出现这样的现象，必须设置边界。在全局变量中已经定义了一个数组 a[80][80]，该数组的各元素表示游戏屏幕位置；该数组元素的值有 3 个，分别是 2、1、0，用于表示该位置的图案。如果值为 2，则该数组元素表示的位置为游戏边框；如果值为 1，则该数组元素表示的位置有俄罗斯方块；如果值为 0，则该数组元素表示的位置无图案。将游戏的下边界、左边界、右边界位置的数组 a 的元素值设置为 2，即可成功地设置边界，在移动方块时就不会越界了。

设置游戏边界的代码如下：

```
a[FrameX+i][FrameY+Frame_height]=2;       // 标记下横框为游戏边界，防止方块出界
a[FrameX][FrameY+i]=2;                     // 标记左竖框为游戏边界，防止方块出界
a[FrameX+2*Frame_width-2][FrameY+i]=2;     // 标记右竖框为游戏边界，防止方块出界
```

20.6.3 定义俄罗斯方块

要绘制俄罗斯方块，首先要知道俄罗斯方块是什么样子的。俄罗斯方块有 5 种基本形状，如图 20.22 所示。

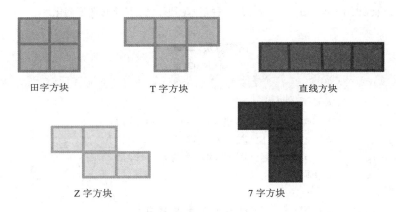

图 20.22 俄罗斯方块的 5 种基本形状

除了这 5 种基本形状，还有两种是由"Z 字方块"和"7 字方块"反转得到的，如图 20.23 所示。

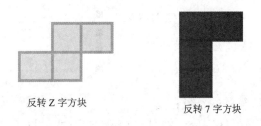

图 20.23 俄罗斯方块的两种反转图形

加上两种反转图形，俄罗斯方块共有 7 种基本图形。其中，"田字方块"没有旋转图形变化；"T 字方块"算上本体，共有 4 种旋转图形变化，分别为本体"T 字方块"、顺时针旋转 90°的"T 字方块"、顺时针旋转 180°的"T 字方块"和顺时针旋转 270°的"T 字方块"；"直线方块"有两种旋转图形变化；"Z 字方块"和"反转 Z 字方块"各自都有两种旋转图形变化；"7 字方块"和"反转 7 字方块"各自都有 4 种旋转图形变化。

总结：俄罗斯方块共有 7 种基本图形，19 种旋转图形变化。在编写代码时，要将这 19 种旋转图形变化考虑周全，详细代码如下：

```
01  /**
02   * 定义俄罗斯方块
03   */
04  void MakeTetris(struct Tetris *tetris)
05  {
06      a[tetris->x][tetris->y]=b[0];      // 中心方块位置的图形状态
```

```
07      switch(tetris->flag)      // 共 7 种基本图形，19 种旋转图形变化
08      {
09              case 1:              /* 田字方块 ■ ■
10                                            ■ ■    */
11              {
12                      color(10);
13                      a[tetris->x][tetris->y-1]=b[1];
14                      a[tetris->x+2][tetris->y-1]=b[2];
15                      a[tetris->x+2][tetris->y]=b[3];
16                      break;
17              }
18              case 2:              /* 直线方块 ■ ■ ■ ■*/
19              {
20                      color(13);
21                      a[tetris->x-2][tetris->y]=b[1];
22                      a[tetris->x+2][tetris->y]=b[2];
23                      a[tetris->x+4][tetris->y]=b[3];
24                      break;
25              }
26              case 3:              /* 直线方块 ■
27                                            ■
28                                            ■
29                                            ■    */
30              {
31                      color(13);
32                      a[tetris->x][tetris->y-1]=b[1];
33                      a[tetris->x][tetris->y-2]=b[2];
34                      a[tetris->x][tetris->y+1]=b[3];
35                      break;
36              }
37              case 4:              /*T 字方块 ■ ■ ■
38                                            ■   */
39              {
40                      color(11);
41                      a[tetris->x-2][tetris->y]=b[1];
42                      a[tetris->x+2][tetris->y]=b[2];
43                      a[tetris->x][tetris->y+1]=b[3];
44                      break;
45              }
46              case 5:              /* 顺时针旋转 90°的 “T 字方块”        ■
47                                                                    ■ ■
48                                                                    ■*/
49              {
50                      color(11);
```

```
51              a[tetris->x][tetris->y-1]=b[1];
52              a[tetris->x][tetris->y+1]=b[2];
53              a[tetris->x-2][tetris->y]=b[3];
54              break;
55          }
56      case 6:         /* 顺时针旋转 180°的"T 字方块"    ■
57                                                  ■ ■ ■ */
58          {
59              color(11);
60              a[tetris->x][tetris->y-1]=b[1];
61              a[tetris->x-2][tetris->y]=b[2];
62              a[tetris->x+2][tetris->y]=b[3];
63              break;
64          }
65      case 7:         /* 顺时针旋转 270°的"T 字方块"    ■
66                                                      ■ ■
67                                                      ■   */
68          {
69              color(11);
70              a[tetris->x][tetris->y-1]=b[1];
71              a[tetris->x][tetris->y+1]=b[2];
72              a[tetris->x+2][tetris->y]=b[3];
73              break;
74          }
75      case 8:         /* Z 字方块   ■ ■
76                                      ■ ■ */
77          {
78              color(14);
79              a[tetris->x][tetris->y+1]=b[1];
80              a[tetris->x-2][tetris->y]=b[2];
81              a[tetris->x+2][tetris->y+1]=b[3];
82              break;
83          }
84      case 9:         /* 顺时针旋转 90°的"Z 字方块"      ■
85                                                      ■ ■
86                                                      ■   */
87          {
88              color(14);
89              a[tetris->x][tetris->y-1]=b[1];
90              a[tetris->x-2][tetris->y]=b[2];
91              a[tetris->x-2][tetris->y+1]=b[3];
92              break;
93          }
```

```
94          case 10:          /*  反转 Z 字方块      ■ ■
95                                            ■ ■   */
96          {
97                  color(14);
98                  a[tetris->x][tetris->y+1]=b[1];
99                  a[tetris->x-2][tetris->y+1]=b[2];
100                 a[tetris->x+2][tetris->y]=b[3];
101                 break;
102                 }
103         case 11:          /*  顺时针旋转 90°的"反转 Z 字方块"  ■
104                                            ■ ■
105                                            ■   */
106         {
107                 color(14);
108                 a[tetris->x][tetris->y+1]=b[1];
109                 a[tetris->x-2][tetris->y-1]=b[2];
110                 a[tetris->x-2][tetris->y]=b[3];
111                 break;
112                 }
113         case 12:          /*  7 字方块              ■ ■
114                                            ■
115                                            ■   */
116         {
117                 color(12);
118                 a[tetris->x][tetris->y-1]=b[1];
119                 a[tetris->x][tetris->y+1]=b[2];
120                 a[tetris->x-2][tetris->y-1]=b[3];
121                 break;
122                 }
123         case 13:          /*  顺时针旋转 90°的"7 字方块"      ■
124                                            ■ ■ ■   */
125         {
126                 color(12);
127                 a[tetris->x-2][tetris->y]=b[1];
128                 a[tetris->x+2][tetris->y-1]=b[2];
129                 a[tetris->x+2][tetris->y]=b[3];
130                 break;
131                 }
132         case 14:          /*  顺时针旋转 180°的"7 字方块"      ■
133                                            ■
134                                            ■ ■   */
135         {
136                 color(12);
137                 a[tetris->x][tetris->y-1]=b[1];
```

```
138                   a[tetris->x][tetris->y+1]=b[2];
139                   a[tetris->x+2][tetris->y+1]=b[3];
140                   break;
141                 }
142         case 15:        /* 顺时针旋转 270°的 "7 字方块"      ■ ■ ■
143                                                          ■     */
144             {
145                   color(12);
146                   a[tetris->x-2][tetris->y]=b[1];
147                   a[tetris->x-2][tetris->y+1]=b[2];
148                   a[tetris->x+2][tetris->y]=b[3];
149                   break;
150             }
151         case 16:        /* 反转 7 字方块              ■ ■
152                                                      ■
153                                                      ■    */
154             {
155                   color(9);
156                   a[tetris->x][tetris->y+1]=b[1];
157                   a[tetris->x][tetris->y-1]=b[2];
158                   a[tetris->x+2][tetris->y-1]=b[3];
159                   break;
160             }
161         case 17:        /* 顺时针旋转 90°的 "反转 7 字方块"   ■ ■ ■
162                                                              ■*/
163             {
164                   color(9);
165                   a[tetris->x-2][tetris->y]=b[1];
166                   a[tetris->x+2][tetris->y+1]=b[2];
167                   a[tetris->x+2][tetris->y]=b[3];
168                   break;
169             }
170         case 18:        /* 顺时针旋转 180°的 "反转 7 字方块"        ■
171                                                                   ■
172                                                              ■ ■     */
173             {
174                   color(9);
175                   a[tetris->x][tetris->y-1]=b[1];
176                   a[tetris->x][tetris->y+1]=b[2];
177                   a[tetris->x-2][tetris->y+1]=b[3];
178                   break;
179             }
180         case 19:        /* 顺指针旋转 270°的 "反转 7 字方块"      ■
181                                                              ■ ■ ■*/
```

```
182              {
183                  color(9);
184                  a[tetris->x-2][tetris->y]=b[1];
185                  a[tetris->x-2][tetris->y-1]=b[2];
186                  a[tetris->x+2][tetris->y]=b[3];
187                  break;
188              }
189      }
190  }
```

📋 **学习笔记**

对于相似代码，可以在进行复制、粘贴之后再修改个别代码，从而节省编码时间。复制可使用快捷键 <Ctrl+C>，粘贴可使用快捷键 <Ctrl+V>。

这段代码还有几点需要介绍。

1. 方块是如何画出来的

在本游戏中，使用"■"填充各种方块。在横向上，它占 2 个字符；在纵向上，它占 1 个字符。这些方块有一个共同点，它们都是由 4 个"■"组成的，所以在全局变量中定义了数组 b[4]，用于存储这 4 个"■"的位置。数组 b 的第一位存储的是中心"■"的位置，代码为"a[tetris->x][tetris->y]=b[0];"，然后根据俄罗斯方块的形状和旋转角度依次画出其他 3 个"■"。

以顺指针旋转 270°的"7 字方块"为例，讲解其他 3 个"■"的位置，代码如下：

a[tetris->x-2][tetris->y]=b[1];

a[tetris->x-2][tetris->y-1]=b[2];

a[tetris->x+2][tetris->y]=b[3];

📋 **学习笔记**

定义俄罗斯方块的代码涉及数学中坐标系的相关知识。本游戏中的坐标系如图 20.24 所示，在 x 轴上，数值从左到右逐渐增大；在 y 轴上，数值从上到下逐渐增大。

图 20.24　坐标系

首先观察第一行代码"a[tetris->x-2][tetris->y]=b[1];",b[1] 的 x 坐标 [tetris->x-2] 比中心方块 b[0] 的 x 坐标 [tetris->x] 少 2 个字符,说明 b[1] 位于 b[0] 的左一位;b[1] 的 y 坐标 [tetris->y] 和 b[0] 的 y 坐标 [tetris->y] 是一样的,说明 b[1] 和 b[0] 的高度是一样的。用 X 表示中心方块 b[0],用●表示 b[1],它们俩的位置关系如图 20.25 所示。

图 20.25　b[0] 和 b[1] 的位置关系

然后观察第二行代码"a[tetris->x-2][tetris->y-1]=b[2];",b[2] 的 x 坐标 [tetris->x-2] 比中心方块 b[0] 的 x 坐标 [tetris->x] 少 2 个字符,说明 b[2] 位于 b[0] 的左一位;b[2] 的 y 坐标 [tetris->y-1] 比 b[0] 的 y 坐标 [tetris->y] 少 1 个字符,说明 b[2] 位于 b[0] 的上一位。在图 20.25 中加上 b[2],b[0]、b[1] 和 b[2] 的位置关系如图 20.26 所示。

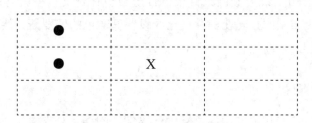

图 20.26　b[0]、b[1] 和 b[2] 的位置关系

最后观察第三行代码"a[tetris->x+2][tetris->y]=b[3];",b[3] 的 x 坐标 [tetris->x+2] 比中心方块 b[0] 的 x 坐标 [tetris->x] 多 2 个字符,说明 b[3] 位于 b[0] 的右一位;b[3] 的 y 坐标 [tetris->y] 和 b[0] 的 y 坐标 [tetris->y] 一样,说明 b[3] 和 b[0] 的高度是一样的。在图 20.26 中加上 b[3],b[0]、b[1]、b[2] 和 b[3] 的位置关系如图 20.27 所示。

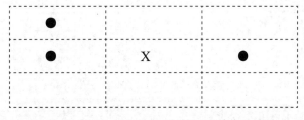

图 20.27　b[0]、b[1]、b[2] 和 b[3] 的位置关系

图 20.27 中定义的是顺指针旋转 270°的"反转 7 字方块",按照同样的方式定义其他 18 种俄罗斯方块。

2. 设置不同类型的方块为不同的颜色

在开始游戏时，不同类型的俄罗斯方块有不同的颜色，如图 20.28 所示，这样可以增加界面的生动性和游戏的趣味性。

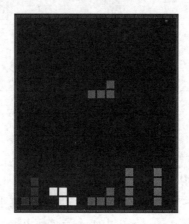

图 20.28　不同类型的俄罗斯方块有不同的颜色

color() 函数主要用于设置颜色。将 color() 函数放在定义俄罗斯方块的代码前面，那么在输出这个俄罗斯方块时，输出的就是已经设置好颜色的俄罗斯方块了。俄罗斯方块共有 7 种基本类型，因此只需设置 7 种不同的颜色。

3. 使用 switch 语句

在绘制俄罗斯方块的代码中用到了 switch 语句。同样是分支语句，switch 语句与 if 语句有所不同。if 语句只有两个分支可供选择，而 switch 语句可以处理多个分支。switch 语句的语法格式如下：

```
switch(表达式)
{
        case 常量表达式1：
               语句块1；
        case 常量表达式2：
               语句块2；
        ...
        case 常量表达式n：
               语句块n；
        default：
               默认情况语句块；
}
```

switch 关键字后面括号中的表达式是要进行判断的条件，当表达式的值和某个 case 后面的常量表达式的值相等时，就执行此 case 后面的语句块，如果所有 case 后面的常量表达式的值都与表达式的值不匹配，就执行 default 后面的语句块。

switch 语句的程序流程如图 20.29 所示。

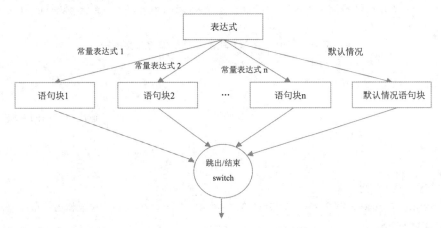

图 20.29　switch 语句的程序流程

📋 **学习笔记**

介绍一处非常容易写错的地方。

"case 常量表达式 :" 后面跟的是冒号 ":"，而不是分号 ";"。此外，"default:" 后面跟的也是冒号 ":"。在编写程序时，应该避免一些不必要的书写错误。

20.6.4　输出俄罗斯方块

前面已经定义了俄罗斯方块，那么它们可以直接显示在界面中了吗？当然不可以，到现在为止，只是定义好了俄罗斯方块的形状，但是没有定义方块用什么符号表示。也就是说，组成方块的是 "■"、"※" 或 "□"，还没有定义，所以这时是不会显示方块的。

我们使用 "■" 组成俄罗斯方块并将其输出，详细代码如下：

```
01  /**
02   * 输出俄罗斯方块
03   */
04  void PrintTetris(struct Tetris *tetris)
05  {
06      for(i=0;i<4;i++)// 数组 b[4] 中有 4 个元素，循环这 4 个元素，让每个元素的值都为 1
07      {
```

```
08              b[i]=1;                        // 数组 b[4] 的每个元素的值都为 1
09      }
10      MakeTetris(tetris);              // 定义俄罗斯方块
11      for( i=tetris->x-2; i<=tetris->x+4; i+=2 )
12      {
13              for(j=tetris->y-2;j<=tetris->y+1;j++)         // 循环方块所有可能出现的位置
14              {
15                      // 如果在这个位置有方块，并且处于游戏界面中
16                      if( a[i][j]==1 && j>FrameY )
17                      {
18                              gotoxy(i,j);
19                              printf("■");                // 输出边框内的方块
20                      }
21              }
22      }
23      // 输出菜单信息
24      gotoxy(FrameX+2*Frame_width+3,FrameY+1);          // 设置输出位置
25      color(4);
26      printf("level : ");
27      color(12);
28      printf(" %d",tetris->level);                      // 输出等级
29      gotoxy(FrameX+2*Frame_width+3,FrameY+3);
30      color(4);
31      printf("score : ");
32      color(12);
33      printf(" %d",tetris->score);                      // 输出积分
34      gotoxy(FrameX+2*Frame_width+3,FrameY+5);
35      color(4);
36      printf("speed : ");
37      color(12);
38      printf(" %dms",tetris->speed);                    // 输出速度
39  }
```

在上述代码中，不仅输出了方块，而且输出了积分信息，如图 20.30 所示。

图 20.30　输出积分信息

20.7　游戏逻辑设计

20.7.1　游戏逻辑概述

在设计游戏逻辑时，应该考虑以下 4 个方面的问题：

- 在方块下落时，判断下面的位置能不能放下自身；或者在向左、向右移动时，判断方块能不能移动。
- 实现方块不断下落的效果，即擦除上一秒方块所在位置的痕迹。
- 判断是否满行，如果满行，则删除满行的方块。
- 俄罗斯方块是随机落下的，需要随机产生不同的俄罗斯方块类型。

在解决了以上 4 个问题后，就可以实现俄罗斯方块的游戏逻辑了。

20.7.2　判断俄罗斯方块是否可以移动

本节主要介绍判断俄罗斯方块是否可以移动的方法。要判断俄罗斯方块是否可以移动，需要判断移动到的位置是否为空（无图案），是否可以放下此形状的俄罗斯方块。

要判断移动到的位置是不是空位置，需要判断此位置中心方块的位置 a[tetris->x][tetris->y] 是否为空，如果是，则继续进行判断；如果不是，则不可移动，因为如果连中心方块的位置都不能放方块 "■"，那么其他位置就更放不下了。在中心方块的位置为空的情况下，对于不同形状的俄罗斯方块，如果其各位置也为空，则表示可以移动。

以"田字方块"为例，它的中心方块是左下角的"■"，如果它的上、右上、右的位置为空，那么这个位置就可以放一个"田字方块"；但是只要有一个位置不为空，就放不下一个"田字方块"，如图 20.31 所示。

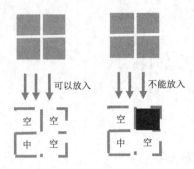

图 20.31　判断俄罗斯方块是否可以放入

判断俄罗斯方块是否可以移动的详细代码如下：

```
01  /**
02   *  判断俄罗斯方块是否可以移动
03   */
04  int ifMove(struct Tetris *tetris)
05  {
06      if(a[tetris->x][tetris->y]!=0)// 当中心方块位置有图案时，返回值为 0，表示不可移动
07      {
08          return 0;
09      }
10      else
11      {
12          if(
13          // 该俄罗斯方块为 "田字方块"，并且各位置均为空
14          ( tetris->flag==1  && ( a[tetris->x][tetris->y-1]==0   &&
15          a[tetris->x+2][tetris->y-1]==0 && a[tetris->x+2][tetris->y]==0 ) ) ||
16          // 该俄罗斯方块为 "直线方块（横）"，并且各位置均为空
17          ( tetris->flag==2  && ( a[tetris->x-2][tetris->y]==0   &&
18          a[tetris->x+2][tetris->y]==0 && a[tetris->x+4][tetris->y]==0 ) )    ||
19          // 该俄罗斯方块为 "直线方块（竖）"，并且各位置均为空
20          ( .tetris->flag==3  && ( a[tetris->x][tetris->y-1]==0   &&
21          a[tetris->x][tetris->y-2]==0 && a[tetris->x][tetris->y+1]==0 ) )    ||
22          // 该俄罗斯方块为 "T 字方块"，并且各位置均为空
23          ( tetris->flag==4  && ( a[tetris->x-2][tetris->y]==0   &&
24          a[tetris->x+2][tetris->y]==0 && a[tetris->x][tetris->y+1]==0 ) )    ||
25          // 该俄罗斯方块为顺时针旋转 90°的 "T 字方块"，并且各位置均为空
26          ( tetris->flag==5  && ( a[tetris->x][tetris->y-1]==0   &&
27          a[tetris->x][tetris->y+1]==0 && a[tetris->x-2][tetris->y]==0 ) )    ||
28          // 该俄罗斯方块为顺时针旋转 180°的 "T 字方块"，并且各位置均为空
29          ( tetris->flag==6  && ( a[tetris->x][tetris->y-1]==0   &&
30          a[tetris->x-2][tetris->y]==0 && a[tetris->x+2][tetris->y]==0 ) )    ||
31          // 该俄罗斯方块为顺时针旋转 270°的 "T 字方块"，并且各位置均为空
```

```
32              ( tetris->flag==7  && ( a[tetris->x][tetris->y-1]==0   &&
33          a[tetris->x][tetris->y+1]==0 && a[tetris->x+2][tetris->y]==0 ) )    ||
34          // 该俄罗斯方块为"Z字方块",并且各位置均为空
35              ( tetris->flag==8  && ( a[tetris->x][tetris->y+1]==0   &&
36          a[tetris->x-2][tetris->y]==0 && a[tetris->x+2][tetris->y+1]==0 ) ) ||
37          // 该俄罗斯方块为顺时针旋转90°的"Z字方块",并且各位置均为空
38              ( tetris->flag==9  && ( a[tetris->x][tetris->y-1]==0   &&
39          a[tetris->x-2][tetris->y]==0 && a[tetris->x-2][tetris->y+1]==0 ) ) ||
40          // 该俄罗斯方块为"反转Z字方块",并且各位置均为空
41              ( tetris->flag==10 && ( a[tetris->x][tetris->y-1]==0   &&
42          a[tetris->x-2][tetris->y-1]==0 && a[tetris->x+2][tetris->y]==0 ) ) ||
43          // 该俄罗斯方块为顺时针旋转90°的"反转Z字方块",并且各位置均为空
44              ( tetris->flag==11 && ( a[tetris->x][tetris->y+1]==0   &&
45          a[tetris->x-2][tetris->y-1]==0 && a[tetris->x-2][tetris->y]==0 ) ) ||
46          // 该俄罗斯方块为"7字方块",并且各位置均为空
47              ( tetris->flag==12 && ( a[tetris->x][tetris->y-1]==0   &&
48          a[tetris->x][tetris->y+1]==0 && a[tetris->x-2][tetris->y-1]==0 ) ) ||
49          // 该俄罗斯方块为顺时针旋转90°的"7字方块",并且各位置均为空
50              ( tetris->flag==13 && ( a[tetris->x-2][tetris->y]==0   &&
51          a[tetris->x+2][tetris->y-1]==0 && a[tetris->x+2][tetris->y]==0 ) ) ||
52          // 该俄罗斯方块为顺时针旋转180°的"7字方块",并且各位置均为空
53              ( tetris->flag==14 && ( a[tetris->x][tetris->y-1]==0   &&
54          a[tetris->x][tetris->y+1]==0 && a[tetris->x+2][tetris->y+1]==0 ) ) ||
55          // 该俄罗斯方块为顺时针旋转270°的"7字方块",并且各位置均为空
56              ( tetris->flag==15 && ( a[tetris->x-2][tetris->y]==0   &&
57          a[tetris->x-2][tetris->y+1]==0 && a[tetris->x+2][tetris->y]==0 ) ) ||
58          // 该俄罗斯方块为"反转7字方块",并且各位置均为空
59              ( tetris->flag==16 && ( a[tetris->x][tetris->y+1]==0   &&
60          a[tetris->x][tetris->y-1]==0 && a[tetris->x+2][tetris->y-1]==0 ) ) ||
61          // 该俄罗斯方块为顺时针旋转90°的"反转7字方块",并且各位置均为空
62              ( tetris->flag==17 && ( a[tetris->x-2][tetris->y]==0   &&
63          a[tetris->x+2][tetris->y+1]==0 && a[tetris->x+2][tetris->y]==0 ) ) ||
64          // 该俄罗斯方块为顺时针旋转180°的"反转7字方块",并且各位置均为空
65              ( tetris->flag==18 && ( a[tetris->x][tetris->y-1]==0   &&
66          a[tetris->x][tetris->y+1]==0 && a[tetris->x-2][tetris->y+1]==0 ) ) ||
67          // 该俄罗斯方块为顺时针旋转270°的"反转7字方块",并且各位置均为空
68              ( tetris->flag==19 && ( a[tetris->x-2][tetris->y]==0   &&
69          a[tetris->x-2][tetris->y-1]==0 && a[tetris->x+2][tetris->y]==0 ) ) )
70          {
71                  return 1;
72          }
73      }
74      return 0;
75 }
```

在上述代码中，主要用到的逻辑运算符是 "||" 和 "&&"。

在判断俄罗斯方块是否可以移动的详细代码中节选一段代码进行讲解。

```
// 该俄罗斯方块为顺时针旋转180°的 "反转7字方块"，并且各位置均为空
( tetris->flag==18 && ( a[tetris->x][tetris->y-1]==0    &&
a[tetris->x][tetris->y+1]==0 && a[tetris->x-2][tetris->y+1]==0 ) ) ||
// 该俄罗斯方块为顺时针旋转270°的 "反转7字方块"，并且各位置均为空
( tetris->flag==19 && ( a[tetris->x-2][tetris->y]==0    &&
a[tetris->x-2][tetris->y-1]==0 && a[tetris->x+2][tetris->y]==0 ) )
```

flag 是给俄罗斯方块定义的序号，有 19 种旋转类型，所以有 19 个序号，取值范围为 1 ~ 19。flag 为 18 的俄罗斯方块是顺时针旋转 180° 的 "反转 7 字方块"，flag 为 19 的俄罗斯方块是顺时针旋转 270° 的 "反转 7 字方块"。这段代码的意思为该俄罗斯方块为顺时针旋转 180° 的 "反转 7 字方块"，并且各位置均为空；或者该俄罗斯方块为顺时针旋转 270° 的 "反转 7 字方块"，并且各位置均为空。

20.7.3　清除俄罗斯方块下落的痕迹

在玩游戏时，这些俄罗斯方块是会移动的。某个位置的方块在显示之后就消失了，随即出现在下一个位置，不断循环，营造出一种方块会移动的现象。那么，如何清除方块下落的痕迹呢？只需在之前的位置输出 "　"，详细代码如下：

```
01  /**
02   * 清除俄罗斯方块下落的痕迹
03   */
04  void CleanTetris(struct Tetris *tetris)
05  {
06      for(i=0;i<4;i++) // 数组 b[4] 中有 4 个元素，循环这 4 个元素，让每个元素的值都为 0
07      {
08          b[i]=0;          // 数组 b[4] 的每个元素的值都为 0
09      }
10      MakeTetris(tetris);    // 定义俄罗斯方块
11      for( i=tetris->x-2;i<=tetris->x+4; i+=2 )
12      {
13          for(j = tetris->y-2;j <= tetris->y+1;j++)// 循环方块所有可能出现的位置
14          {
15              // 如果在这个位置没有图案，并且处于游戏界面中
16              if( a[i][j] == 0 && j > FrameY )
17              {
18                  gotoxy(i,j);
19                  printf("  ");                 // 清除方块
```

```
20                      }
21                }
22          }
23 }
```

20.7.4　判断俄罗斯方块是否满行

当俄罗斯方块满行时会自动消除，并且累计分数，方块满行消除前如图 20.32 所示，方块满行消除后如图 20.33 所示。

图 20.32　方块满行消除前

图 20.33　方块满行消除后

因为游戏界面的宽度是 Frame_width，所以除去两个竖边框，在满行时，方块所占的宽度是 Frame_width-2。判断是否满行并删除满行的俄罗斯方块的详细代码如下：

```
01 /**
02  * 判断是否满行并删除满行的俄罗斯方块
03  */
04 void Del_Fullline(struct Tetris *tetris)// 当俄罗斯方块满行时消除
05 {
06      int k,del_rows=0;   // 用于记录某行方块个数的变量和删除方块行数的变量
07      for(j=FrameY+Frame_height-1;j>=FrameY+1;j--)
08      {
09        k=0;
10        for(i=FrameX+2;i<FrameX+2*Frame_width-2;i+=2)
11        {
12              if(a[i][j]==1) // 纵坐标从下至上、横坐标从左至右判断是否满行
```

```
13                    {
14                        k++;
15                        if(k==Frame_width-2)              // 如果满行
16                        {
17                        // 删除满行的方块
18                         for(k=FrameX+2;k<FrameX+2*Frame_width-2;k+=2)
19                        {
20                                a[k][j]=0;
21                                gotoxy(k,j);
22                                printf("  ");
23                        }
24                        // 如果删除行上面有方块,则先清除,再将上面的方块下移一个位置
25                        for(k=j-1;k>FrameY;k--)
26                        {
27                                for(i=FrameX+2;i<FrameX+2*Frame_width-2;i+=2)
28                                {
29                                        if(a[i][k]==1)
30                                        {
31                                        a[i][k]=0;
32                                                gotoxy(i,k);
33                                                printf("  ");
34                                                a[i][k+1]=1;
35                                                gotoxy(i,k+1);
36                                                printf("■");
37                                                }
38                                }
39                        }
40                        j++;                            // 在方块下移后,重新判断删除行是否满行
41                        del_rows++;                      // 记录删除方块的行数
42                        }
43                    }
44                }
45            }
46    tetris->score+=100*del_rows;       // 每删除一行,得 100 分
47    if(del_rows>0&&(tetris->score%1000==0||tetris->score/1000>tetris-> level-1))
48    {// 如果得 1000 分,即累计删除 10 行,则方块出现间隔时间减少 20ms(速度加快)并升一级
49        tetris->speed-=20;
50        tetris->level++;
51    }
52 }
```

20.7.5 随机产生俄罗斯方块类型的序号

在进行游戏时，可以发现每次下落的俄罗斯方块类型是随机的，下落"直线方块（竖）"如图 20.34 所示，下落 "Z 字方块" 如图 20.35 所示。

图 20.34 下落"直线方块（竖）"

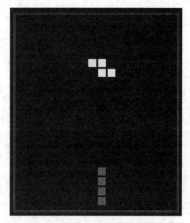

图 20.35 下落 "Z 字方块"

因为下落的俄罗斯方块是随机产生的，所以需要使用随机数函数 rand() 获取随机的俄罗斯方块类型序号。

在前面的代码中，已经定义好俄罗斯方块类型的序号 flag，其取值范围为 1 ～ 19。现在需要做的是获取一个取值范围为 1 ～ 19 的随机数，详细代码如下：

```
01 /**
02  * 随机产生俄罗斯方块类型的序号
03  */
04 void Flag(struct Tetris *tetris)
05 {
06     tetris->number++;               // 记录产生方块的个数
07     srand(time(NULL));              // 初始化随机数
08     if(tetris->number==1)
09     {
10         tetris->flag = rand()%19+1; // 记录第一个俄罗斯方块类型的序号
11     }
12     tetris->next = rand()%19+1;     // 记录下一个俄罗斯方块类型的序号
13 }
```

在上面的代码中，获取随机数使用的是 rand() 函数，下面详细介绍 rand() 函数。

rand() 函数是一个随机数生成器，它没有输入参数，可以直接使用表达式 rand() 调用，生成一个取值范围为 0 ～ RAND_MAX 的随机数。其中 RAND_MAX 的值一般为 32767，但与编译系统有关。

虽然 rand() 函数是一个随机数函数，但是严格来说，它返回的是一个伪随机数。之所以说是伪随机数，是因为在没有其他操作的情况下，在每次执行同一个程序时，调用 rand() 函数获取的随机数序列是固定的。第一次运行程序，就决定了此后每次运行程序俄罗斯方块出现的顺序。例如，第一次运行程序，俄罗斯方块出现的顺序为"T 字方块"→顺时针旋转 270° 的"7 字方块"→"Z 字方块"……以后每次运行程序俄罗斯方块都会以这个顺序出现。

为了真正实现产生随机数的效果，使 rand() 函数的返回值更具有随机性，通常需要为随机数生成器提供新的初始值。C 语言提供了 srand() 函数。srand() 函数称为随机数生成器的初始化器，它可以为随机数生成器提供随机的初始值，只要初始值不同，rand() 函数就会产生不同的随机数序列。

📋 学习笔记

srand() 函数位于 time.h 头文件中，要使用 srand() 函数，必须引用 time.h 头文件。

使用 rand() 函数获取随机数的步骤如下：

（1）调用 srand(time(NULL))，为随机数生成器提供初始值。

（2）调用 rand() 函数获得一个或一系列随机数。

📋 学习笔记

srand() 函数只需在所有 rand() 函数调用前被调用一次即可，无须多次调用。

例如，获取取值范围为 1 ～ 19 的随机数，代码如下：

```
srand(time(NULL));                // 为随机数生成器提供初始值
tetris->flag = rand()%19+1;       // 记录第一个俄罗斯方块类型的序号
```

% 是取余运算符，将 rand() 函数生成的随机数对 19 取余，得到的是一个取值范围为 0 ～ 18 的随机数。因为 flag 的取值范围是 1 ～ 19，所以要获得取值范围为 1 ～ 19 的随机数，就需要将 rand()%19 的值加 1。

```
tetris->flag = rand()%19+1;       // 得到当前游戏窗口中下落的俄罗斯方块类型序号
tetris->next = rand()%19+1;       // 得到"下一出现方块"界面中显示的俄罗斯方块类型序号
```

20.8　开始游戏模块设计

20.8.1　开始游戏模块概述

开始游戏后的游戏主窗体界面如图 20.36 所示。

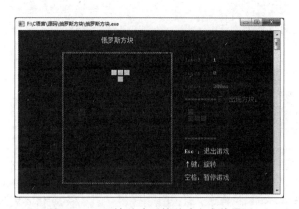

图 20.36　开始游戏后的游戏主窗体界面

开始游戏模块主要实现 4 个功能，分别如下：

- 显示俄罗斯方块。在开始游戏后，在游戏主窗体中会从游戏上边框处落下俄罗斯方块，并且在右边的"下一出现方块"预览界面中也会显示俄罗斯方块。

- 各种按键操作。包括 < ↑ > 键、< ↓ > 键、< ← > 键、< → > 键、空格键和 <Esc> 键。

- 游戏结束界面。在俄罗斯方块到达游戏上边框后，游戏失败，进入游戏结束界面，在此界面中可以选择是重新开始游戏，还是直接退出游戏。

- 重新开始游戏。在游戏失败后，可以选择是否重新开始游戏。

20.8.2　显示俄罗斯方块

在开始游戏后，会在游戏界面和右边的"下一出现方块"预览界面中显示俄罗斯方块，如图 20.37 所示。

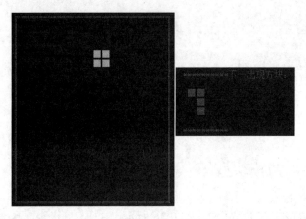

图 20.37　显示俄罗斯方块

显示俄罗斯方块的代码如下：

```
01  /**
02   * 开始游戏
03   */
04  void Gameplay()
05  {
06      int n;
07      struct Tetris t,*tetris=&t;                 // 定义结构体指针并将其指向结构体变量
08      char ch;                                    // 定义接收键盘输入的变量
09      tetris->number=0;                           // 初始化俄罗斯方块数为 0
10      tetris->speed=300;                          // 初始化移动间隔时间为 300ms
11      tetris->score=0;                            // 初始化游戏的积分为 0 分
12      tetris->level=1;                            // 初始化游戏为第 1 关
13      while(1)                                    // 循环产生俄罗斯方块，直至游戏结束
14      {
15          Flag(tetris);                           // 得到产生俄罗斯方块类型的序号
16          Temp=tetris->flag;                      // 记住当前俄罗斯方块类型的序号
17          tetris->x=FrameX+2*Frame_width+6;       // 获得预览界面俄罗斯方块的 x 坐标
18          tetris->y=FrameY+10;                    // 获得预览界面俄罗斯方块的 y 坐标
19          tetris->flag = tetris->next;            // 获得下一个俄罗斯方块类型的序号
20          PrintTetris(tetris);                    // 调用输出俄罗斯方块的函数
21          tetris->x=FrameX+Frame_width;           // 获得游戏界面中心方块的 x 坐标
22          tetris->y=FrameY-1;                     // 获得游戏界面中心方块的 y 坐标
23          tetris->flag=Temp;
```

其中，在"下一出现方块"预览界面中显示的俄罗斯方块类型，就是在游戏界面中下一个出现的俄罗斯方块类型，代码如下：

```
Temp=tetris->flag;                      // 记住当前俄罗斯方块类型的序号
tetris->flag = tetris->next;            // 获得下一个俄罗斯方块类型的序号
tetris->flag=Temp;                      // 获得当前的俄罗斯方块类型的序号
```

Temp 为中间变量，借助 Temp 变量可以将游戏界面中下一个出现的俄罗斯方块类型序号设置为"下一出现方块"预览界面中的俄罗斯方块类型序号，不能直接写成 tetris->flag = tetris->next，必须借助中间变量。

20.8.3　各种按键操作

键盘上有很多按键，如图 20.38 所示。在编写程序时，如何通过键盘按键控制操作呢？

图 20.38　键盘按键

在游戏中，俄罗斯方块的移动、旋转等都需要通过敲击键盘按键实现。在本程序中，使用 kbhit() 函数和 getch() 函数接收键盘按键。

在 C 语言中，可以使用 kbhit() 函数检测当前是否有键盘输入。

函数名：kbhit()。

函数原型：int kbhit(void)。

返回值：如果有键盘输入，则返回对应的键值，否则返回 0。

所在头文件：conio.h。

在 C 语言中，可以使用 getch() 函数从控制台中读取一个字符。

函数名：getch()。

函数原型：int getch(void)。

返回值：读取的字符。

所在头文件：conio.h。

先使用 kbhit() 函数判断是否有键盘输入，如果有，则使用 getch() 函数接收，代码如下：

```
if(kbhit())                    // 判断是否有键盘输入
{
    ch=getch();                //ch 接收键盘的按键键值
    ...
}
```

ch=getch() 是指在按下键盘按键后，会将该按键对应的 ASCII 码值赋给 ch，然后将 ch 的值分别和我们用到的键盘按键对应的 ASCII 码值进行对比，然后根据对比结果进行相应操作。例如，按键盘上的 < ↑ > 键，会使俄罗斯方块发生旋转；按键盘上的空格键，会暂停游戏；等等。

根据表 3.3 可知，本游戏用到的按键对应的十进制数分别如下。

空格键：32。

<Esc>（退出）键：27。

其中，< ↑ > 键、< ↓ > 键、< ← > 键、< → > 键在表 3.3 中没有定义，可以通过代码获得它们的 ASCII 码值。

```
for(;;)                              // 循环整个程序，相当于 while(1)
if(kbhit())                          // 判断是否有键盘输入
{
        char ch = getch();          // 获取键盘按键对应的 ASCII 码值
        printf("%c",ch);            // 输出键盘按键
        printf("%d",ch);            // 输出键盘按键对应的 ASCII 码值
}
```

学习笔记

本段代码并不写入游戏中。

得到的方向键的 ASCII 码值如下。

< ↑ > 键：72

< ↓ > 键：80

< ← > 键：75

< → > 键：77

设计按键操作的详细代码如下：

```
01    // 按键操作
02    while(1)                        // 控制俄罗斯方块方向，直至方块不再下移
03    {
04        label:PrintTetris(tetris);  // 输出俄罗斯方块
05        Sleep(tetris->speed);       // 间隔时间
06        CleanTetris(tetris);        // 清除痕迹
07        Temp1=tetris->x;            // 记住中心方块的 x 坐标
08        Temp2=tetris->flag;         // 记住当前俄罗斯方块类型的序号
09        if(kbhit())    // 判断是否有键盘输入，如果有，则用 ch 接收
```

```
10                     {
11                             ch=getch();
12                             if(ch==75)      // 按 < ← > 键，表示向左移动，中心方块的 x 坐标减 2
13                             {
14                                     tetris->x-=2;
15                             }
16                             if(ch==77)      // 按 < → > 键，表示向右移动，中心方块的 x 坐标加 2
17                             {
18                                     tetris->x+=2;
19                             }
20                             if(ch==80)      // 按 < ↓ > 键，表示加速下落
21                             {
22                                     if(ifMove(tetris)!=0)
23                                     {
24                                             tetris->y+=2;
25                                     }
26                                     if(ifMove(tetris)==0)
27                                     {
28                                             tetris->y=FrameY+Frame_height-2;
29                                     }
30                             }
31                             if(ch==72)      // 按 < ↑ > 键，表示将当前俄罗斯方块顺时针旋转 90°
32                             {
33                                     if( tetris->flag>=2 && tetris->flag<=3 )
34                                     {
35                                             tetris->flag++;
36                                             tetris->flag%=2;
37                                             tetris->flag+=2;
38                                     }
39                                     if( tetris->flag>=4 && tetris->flag<=7 )
40                                     {
41                                             tetris->flag++;
42                                             tetris->flag%=4;
43                                             tetris->flag+=4;
44                                     }
45                                     if( tetris->flag>=8 && tetris->flag<=11 )
46                                     {
47                                             tetris->flag++;
48                                             tetris->flag%=4;
49                                             tetris->flag+=8;
50                                     }
51                                     if( tetris->flag>=12 && tetris->flag<=15 )
52                                     {
```

```
53                              tetris->flag++;
54                              tetris->flag%=4;
55                              tetris->flag+=12;
56                      }
57                      if( tetris->flag>=16 && tetris->flag<=19 )
58                      {
59                              tetris->flag++;
60                              tetris->flag%=4;
61                              tetris->flag+=16;
62                      }
63              }
64              if(ch == 32)                    // 按空格键，暂停游戏
65              {
66                      PrintTetris(tetris);
67                      while(1)
68                      {
69                              if(kbhit())    // 再次按空格键，继续游戏
70                              {
71                                      ch=getch();
72                                      if(ch == 32)
73                                      {
74                                              goto label;
75                                      }
76                              }
77                      }
78              }
79              if(ch == 27)
80              {
81                      system("cls");
82                      memset(a,0,6400*sizeof(int));
83                      welcom();
84              }
85              if(ifMove(tetris)==0)           // 如果不可移动，则上面的操作无效
86              {
87                      tetris->x=Temp1;
88                      tetris->flag=Temp2;
89              }
90              else                            // 如果可移动，则执行操作
91              {
92                      goto label;
93              }
94      }
95      tetris->y++;                                    // 如果没有操作命令，则方块向下移动
96      if(ifMove(tetris)==0)                   // 如果向下移动但不可动，则将方块放在此处
```

```
97                  {
98                      tetris->y--;
99                      PrintTetris(tetris);
100                     Del_Fullline(tetris);
101                     break;
102                 }
103             }
```

上述代码还用到了共同无条件转移语句，其格式为"goto 语句标号 :"。其中，将语句标号放在某一条语句的前面，并且在语句标号后面加冒号 ":"。语句标号的作用是标识语句，与 goto 语句配合使用，可以改变程序流向，转去执行语句标号所标识的语句。

goto 语句通常与条件语句配合使用，用于实现条件转移、构成循环、跳出循环等功能。例如，在本程序中，使用的 goto 语句如下：

```
label:PrintTetris(tetris);                    // 设置 goto 语句标号 label
...
goto label;                                   // 跳转到 label 所在代码行
```

只要俄罗斯方块可以移动，就可以使用 goto 语句构成循环，从而一直执行按键操作。

20.8.4　游戏结束界面

当俄罗斯方块到达游戏上边框时，游戏结束，进入游戏结束界面。在此界面中，可以选择重新开始游戏，或者直接退出游戏，如图 20.39 所示。

图 20.39　游戏结束界面

设置游戏结束界面的详细代码如下：

```
01  // 游戏结束条件：俄罗斯方块到达游戏上边框
02  for(i=tetris->y-2;i<tetris->y+2;i++)
03              {
04                      if(i==FrameY)
05                      {
06                          system("cls");
07                  gotoxy(29,7);
08                  printf("   \n");
09                          color(12);
10                          printf("\t\t\t■■■■   ■      ■   ■■      \n");
11                          printf("\t\t\t■        ■■   ■   ■      ■   \n");
12                          printf("\t\t\t■■■■   ■   ■   ■      ■ \n");
13                          printf("\t\t\t■         ■  ■■   ■   ■   \n");
14                          printf("\t\t\t■■■■   ■      ■   ■■      \n");
15                          gotoxy(17,18);
16                          color(14);
17                          printf(" 我要重新玩一局 -------1");
18                          gotoxy(44,18);
19                          printf(" 不玩了，退出吧 -------2\n");
20                          int n;
21                          gotoxy(32,20);
22                          printf(" 选择【1/2】: ");
23                          color(11);
24                          scanf("%d", &n);
25                          switch (n)
26                          {
27                                  case 1:
28                                  system("cls");
29                                  Replay(tetris);        // 重新开始游戏
30                                  break;
31                                  case 2:
32                                  exit(0);
33                                  break;
34                          }
35                      }
36              }
37          // 在"下一出现方块"预览界面中清除下一个俄罗斯方块
38          tetris->flag = tetris->next;
39          tetris->x=FrameX+2*Frame_width+6;
```

```
40              tetris->y=FrameY+10;
41              CleanTetris(tetris);
42      }
43 }
```

20.8.5　重新开始游戏

在游戏结束界面中，如果选择"我要重新玩一局"选项，就会重新开始游戏。重新开始游戏的代码如下：

```
01 /**
02  *  重新开始游戏
03  */
04 void Replay(struct Tetris *tetris)
05 {
06      system("cls");                       // 清屏
07      memset(a,0,6400*sizeof(int));
08      DrwaGameframe();                     // 绘制游戏主窗体界面
09      Gameplay();                          // 开始游戏
10 }
```

同时修改 welcom() 函数中的代码，在 switch 语句中加入调用 Gameplay() 函数的语句，修改后的语句如下：

```
01 // 加入调用 Gameplay() 函数的语句
02 switch (n)
03 {
04      case 1:
05              system("cls");
06              DrwaGameframe();             // 绘制游戏主窗体界面
07              Gameplay();                  // 新添加的语句
08              break;
09      case 2:
10              break;
11      case 3:
12              break;
13      case 4:
14              break;
15 }
```

在代码修改完成后，就可以运行程序了。在游戏欢迎界面中按数字键 <1>，即可进入游戏主窗体界面，如图 20.40 所示。

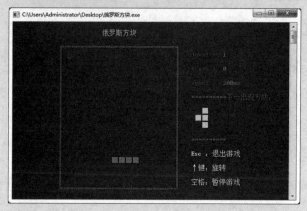

图 20.40　开始游戏后的游戏主窗体界面

20.9　按键说明界面设计

20.9.1　按键说明界面

在游戏欢迎界面中按数字键 <2>，即可进入按键说明界面，如图 20.41 所示。

图 20.41　按键说明界面

20.9.2 按键说明界面的实现

本模块的代码由两部分组成，一部分用于绘制边框，另一部分用于显示中间的文字说明。在代码中首先使用 for 循环嵌套绘制边框，然后使用 gotoxy() 函数和 color() 函数设置文字的位置和颜色，代码如下：

```
01  /**
02   * 按键说明界面
03   */
04  void explation()
05  {
06      int i,j = 1;
07       system("cls");
08       color(13);
09       gotoxy(32,3);
10       printf(" 按键说明 ");
11       color(2);
12       for (i = 6; i <= 16; i++)              // 输出上、下边框 ===
13       {
14             for (j = 15; j <= 60; j++)        // 输出左、右边框 ||
15             {
16                     gotoxy(j, i);
17                     if (i == 6 || i == 16) printf("=");
18                     else if (j == 15 || j == 59) printf("||");
19             }
20       }
21       color(3);
22       gotoxy(18,7);
23       printf("tip1: 玩家可以通过←→方向键来移动方块 ");
24       color(10);
25       gotoxy(18,9);
26       printf("tip2: 通过↑使方块旋转 ");
27       color(14);
28       gotoxy(18,11);
29       printf("tip3: 通过↓加速方块下落 ");
30       color(11);
31       gotoxy(18,13);
32       printf("tip4: 按空格键暂停游戏，再按空格键继续 ");
33       color(4);
34       gotoxy(18,15);
```

```
35      printf("tip5: 按 ESC 退出游戏 ");
36      getch();                              // 按任意键返回游戏欢迎界面
37      system("cls");
38      main();
39  }
```

同时修改 welcom() 函数中的代码，在 switch 语句中加入调用 explation() 函数的语句，修改后的代码如下：

```
01  // 加入调用 explation() 函数的语句
02  switch (n)
03  {
04      case 1:
05          system("cls");
06          DrwaGameframe();                  // 绘制游戏主窗体界面
07          Gameplay();                       // 开始游戏
08          break;
09      case 2:
10          explation();                      // 新添加的语句
11          break;
12      case 3:
13          break;
14      case 4:
15          break;
16      }
```

20.10　游戏规则界面设计

20.10.1　游戏规则界面

在游戏欢迎界面中按数字键 <3>，即可进入游戏规则界面，如图 20.42 所示。

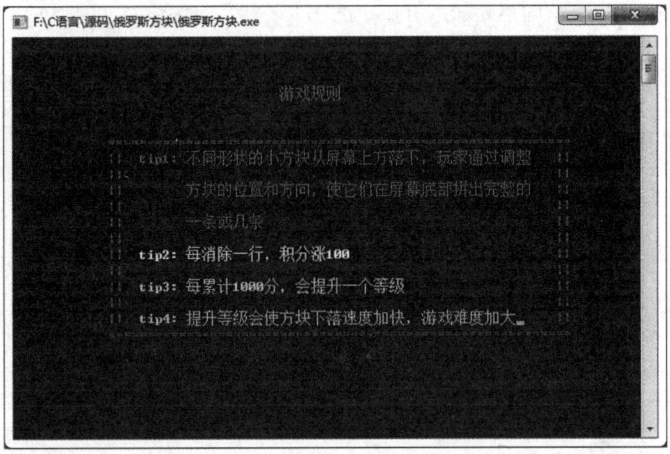

图 20.42　游戏规则界面

20.10.2　游戏规则界面的实现

　　本模块的代码和按键说明界面模块的代码一样，都由两部分组成，一部分用于绘制边框，另一部分用于显示中间的文字说明，代码如下：

```
01  /**
02   *  游戏规则界面
03   */
04  void regulation()
05  {
06      int i,j = 1;
07      system("cls");
08      color(13);
09      gotoxy(34,3);
10      printf(" 游戏规则 ");
11      color(2);
12      for (i = 6; i <= 18; i++)              // 输出上、下边框 ===
13      {
14          for (j = 12; j <= 70; j++)         // 输出左、右边框 ||
15          {
16              gotoxy(j, i);
17              if (i == 6 || i == 18) printf("=");
18              else if (j == 12 || j == 69) printf("||");
19          }
20      }
21      color(12);
22      gotoxy(16,7);
```

```
23      printf("tip1：不同形状的小方块从屏幕上方落下，玩家通过调整");
24      gotoxy(22,9);
25      printf("方块的位置和方向，使它们在屏幕底部拼出完整的");
26      gotoxy(22,11);
27      printf("一条或几条");
28      color(14);
29      gotoxy(16,13);
30      printf("tip2：每消除一行，积分涨100");
31      color(11);
32      gotoxy(16,15);
33      printf("tip3：每累计1000分，会提升一个等级");
34      color(10);
35      gotoxy(16,17);
36      printf("tip4：提升等级会使方块下落速度加快，游戏难度加大");
37      getch();                                    // 按任意键返回游戏欢迎界面
38      system("cls");
39      welcom();
40  }
```

同时修改 welcom() 函数中的代码，在 switch 语句中调用 regulation() 函数，修改后的语句如下：

```
01  // 加入调用 regulation() 函数的语句
02  switch (n)
03  {
04      case 1:
05          system("cls");
06          DrwaGameframe();                        // 绘制游戏主窗体界面
07          Gameplay();                             // 开始游戏
08          break;
09      case 2:
10          explation();                            // 按键说明函数
11          break;
12      case 3:
13          regulation();                           // 新添加的语句
14          break;
15      case 4:
16          break;
17  }
```

20.11　退出游戏

在游戏欢迎界面中按数字键 <4>，即可退出游戏。退出游戏的详细代码如下：

```
01  /**
02  *   退出游戏
03  */
04  void close()
05  {
06      exit(0);
07  }
```

同时修改 welcom() 函数中的代码，在 switch 语句中加入调用 close() 函数的语句，修改的语句如下：

```
01  // 加入调用 close() 函数的语句
02  switch (n)
03  {
04      case 1:
05              system("cls");
06              DrwaGameframe();            // 绘制游戏主窗体界面
07              Gameplay();                 // 开始游戏
08              break;
09      case 2:
10              explation();                // 按键说明函数
11              break;
12      case 3:
13              regulation();               // 游戏规则函数
14              break;
15      case 4:
16              close();                    // 新添加的语句
17              break;
18  }
```

反侵权盗版声明

电子工业出版社依法对本作品享有专有出版权。任何未经权利人书面许可，复制、销售或通过信息网络传播本作品的行为；歪曲、篡改、剽窃本作品的行为，均违反《中华人民共和国著作权法》，其行为人应承担相应的民事责任和行政责任，构成犯罪的，将被依法追究刑事责任。

为了维护市场秩序，保护权利人的合法权益，我社将依法查处和打击侵权盗版的单位和个人。欢迎社会各界人士积极举报侵权盗版行为，本社将奖励举报有功人员，并保证举报人的信息不被泄露。

举报电话：（010）88254396；（010）88258888

传　　真：（010）88254397

E－m a i l： dbqq@phei.com.cn

通信地址：北京市万寿路 173 信箱　电子工业出版社总编办公室

邮　　编：100036